高等职业教育"十三五"规划教材

土 建 数 学

（第 2 版）

（下册　应用篇）

陈秀华　主　编

周桂如　黄惠玲　副主编

徐　栋(同济大学)　主　审

人民交通出版社股份有限公司
China Communications Press　Co.,Ltd.

内 容 提 要

本书是高等职业教育"十三五"规划教材。《土建数学》分上、下两册，本书为下册应用篇，包含七章内容：微分方程、线性代数基础、概率论基础、数理统计及工程应用、工程测量误差分析基础、土建工程中常用计算方法、数学建模等。每章都配有学习目标、本章小结和习题，并附有习题参考答案，部分章节增加了相应的 MATLAB 数学实验。带 * 号部分为不同专业的选学内容。

本书可作为高职高专土建工程类各专业的"高等数学"教材，以及参加专升本考试和高等教育自学考试的自学辅导书，也可作为相关工程技术人员参加工程师考试的参考用书。

本书有配套课件，教师可通过加入职教路桥教学研讨群（QQ：561416324）索取。

图书在版编目（CIP）数据

土建数学. 下册，应用篇／陈秀华主编. —2 版.
—北京：人民交通出版社股份有限公司，2018.8
　　ISBN 978-7-114-14697-8

　　Ⅰ. ①土… Ⅱ. ①陈… Ⅲ. ①土木工程—工程数学—高等职业教育—教材 Ⅳ. ①TU12

中国版本图书馆 CIP 数据核字（2018）第 185365 号

高等职业教育"十三五"规划教材

书 　　名：土建数学（第2版）（下册 应用篇）
著 作 者：陈秀华
责任编辑：任雪莲
责任校对：刘 芹
责任印制：张 凯
出版发行：人民交通出版社股份有限公司
地 　　址：（100011）北京市朝阳区安定门外外馆斜街 3 号
网 　　址：http://www.ccpress.com.cn
销售电话：（010）59757973
总 经 销：人民交通出版社股份有限公司发行部
经 　　销：各地新华书店
印 　　刷：北京印匠彩色印刷有限公司
开 　　本：787×1092 1/16
印 　　张：14.75
字 　　数：346 千
　　　　　 2011 年 9 月 第 1 版
版 　　次：2018 年 8 月 第 2 版
印 　　次：2018 年 8 月 第 2 版 第 1 次印刷 总第 6 次印刷
书 　　号：ISBN 978-7-114-14697-8
定 　　价：38.00 元
（有印刷、装订质量问题的图书由本公司负责调换）

第2版前言

本书系在第1版的基础上修订而成。第2版教材结合近年来教学改革实践的经验,充分吸收了数学课任课教师、土建类专业课任课教师等各方的意见,对部分章节结构、顺序、内容、名称进行了不同程度的调整;对部分例题、习题进行了重新筛选,增加了数学软件 MATLAB 介绍及相应的数学实验;以附录的方式增补了近年来部分"专升本"考试的真题,使其更能顺应新时代信息技术发展潮流,更有助于提高学生的学习成效,更能满足土建类专业教学对数学的要求,并兼顾部分学生"专升本"的需要,以适应新时期人才培养的需要。

全书(上、下册)由福建船政交通职业学院陈秀华教授主编,同济大学博士生导师徐栋教授主审;福建船政交通职业学院沈焰焰、黄惠玲、刘淋、周桂如等参加编写;沈焰焰、刘淋担任上册副主编,周桂如、黄惠玲担任下册副主编。具体编写分工如下:第一至四章、六、十一、十二章、上册附录Ⅰ、Ⅱ及下册附录由陈秀华编写;第五、七章及上册附录Ⅲ由沈焰焰编写;第十章由黄惠玲编写;第八章由陈秀华和周桂如编写;第九、十三章由陈秀华和刘淋编写。参加本书修订工作的还有福建船政交通职业学院金晶晶、甘媛、黄颖和梁巍;其中金晶晶和甘媛老师参与了课件的制作,黄颖和梁巍老师参与了书中相关专业内容的修改工作。全书由陈秀华统稿。

集美大学陈景华副教授为本书的修订提供了有力支持,福建船政交通职业学院道路工程系、建筑工程系的周志坚教授、高杰主任等领导和老师以及数学教研室同仁对本书的修订提供了支持和帮助,在此谨表谢忱。

编 者

2018 年 5 月

第1版前言

为适应高职教育的特点、满足土建工程类专业对"高等数学"的具体要求,本书在教学内容上突出专业应用,注重数学思想的渗透,淡化计算技巧和定理的证明,加强数学课与专业课程的有机融合,以适应新时期人才培养的需要。

本书突破了传统高职数学教材的结构和体系,以工程背景展现数学的应用途径,培养学生运用数学方法解决工程问题的能力。主要特色:突出数学工具课的作用,从内容的选择到具体问题的求解,都力求密切与专业有机结合;以实际应用为背景,为学生构建数学基本概念,使数学概念不再抽象;强调数学思想和方法,淡化计算技巧和定理证明,注重培养学生解决实际问题的能力。

本书共十三章,分上、下两册。上册为基础篇,主要介绍微积分学,包括函数、极限与连续、导数与微分、导数的应用、不定积分、定积分及其应用、多元函数微积分及其应用、微分方程。下册为应用篇,主要介绍工程数学及相关专业应用,包括工程结构截面几何性质、线性代数基础、概率论基础、工程测量误差理论基础、数理统计基础及应用、土建工程中常用计算方法、数学建模等。建议全书(上、下册)总学时数为118学时。下册的教学内容和顺序,可根据不同专业教学的需要进行选择和调整。带 * 号部分为不同专业的选学内容。

本书可作为高职高专土建工程类各专业的"高等数学"教材,以及参加专升本考试和高等教育自学考试的自学辅导书,也可作为相关工程技术人员参加工程师资格考试的参考用书。

本书由福建交通职业技术学院陈秀华副教授担任主编。上册"基础篇"由福建交通职业技术学院沈焰焰担任副主编,下册"应用篇"由福建交通职业技术学院刘淋担任副主编。参加编写的还有福建交通职业技术学院黄颖、梁巍以及甘肃建筑职业技术学院巩军胜。各章的具体编写分工如下:第一、二章由沈焰焰编写,第三、四、五、七、八章由陈秀华编写,第六、十三章由刘淋编写,第九章由陈秀华和巩军胜共同编写,第十章由黄颖编写,第十一章由沈焰焰和黄颖共同编写,第十二章由梁巍编写。全书由陈秀华负责统稿。

本书承蒙同济大学博士生导师徐栋教授主审。福建交通职业技术学院道路工程系主任周志坚教授和建筑工程系主任高杰副教授参加了审稿,他们对专业应用的相关内容进行了详细审查,并对全书的框架结构给出了建设性的调整意见,同时对本书的出版给予了大力支持,在此表示由衷的感谢!

本书的编写得到了南阳理工学院陈守兰教授、杭州科技职业技术学院城市建设学院副院长周晓龙副教授、集美大学陈景华副教授、福建交通职业技术学院土建系宋子东副教授、福建交通职业技术学院基础部许贵福副教授等许多同行的支持和帮助,在此深表谢意!

本书的编写还受到全国高职高专教育专家、原高职高专教育土建类专业教学指导委员会主任杜国城教授和甘肃建筑职业技术学院副院长李社生教授的关注和指导,在此表示深切的谢意!

本书的编审和出版得到了人民交通出版社有关领导和编辑们的鼎力支持,在此一并表示衷心的感谢!

由于编者水平有限、编写时间紧迫,书中疏漏、错误之处在所难免,敬请读者批评指正。

编 者
2011 年 6 月

目 录

下册（应用篇）

第七章　微分方程

　　函数是客观事物的内部联系在数量上的反映,利用函数关系可以对客观事物的规律性进行研究.但在许多实际问题中,往往不能直接找出所需的函数关系,却可能根据问题找出所求函数的导数关系式.这样的关系式就是微分方程.微分方程建立后,对它进行研究,然后找出未知函数,这就是解微分方程.本章主要介绍微分方程的一些基本概念和几种常用微分方程的解法.

第一节　微分方程的基本概念

　　定义 7.1　含有未知函数的导数(或微分)的方程,称为**微分方程**.未知函数为一元函数的微分方程称为**常微分方程**.未知函数是多元函数的微分方程叫**偏微分方程**.微分方程中出现的未知函数的导数的最高阶数称为该**微分方程的阶**.本章我们只讲常微分方程.

　　例如:

$y' - 2x^2 = 3, 2y' + 2xy + x^2 = 0$　　　　是一阶微分方程,

$\dfrac{\mathrm{d}^2 s}{\mathrm{d}t^2} = \dfrac{1}{4}, y'' + xy' + y\sin x = \mathrm{e}^x$　　　　是二阶微分方程.

　　n 阶微分方程的一般形式为:

$$F(x, y, y', y'', \cdots, y^{(n)}) = 0 \tag{7-1}$$

这里 x 是自变量,y 是 x 的未知函数,而 $y', y'', \cdots, y^{(n)}$ 依次是未知函数的一阶,二阶,……,n 阶导数.

　　二阶及二阶以上的微分方程统称为**高阶微分方程**.

　　例如: $\dfrac{\mathrm{d}^3 y}{\mathrm{d}x^3} + 2\dfrac{\mathrm{d}y}{\mathrm{d}x} + y = 0$ 为三阶常微分方程.

　　例 7-1　已知一条曲线上任意一点处切线的斜率等于该点的横坐标,且该曲线通过

$(0,1)$点,求该条曲线的方程.

解 设曲线方程为$y = f(x)$,且曲线上任意一点的坐标为(x,y).根据题意以及导数的几何意义可得

$$y' = f'(x) = x.$$

两边同时积分得

$$y = \int x\mathrm{d}x,$$

$$y = \frac{1}{2}x^2 + C. \quad (C\text{ 为任意积分常数})$$

又因为曲线通过$(0,1)$点,即当$x = 0$时,$y = 1$.

将$(0,1)$点代入方程式$y = \frac{1}{2}x^2 + C$,可得$C = 1$.

所以,$y = \frac{1}{2}x^2 + 1$即为所求的曲线方程.

该例中$y = \frac{1}{2}x^2 + C$称为微分方程$y' = x$的通解,$y|_{x=0} = 1$作为条件加上后,$y = \frac{1}{2}x^2 + 1$称为微分方程$y' = x$的特解.下面给出通解和特解的定义.

定义 7.2 如果微分方程的解中含有相互独立的任意常数,且任意常数的个数与微分方程的阶数相同,这样的解叫作微分方程的**通解**.一般地,微分方程的不含有任意常数的解,称为微分方程的**特解**.用于确定通解中任意常数的附加条件,称为**初始条件(初值条件)**.

例如,$y = x^2 + C$是方程$y' = 2x$的通解;又如$y = x^2 + C_1 x + C_2$是方程$y'' = 2$的通解.

一阶微分方程的初值问题一般可表示为

$$\begin{cases} F(x,y,y') = 0, \\ y(x_0) = y_0, \end{cases} \quad \text{或} \quad \begin{cases} y' = f(x,y), \\ y(x_0) = y_0. \end{cases}$$

二阶微分方程的初值问题一般可表示为

$$\begin{cases} F(x,y,y',y'') = 0, \\ y(x_0) = y_0, \\ y'(x_0) = y_1, \end{cases} \quad \text{其中 } x_0, y_0, y_1 \text{ 是已知值.}$$

特解:确定了通解中的任意常数以后,就得到微分方程的特解,即不含任意常数的解.

例 7-2 已知xOy平面上的一条曲线通过点$(\pi, -1)$,且该曲线上任何一点(x,y)处的切线的斜率为$\cos x$.求这条曲线的方程.

解 设此曲线的方程为$y = y(x)$,由题意得到

$$\frac{\mathrm{d}y}{\mathrm{d}x} = \cos x,$$

所以

$$y = \int \cos x\mathrm{d}x = \sin x + C,$$

当$x = \pi$时,$y = -1$,所以$-1 = \sin \pi + C$,即$C = -1$.

所以,所求的曲线方程为

$$y = \sin x - 1.$$

这里，$\dfrac{\mathrm{d}y}{\mathrm{d}x} = \cos x$ 就是一个一阶常微分方程.

例7-3 设微分方程为 $y'' - y = 0$.（1）说明微分方程的阶数;（2）验证 $y = C_1 \mathrm{e}^x + C_2 \mathrm{e}^{-x}$ 为它的通解;（3）给定初始条件 $y|_{x=0} = 0, y'|_{x=0} = 1$, 求特解.

解 （1）由定义可知 $y'' - y = 0$ 为二阶微分方程.

（2）将 $y' = C_1 \mathrm{e}^x - C_2 \mathrm{e}^{-x}, y'' = C_1 \mathrm{e}^x + C_2 \mathrm{e}^{-x}$ 代入原方程有
$$y'' - y = C_1 \mathrm{e}^x + C_2 \mathrm{e}^{-x} - (C_1 \mathrm{e}^x + C_2 \mathrm{e}^{-x}) = 0.$$

由于 C_1, C_2 独立, 故 $y = C_1 \mathrm{e}^x + C_2 \mathrm{e}^{-x}$ 为微分方程 $y'' - y = 0$ 的通解.

（3）将 $y|_{x=0} = 0, y'|_{x=0} = 1$ 分别代入 $y = C_1 \mathrm{e}^x + C_2 \mathrm{e}^{-x}$ 和 $y' = C_1 \mathrm{e}^x - C_2 \mathrm{e}^{-x}$ 得方程组
$$\begin{cases} C_1 + C_2 = 0, \\ C_1 - C_2 = 1. \end{cases}$$

解之得
$$C_1 = \frac{1}{2}, C_2 = -\frac{1}{2}.$$

所以特解为 $y = \dfrac{1}{2}\mathrm{e}^x - \dfrac{1}{2}\mathrm{e}^{-x}$.

例7-4 验证一阶微分方程 $y' = \dfrac{3y}{x}$ 的通解为 $y = Cx^3$（C 为任意常数）, 并求满足初始条件 $y(1) = 2$ 的特解.

解 由 $y = Cx^3$ 得方程的左边为 $y' = 3Cx^2$, 而方程的右边为 $\dfrac{3y}{x} = \dfrac{3Cx^3}{x} = 3Cx^2$, 左边 = 右边, 因此对于任意常数 C, 函数 $y = Cx^3$ 都是方程 $y' = \dfrac{3y}{x}$ 的解, 即为通解.

将初始条件 $y(1) = 2$ 代入通解, 得 $C = 2$, 故所要求的特解为 $y = 2x^3$.

习题7.1

1. 指出下列方程的阶数.

(1) $xy'' - 2xy' + x = 0$;　　　　　　　　(2) $x^2 y'' - xy' + (y')^4 = 0$;

(3) $L\dfrac{\mathrm{d}^2 Q}{\mathrm{d}t^2} + R\dfrac{\mathrm{d}Q}{\mathrm{d}t} + \dfrac{Q}{C} = 0$;　　　(4) $\mathrm{d}y = \dfrac{7y-6}{x+8}\mathrm{d}x$.

2. 判断所给的函数是否为所给微分方程的解.

(1) $y = Cx^3, 3y - xy' = 0$;

(2) $y = 5x^2, xy' = 2y$;

(3) $y = x\sqrt{1-x^2}, yy' = x - 2x^3$;

(4) $y = 3\sin x - 4\cos x, y'' + y' = 0$;

(5) $y = 2x^2 + (C_1 + C_2)(C_1, C_2$ 是任意常数$), y'' - 4 = 0$;

(6) $y = x\mathrm{e}^x$（初始条件为 $y(0) = 0, y'(0) = 1$）, $y'' - 2y' + y = 0$.

3. 下面哪个函数是微分方程 $y'' + 2y' + y = 0$ 的解.

(1) $y = \mathrm{e}^x$;　　　　　　　　　　　(2) $y = \mathrm{e}^{-x}$;

$(3)\,y=x\mathrm{e}^x;$ \qquad $(4)\,y=x^2\mathrm{e}^{-x}.$

4. 写出由下列条件确定的曲线所满足的微分方程.

(1) 曲线在点 $P(x,y)$ 处的切线斜率等于该点横坐标的 2 倍;

(2) 曲线在点 $P(x,y)$ 处的切线斜率与该点的横坐标成反比.

5. 已知一曲线通过点 $(1\,,4)$，且在曲线上任一点 $M(x,y)$ 处的切线斜率为 $5x$，求该曲线方程.

第二节　一阶微分方程

定义 7.3 形如 $F(x,y,y')=0$ 的微分方程,称为**一阶微分方程**.

下面介绍几种常见的一阶微分方程的基本类型及其解法.

一、可分离变量的微分方程

定义 7.4 一般地,如果一阶微分方程可化为

$$\mathrm{d}y=f(x)g(y)\,\mathrm{d}x$$

的形式,那么原方程就称为**可分离变量的微分方程**. 这里 $f(x),g(y)$ 分别是关于 x,y 的连续函数.

这类方程的解法一般为:

(1) 分离变量:将方程化成

$$\frac{1}{g(y)}\mathrm{d}y=f(x)\,\mathrm{d}x. \tag{7-2}$$

(2) 两边同时积分:对式(7-2)两边同时积分,得到

$$\int\frac{1}{g(y)}\mathrm{d}y=\int f(x)\,\mathrm{d}x.$$

由此得到方程的解

$$G(y)=F(x)+C.$$

其中, $G(y)=\int\dfrac{1}{g(y)}\mathrm{d}y, F(x)=\int f(x)\,\mathrm{d}x.$ 要注意的是两边同时积分,左边是对 y 积分,右边是对 x 积分.

这种求微分方程的方法称为**分离变量法**.

例 7-5 求方程 $y'=xy$ 的通解.

解 分离变量,得到

$$\frac{1}{y}\mathrm{d}y=x\mathrm{d}x,$$

两边同时积分,得到

$$\int\frac{1}{y}\mathrm{d}y=\int x\mathrm{d}x,$$

$$\ln|y|=\frac{1}{2}x^2+C_1,$$

即

$$y = Ce^{\frac{1}{2}x^2} \quad (C = \pm e^{C_1}).$$

其中, C 是任意常数.

例 7-6　求 $y' = e^{x+y}$ 的通解.

解　由 $y' = e^{x+y} = e^x e^y$,

分离变量得

$$\frac{dy}{e^y} = e^x dx,$$

两边积分得

$$\int \frac{dy}{e^y} = \int e^x dx,$$

$$-e^{-y} = e^x + C \quad (C \text{ 为任意常数}).$$

$-e^{-y} = e^x + C$, 即为方程的隐式通解.

例 7-7　求 $(1 + x^2)y dy - \arctan x dx = 0$, 满足初始条件 $y(0) = 1$ 的特解.

解　分离变量得

$$y dy = \frac{\arctan x}{1 + x^2} dx,$$

两边积分

$$\int y dy = \int \frac{\arctan x}{1 + x^2} dx$$

得

$$\frac{1}{2}y^2 = \frac{1}{2}(\arctan x)^2 + C,$$

由初始条件 $y(0) = 1$, 得

$$C = \frac{1}{2},$$

所以特解为

$$y^2 = (\arctan x)^2 + 1.$$

例 7-8　求微分方程 $(y-1)dx - (xy-y)dy = 0$ 的通解.

解　将方程分离变量为

$$\frac{y}{y-1}dy = \frac{1}{x-1}dx,$$

两边积分得

$$\int \frac{y}{y-1}dy = \int \frac{1}{x-1}dx,$$

$$y + \ln|y-1| = \ln|x-1| + C \quad (C \text{ 为任意常数}).$$

例 7-9　求方程 $\dfrac{dy}{dx} = \dfrac{y+3}{x-2}$ 的解.

解　分离变量后得

$$\frac{dy}{y+3} = \frac{dx}{x-2},$$

两边积分得

$$\ln|y+3| = \ln|x-2| + C_1,$$
$$|y+3| = e^{C_1}|x-2|,$$
$$y+3 = \pm e^{C_1}(x-2),$$
$$y = C(x-2)-3 \quad (\text{令 } C = \pm e^{C_1}, C \text{ 为任意常数}).$$

二、齐次微分方程

有些微分方程不是可分离变量的,但通过适当的变量替换后,得到关于新变量的可分离变量方程,然后用分离变量的方法求解这些方程.

定义 7.5 形如 $\dfrac{\mathrm{d}y}{\mathrm{d}x} = f\left(\dfrac{y}{x}\right)$ 的微分方程称为**齐次方程**.

比如：
$$y' = \frac{x+y}{x-y}, \quad y' = \frac{y}{x} + \tan\frac{y}{x},$$

等都是齐次方程.

例 7-10 求微分方程 $y' = \dfrac{y}{x} + \tan\dfrac{y}{x}$ 的通解.

解 令 $\dfrac{y}{x} = u$, 则 $y = ux, \dfrac{\mathrm{d}y}{\mathrm{d}x} = u + x\dfrac{\mathrm{d}u}{\mathrm{d}x}$, 代入方程得

$$x\frac{\mathrm{d}u}{\mathrm{d}x} = \tan u,$$

分离变量得

$$\cot u \,\mathrm{d}u = \frac{\mathrm{d}x}{x},$$

积分得

$$\ln|\sin u| = \ln|x| + \ln|C|,$$
$$\sin u = Cx,$$

代回原变量,即得通解

$$\sin\frac{y}{x} = Cx.$$

例 7-11 求微分方程 $y^2\mathrm{d}x + (x^2 - xy)\mathrm{d}y = 0$ 的通解及满足初始条件 $y\big|_{x=1} = -1$ 的特解.

解 原方程即为

$$\frac{\mathrm{d}y}{\mathrm{d}x} = \frac{y^2}{xy - x^2}.$$

分子、分母同除以 x^2 得

$$\frac{\mathrm{d}y}{\mathrm{d}x} = \frac{\left(\dfrac{y}{x}\right)^2}{\dfrac{y}{x} - 1}.$$

令 $u = \dfrac{y}{x}$, 则 $y = ux, \dfrac{\mathrm{d}y}{\mathrm{d}x} = u + x\dfrac{\mathrm{d}u}{\mathrm{d}x}$, 代入方程得 $x\dfrac{\mathrm{d}u}{\mathrm{d}x} = \dfrac{u}{u-1}$,

分离变量得

$$\frac{u-1}{u}\mathrm{d}u = \frac{1}{x}\mathrm{d}x,$$

两边积分得

$$u - \ln|u| = \ln|x| + \ln|C|,$$

即

$$u = \ln|Cux|,$$

所以

$$\frac{y}{x} = \ln|Cy|.$$

于是通解为

$$y = \frac{1}{C}\mathrm{e}^{\frac{y}{x}},$$

代入初始条件

$$y(1) = -1, C = -\frac{1}{\mathrm{e}},$$

所求的特解为

$$y = -\mathrm{e}^{\frac{y}{x}+1}.$$

三、一阶线性微分方程

$$\frac{\mathrm{d}y}{\mathrm{d}x} + P(x)y = Q(x) \tag{7-3}$$

称为一阶线性微分方程,简称一阶线性方程.

当 $Q(x) \equiv 0$ 时,称

$$\frac{\mathrm{d}y}{\mathrm{d}x} + P(x)y = 0$$

为齐次线性方程. 若 $Q(x) \neq 0$,方程(7-3)称为非齐次线性方程.

1. 齐次线性方程的解的结构

齐次线性方程 $\frac{\mathrm{d}y}{\mathrm{d}x} + P(x)y = 0$ 是可分离变量方程,分离变量后得

$$\frac{\mathrm{d}y}{y} = -P(x)\mathrm{d}x.$$

两边积分,得

$$\ln|y| = -\int P(x)\mathrm{d}x + C_1 \quad 或 \quad y = C\mathrm{e}^{-\int P(x)\mathrm{d}x}(C = \pm\,\mathrm{e}^{C_1}). \tag{7-4}$$

这就是齐次线性方程的通解(积分中不再加任意常数).

例 7-12 求方程 $y' - (\cos x)y = 0$ 的通解.

解 方法一:公式法

所给方程是一阶线性齐次方程,其中 $P(x) = -\cos x$,从而

$$-\int P(x)\mathrm{d}x = \int \cos x\mathrm{d}x = \sin x + C_1,$$

由通解公式可得方程的通解为

$$y = Ce^{\sin x} \quad (C = \pm e^{C_1},\text{为任意常数}).$$

方法二:分离变量法

分离变量得

$$\frac{\mathrm{d}y}{y} = \cos x \mathrm{d}x,$$

两边积分得

$$\ln|y| = \sin x + \ln C_1 \quad (C_1 \text{ 为大于 0 的任意常数}).$$

方程的通解为

$$y = Ce^{\sin x} \quad (C = \pm C_1 \text{ 为任意常数}).$$

2. 非齐次线性方程的解的结构(常数变易法)

将齐次线性方程通解中的常数 C 换成函数 $C(x)$,

$$y = C(x)\mathrm{e}^{-\int P(x)\mathrm{d}x} \tag{7-5}$$

代入方程式(7-3)得

$$C'(x)\mathrm{e}^{-\int P(x)\mathrm{d}x} - P(x)C(x)\mathrm{e}^{-\int P(x)\mathrm{d}x} + P(x)C(x)\mathrm{e}^{-\int P(x)\mathrm{d}x} = Q(x),$$

即

$$C'(x)\mathrm{e}^{-\int P(x)\mathrm{d}x} = Q(x),$$

或

$$C'(x) = Q(x)\mathrm{e}^{\int P(x)\mathrm{d}x},$$

两边求积分得

$$C(x) = \int Q(x)\mathrm{e}^{\int P(x)\mathrm{d}x}\mathrm{d}x + C.$$

将上式代入式(7-5)得一阶非齐次线性方程的通解的公式

$$y = \mathrm{e}^{-\int P(x)\mathrm{d}x}\left[\int Q(x)\mathrm{e}^{\int P(x)\mathrm{d}x}\mathrm{d}x + C\right], \tag{7-6}$$

或

$$y = C\mathrm{e}^{-\int P(x)\mathrm{d}x} + \mathrm{e}^{-\int P(x)\mathrm{d}x} \cdot \int Q(x)\mathrm{e}^{\int P(x)\mathrm{d}x}. \tag{7-7}$$

上面的解法,即是把对应的齐次方程的通解中的常数 C 变易为函数 $C(x)$,而后再去确定 $C(x)$,从而得到非齐次方程的通解.这种解法顾名思义称为"常数变易法".

例 7-13 求方程 $2y' - y - \mathrm{e}^x = 0$ 满足初始条件 $y(0) = 2$ 的特解.

解 此为一阶线性非齐次微分方程,其中 $P(x) = -\frac{1}{2}$,$Q(x) = \frac{1}{2}\mathrm{e}^x$,直接用公式(7-6)求解.

因为

$$\int P(x)\mathrm{d}x = \int\left(-\frac{1}{2}\right)\mathrm{d}x = -\frac{1}{2}x,$$

$$\int\frac{1}{2}\mathrm{e}^x\mathrm{e}^{\int-\frac{1}{2}\mathrm{d}x}\mathrm{d}x = \int\frac{1}{2}\mathrm{e}^x\mathrm{e}^{-\frac{1}{2}x}\mathrm{d}x = \mathrm{e}^{\frac{1}{2}x},$$

得原方程的通解为

$$y = \mathrm{e}^{\frac{1}{2}x}(\mathrm{e}^{\frac{1}{2}x} + C) = \mathrm{e}^x + C\mathrm{e}^{\frac{1}{2}x}.$$

将 $y(0) = 2$ 代入上式,得 $C = 1$,即满足初始条件的特解为

$$y = \mathrm{e}^x + \mathrm{e}^{\frac{1}{2}x}.$$

例 7-14　求一阶线性非齐次微分方程 $\dfrac{\mathrm{d}y}{\mathrm{d}x} - \dfrac{2}{x+1}y = (x+1)^3$ 满足 $y(0) = 1$ 的特解.

解　方法一(用常数变易法求解):

第一步,先求 $\dfrac{\mathrm{d}y}{\mathrm{d}x} - \dfrac{2}{x+1}y = 0$ 的通解,

分离变量,得

$$\frac{\mathrm{d}y}{y} = \frac{2}{x+1}\mathrm{d}x,$$

两边积分,有

$$\ln|y| = 2\ln|x+1| + C_1,$$

则 $\dfrac{\mathrm{d}y}{\mathrm{d}x} - \dfrac{2}{x+1}y = 0$ 的通解为: $y = C(x+1)^2$.

第二步,设 $y = u(x)(x+1)^2$,代入原方程,得 $u'(x) = x+1$,即

$$u(x) = \frac{1}{2}x^2 + x + C,$$

于是原方程的通解为

$$y = \left(\frac{1}{2}x^2 + x + C\right)(x+1)^2.$$

将条件 $y(0) = 1$ 代入,得 $C = 1$,因此所求特解为 $y = \left(\dfrac{1}{2}x^2 + x + 1\right)(x+1)^2$.

方法二[直接用公式(7-6)求解]:

将 $P(x) = -\dfrac{2}{x+1}$,$Q(x) = (x+1)^3$ 直接代入 $y = \mathrm{e}^{-\int P(x)\mathrm{d}x}\left[\int Q(x)\mathrm{e}^{\int P(x)\mathrm{d}x}\mathrm{d}x + C\right]$ 得

$$y = \mathrm{e}^{\int \frac{2}{x+1}\mathrm{d}x}\left[\int (x+1)^3 \mathrm{e}^{-\int \frac{2}{x+1}\mathrm{d}x}\mathrm{d}x + C\right] = (x+1)^2\left[\int (x+1)\mathrm{d}x + C\right] = (x+1)^2\left(\frac{1}{2}x^2 + x + C\right),$$

将条件 $y(0) = 1$ 代入上式,得 $C = 1$,因此所要求的特解为

$$y = \left(\frac{1}{2}x^2 + x + 1\right)(x+1)^2.$$

下面列出一阶微分方程的几种常见类型及解法(表 7-1).

一阶微分方程的几种常见类型及解法　　　　　　　　　　　　　　　表 7-1

方程类型	方程形式	解题方法
可分离变量的微分方程	$\dfrac{\mathrm{d}y}{\mathrm{d}x} = f(x)g(y)$	先分离变量,后两边积分(即分离变量法)
齐次型的微分方程	$\dfrac{\mathrm{d}y}{\mathrm{d}x} = \varphi\left(\dfrac{y}{x}\right)$	先变量代换 $u = \dfrac{y}{x}$,把原方程化为可分离变量的方程,然后用分离变量法解出方程,最后换回原变量

方 程 类 型		方 程 形 式	解 题 方 法
一阶线性 微分方程	齐次的方程	$\dfrac{\mathrm{d}y}{\mathrm{d}x} + P(x)y = 0$	（1）分离变量法； （2）直接用公式：$y = Ce^{-\int P(x)\mathrm{d}x}$
	非齐次的方程	$\dfrac{\mathrm{d}y}{\mathrm{d}x} + P(x)y = Q(x)$	（1）常数变易法； （2）直接用公式： $y = e^{-\int P(x)\mathrm{d}x}\left[\int Q(x)e^{\int P(x)\mathrm{d}x}\mathrm{d}x + C\right]$

习题 7.2

1. 求下列可分离变量微分方程的通解或特解.

（1）求 $y\mathrm{d}y = -x\mathrm{d}x$ 的通解；

（2）求 $\dfrac{\mathrm{d}y}{y} = \cos x\mathrm{d}x$ 的通解；

（3）求 $\dfrac{\mathrm{d}y}{\mathrm{d}x} = x^2 y$ 的通解；

（4）求 $\sin x\cos y\mathrm{d}x - \cos x\sin y\mathrm{d}y = 0$ 的通解，并求满足初始条件 $y(0) = \dfrac{\pi}{4}$ 的特解；

（5）求 $\dfrac{\mathrm{d}y}{\mathrm{d}x} = e^{x-y}$ 的通解（专升本）；

（6）求 $y\mathrm{d}x + (x-1)\mathrm{d}y = 0$ 的通解（专升本）.

2. 求下列齐次方程组通解

（1）$xy' = y(1 + \ln y - \ln x)$；　　　　（2）$y^2 + x^2 y' = xyy'$；

（3）$xy' = \sqrt{x^2 - y^2} + y$；　　　　　（4）$(x^2 + y^2)\mathrm{d}x - xy\mathrm{d}y = 0$；

（5）$x\dfrac{\mathrm{d}y}{\mathrm{d}x} = y\ln\dfrac{y}{x}$；　　　　　　（6）$(-3x^2 + y^2)\mathrm{d}x + 2xy\mathrm{d}y = 0$.

3. 求解下列微分方程.

（1）$\dfrac{\mathrm{d}y}{\mathrm{d}x} + 2xy = 2x$（专升本）；　　　（2）$y' - \dfrac{1}{x-2}y = 2(x-2)^2$；

（3）$y' - \dfrac{2y}{x+1} = (x+1)^{\frac{5}{2}}$；　　　（4）$y' + \dfrac{1}{x}y = \dfrac{\sin x}{x}$；

（5）$y' + y = e^x$；　　　　　　　（6）$\dfrac{\mathrm{d}y}{\mathrm{d}x} + 2xy = xe^{-x^2}$（专升本）；

（7）$2\dfrac{\mathrm{d}y}{\mathrm{d}x} = \dfrac{1}{3x + 2y}$；　　　　　（8）$\dfrac{\mathrm{d}y}{\mathrm{d}x} - \dfrac{y}{x} = x^3$（专升本）.

4. 求微分方程 $\cos^2 x\dfrac{\mathrm{d}y}{\mathrm{d}x} + y = \tan x$ 的通解，以及满足初始条件 $y\big|_{x=0} = 0$ 的特解.

5. 已知一曲线过点 $(1,3)$，且它在点 (x,y) 处的切线斜率等于 $2x + \dfrac{1}{x}y$，求此曲线的方程.

第三节　二阶微分方程

一、可降阶的微分方程

可降阶的微分方程主要有下面几种：

1. $y^{(n)} = f(x)$.

对于这样的方程，只要方程两边直接关于 x 积分 n 次，就可以得到方程的通解. 看下面的例子.

例 7-15　解方程 $y''' = x - 1$.

解

$$y'' = \frac{1}{2}x^2 - x + C_1,$$

$$y' = \frac{1}{6}x^3 - \frac{1}{2}x^2 + C_1 x + C_2.$$

方程的通解为

$$y = \frac{1}{24}x^4 - \frac{1}{6}x^3 + \frac{1}{2}C_1 x^2 + C_2 x + C_3.$$

2. $y'' = f(x, y')$.

这类方程的特点：不显含 y，可令 $y' = p$，则方程变为一阶的微分方程 $\dfrac{\mathrm{d}p}{\mathrm{d}x} = f(x, p)$，从这个方程中解得 p，再积分一次就可以得到原方程的通解.

例 7-16　求微分方程 $y'' - \dfrac{1}{x}y' = x\mathrm{e}^{-x}$ 的通解.

解　设 $y' = p(x)$，则 $y'' = p'(x) = \dfrac{\mathrm{d}p}{\mathrm{d}x}$.

将其代入原方程中，得

$$\frac{\mathrm{d}p}{\mathrm{d}x} - \frac{1}{x}p = x\mathrm{e}^{-x},$$

这是一阶线性非齐次方程，利用通解公式可得

$$p = \mathrm{e}^{-\int \left(\frac{-1}{x}\right)\mathrm{d}x}\left[\int x\mathrm{e}^{-x} \cdot \mathrm{e}^{\int \left(\frac{-1}{x}\right)\mathrm{d}x}\mathrm{d}x + C_1'\right] = \mathrm{e}^{\ln x}\left[\int x\mathrm{e}^{-x} \cdot \mathrm{e}^{-\ln x}\mathrm{d}x + C_1'\right]$$

$$= x\left(\int \mathrm{e}^{-x}\mathrm{d}x + C_1'\right)$$

$$= x(-\mathrm{e}^{-x} + C_1').$$

再积分一次，得原方程的通解为

$$y = \int x(-\mathrm{e}^{-x} + C_1')\mathrm{d}x = \int (-x\mathrm{e}^{-x} + xC_1')\mathrm{d}x = (x+1)\mathrm{e}^{-x} + \frac{C_1'}{2}x^2 + C_2$$

$$= (x+1)\mathrm{e}^{-x} + C_1 x^2 + C_2, \quad \left(\text{令 } C_1 = \frac{1}{2}C_1'\right).$$

例 7-17 解方程 $(1+x^3)y'' = 3x^2y'$.

解 令 $p=y'$,则方程变为

$$(1+x^3)\frac{\mathrm{d}p}{\mathrm{d}x} = 3x^2p,$$

分离变量,得

$$\frac{\mathrm{d}p}{p} = \frac{3x^2}{1+x^3}\mathrm{d}x,$$

所以

$$\ln|p| = \ln|1+x^3| + C_1.$$

即

$$y' = C(1+x^3) \quad (C = \pm e^{C_1}).$$

所以方程的通解为

$$y = C\left(x + \frac{1}{4}x^4\right) + C_2.$$

*(3) $y'' = f(y,y')$.

这类方程的特点:不显含 x,可令 $y' = p$,与前一种不同的是,对于 y'' 做下面的处理. $y'' = \frac{\mathrm{d}p}{\mathrm{d}x} = \frac{\mathrm{d}p}{\mathrm{d}y}\cdot\frac{\mathrm{d}y}{\mathrm{d}x} = p\frac{\mathrm{d}p}{\mathrm{d}y}$,这样方程就变为一阶微分方程 $p\frac{\mathrm{d}p}{\mathrm{d}y} = f(y,p)$. 解出 p,再积分一次,就可以得到方程的解.

例 7-18 求 $yy'' = y'^2 - y'^3$ 满足 $y(1)=1, y'(1) = -1$ 的特解.

解 令 $y' = p$,则 $y'' = p\frac{\mathrm{d}p}{\mathrm{d}y}$,代入原方程得 $yp\frac{\mathrm{d}p}{\mathrm{d}y} = p^2 - p^3$,

$$\frac{\mathrm{d}p}{p(1-p)} = \frac{\mathrm{d}y}{y}, \left(\frac{1}{p} + \frac{1}{1-p}\right)\mathrm{d}p = \frac{\mathrm{d}y}{y}, \ln\left|\frac{p}{1-p}\right| = \ln y + \ln C_1, \frac{p}{p-1} = C_1 y.$$

由 $p(1) = -1$,得 $C_1 = \frac{1}{2}, \frac{y'}{y'-1} = \frac{y}{2}, y' = \frac{y}{y-2}, \frac{y-2}{y}\mathrm{d}y = \mathrm{d}x$,即 $1 - \frac{2}{y}\mathrm{d}y = \mathrm{d}x$.

两边积分得 $y - 2\ln|y| = x + C$,由 $y(1)=1$,得 $C = 0$,故通解为 $y^2 = e^{y-x}$.

二、二阶常系数线性微分方程

形如

$$y'' + py' + qy = f(x) \tag{7-8}$$

的微分方程称为二阶常系数线性微分方程,其中 p,q 为常数,$f(x)$ 是 x 的连续函数,称为自由项. 当 $f(x) \neq 0$ 时,方程(7-8)称为非齐次线性方程;当 $f(x) \equiv 0$ 时,方程

$$y'' + py' + qy = 0 \tag{7-9}$$

称为二阶齐次线性方程.

1. 二阶常系数齐次线性微分方程解的结构

方程(7-9)的解,具有以下性质:

定理 7.1 设 $y = y_1(x)$ 及 $y = y_2(x)$ 是方程(7-9)的两个解,则对于任意常数 C_1 与 C_2,

$y = C_1 y_1(x) + C_2 y_2(x)$ 还是方程(7-9)的解.

证 略.

注意: 当 $\dfrac{y_1}{y_2} \neq C$(C 为常数)时,则 $y = C_1 y_1(x) + C_2 y_2(x)$ 中的两个任意常数 C_1 与 C_2 是不能合并的(即相互独立).因此 $y = C_1 y_1(x) + C_2 y_2(x)$ 就是方程(7-9)的通解.

下面来求 y_1 和 y_2:

我们知道一阶常系数齐次线性方程 $\dfrac{\mathrm{d}y}{\mathrm{d}x} = ry$ 的通解是 $y = C\mathrm{e}^{rx}$. 因此,可以假设方程(7-9)有如 $y = \mathrm{e}^{rx}$ 形式的解(其中 r 为待定常数).

将 $y' = r\mathrm{e}^{rx}, y'' = r^2\mathrm{e}^{rx}$ 及 $y = \mathrm{e}^{rx}$ 代入方程(7-9)得

$$\mathrm{e}^{rx}(r^2 + pr + q) = 0.$$

由于 $\mathrm{e}^{rx} \neq 0$,所以,只要 r 满足方程

$$r^2 + pr + q = 0, \qquad\qquad (7\text{-}10)$$

则 $y = \mathrm{e}^{rx}$ 就是方程(7-9)的解.关于 r 为未知数的方程(7-10)称为方程(7-9)的特征方程,特征方程的根称为特征根.

下面讨论特征根的三种情形.

(1)特征方程具有两个不相等的实根 r_1 和 r_2,即 $r_1 \neq r_2$,此时 $y_1 = \mathrm{e}^{r_1 x}$ 和 $y_2 = \mathrm{e}^{r_2 x}$ 是方程(7-9)的两个不同的解,且 $\dfrac{y_1}{y_2} = \mathrm{e}^{(r_1 - r_2)x} \neq$ 常数,所以方程(7-9)的通解为

$$y = C_1 \mathrm{e}^{r_1 x} + C_2 \mathrm{e}^{r_2 x}.$$

(2)特征方程具有两个相等的实根,即 $r_1 = r_2 = -\dfrac{p}{2}$,这时,只得到一个特解 $y_1 = \mathrm{e}^{r_1 x}$,还需另一个特解 y_2 且要求 $\dfrac{y_2}{y_1}$ 不是常数.为此设 $y_2 = xy_1 = x\mathrm{e}^{r_1 x}$,则

$$y'_2 = \mathrm{e}^{r_1 x} + r_1 x\mathrm{e}^{r_1 x},$$
$$y''_2 = \mathrm{e}^{r_1 x}(2r_1 + r_1^2 x).$$

代入方程(7-10)得

$$\begin{aligned} y''_2 + py'_2 + qy_2 &= \mathrm{e}^{r_1 x}(2r_1 + r_1^2 x) + p(\mathrm{e}^{r_1 x} + r_1 x\mathrm{e}^{r_1 x}) + qx\mathrm{e}^{r_1 x} \\ &= \mathrm{e}^{r_1 x}\big[(2r_1 + r_1^2 x) + p(1 + r_1 x) + qx\big] \\ &= \mathrm{e}^{r_1 x}\big[(2r_1 + p) + x(r_1^2 + pr_1 + q)\big]. \end{aligned}$$

由于 r_1 是特征方程(7-10)的重根,故 $r_1^2 + pr_1 + q = 0, 2r_1 + p = 0$,于是有

$$y''_2 + py'_2 + qy_2 = 0.$$

由此知 $y_2 = x\mathrm{e}^{r_1 x}$ 是方程(7-9)的一个解.

从而方程(7-9)的通解为

$$y = C_1 \mathrm{e}^{r_1 x} + xC_2 \mathrm{e}^{r_1 x} = (C_1 + C_2 x)\mathrm{e}^{r_1 x}.$$

(3)特征方程具有一对共轭复根 $r_1 = \alpha + i\beta$ 与 $r_2 = \alpha - i\beta$.由此得两个复函数的解 $y_1 = \mathrm{e}^{(\alpha + i\beta)x}$ 及 $y_2 = \mathrm{e}^{(\alpha - i\beta)x}$,且 $\dfrac{y_1}{y_2} = \mathrm{e}^{2\beta ix} \neq$ 常数,此时方程(7-9)的通解为

$$y = e^{\alpha x}(C_1 \cos\beta x + C_2 \sin\beta x).$$

例 7-19　求方程 $y'' - 3y' + 2y = 0$ 的通解.

解　其特征方程为

$$r^2 - 3r + 2 = 0,$$

即

$$(r-1)(r-2) = 0.$$

得特征方程的根为

$$r_1 = 1, r_2 = 2,$$

于是,通解为

$$y = C_1 e^x + C_2 e^{2x}.$$

例 7-20　求方程 $y'' - 2y' + y = 0$ 的通解.

解　其特征方程为

$$r^2 - 2r + 1 = 0,$$

得特征方程的根为

$$r_1 = 1, r_2 = 1,$$

于是,通解为

$$y = (C_1 + C_2 x)e^x.$$

例 7-21　求方程 $y'' - 2y' + 2y = 0$ 满足初始条件 $y|_{x=0} = 1, y'|_{x=0} = 0$ 的特解.

解　其特征方程为

$$r^2 - 2r + 2 = 0,$$

有一对共轭复数根 $r = 1 \pm i$,得通解为

$$y = e^x(C_1 \cos x + C_2 \sin x).$$

于是

$$y' = e^x(C_1 \cos x + C_2 \sin x) + e^x(-C_1 \sin x + C_2 \cos x).$$

把初始条件代入上面两式,求得

$$C_1 = 1, C_2 = -1,$$

故满足初始条件的特解为

$$y = e^x(\cos x - \sin x).$$

综上所述,求解二阶常系数齐次线性方程的基本步骤是:

(1)写出特征方程,求出特征根;

(2)根据特征根的不同情况,按照表 7-2,对应地写出微分方程的通解.

表 7-2

特征方程 $r^2 + pr + q = 0$ 的两个根 r_1, r_2	微分方程 $y'' + py' + qy = 0$ 的通解
两个不相等的实根 $r_1 \neq r_2$	$y = C_1 e^{r_1 x} + C_2 e^{r_2 x}$
两个相等的实根 $r_1 = r_2$	$y = (C_1 + C_2 x)e^{r_1 x}$
一对共轭复根 $r_{1,2} = \alpha \pm i\beta$	$y = e^{\alpha x}(C_1 \cos\beta x + C_2 \sin\beta x)$

*2. 常系数非齐次线性微分方程解的结构

定理7.2 如果 y^* 是线性非齐次方程(7-8)的一个特解，Y 是该方程所对应的线性齐次方程(7-9)的通解，则

$$y = Y + y^*$$

是线性非齐次方程(7-8)的通解.

证 略.

这表明 $y = Y + y^*$ 是非齐次方程(7-8)的解. 由于 Y 中含有两个相互独立的任意常数，所以 $y = Y + y^*$ 也含有两个相互独立的任意常数，即 $y = Y + y^*$ 是非齐次方程(7-8)的通解.

定理7.3 设 y_1^* 与 y_2^* 分别是方程

$$y'' + py' + qy = f_1(x) \tag{7-11}$$

和

$$y'' + py' + qy = f_2(x) \tag{7-12}$$

的特解，则 $y_1^* + y_2^*$ 是方程

$$y'' + py' + qy = f_1(x) + f_2(x) \tag{7-13}$$

的特解.

证 略.

根据定理7.2知，求方程(7-8)的通解即先求出方程(7-9)的通解 Y，而后再求出方程(7-8)的一个特解 y^*，即得方程(7-8)的通解 $y = Y + y^*$.

关于齐次方程的通解 Y 的求法，前面已做过介绍. 本节仅分析自由项 $f(x)$ 的两种特殊形式的非齐次方程特解 y^* 的求法.

(1)$f(x) = e^{\lambda x} P_m(x)$ 型[其中 $P_m(x)$ 为 m 次多项式，λ 为常数].

$$y'' + py' + qy = P_m(x) e^{\lambda x}. \tag{7-14}$$

方程(7-14)的右边是 m 次多项式与 $e^{\lambda x}$ 的乘积，所以，我们可以推测方程(7-14)的一个特解是一个多项式 $Q(x)$ 与 $e^{\lambda x}$ 的乘积. 不妨设 $y^* = Q(x)e^{\lambda x}$，将 y^* 求导，代入方程(7-14)得

$$[Q''(x)e^{\lambda x} + 2\lambda Q'(x)e^{\lambda x} + \lambda^2 Q(x)e^{\lambda x}] + p[Q'(x)e^{\lambda x} + \lambda Q(x)e^{\lambda x}] + qQ(x)e^{\lambda x} = P_m(x)e^{\lambda x}.$$

整理得

$$Q''(x) + (2\lambda + p)Q'(x) + (\lambda^2 + p\lambda + q)Q(x) = P_m(x). \tag{7-15}$$

这是以 $Q(x)$ 为未知函数的二阶常系数线性非齐次方程. 不难得到特解结构 $y^* = e^{\lambda x}Q(x)$（其中 $Q(x)$ 为多项式）.

可得到如下三个结论：

①当 λ 不是特征方程的特征根时，即 $\lambda^2 + p\lambda + q \neq 0$，$Q(x)$ 可设为 $Q(x) = Q_m(x)$，即为 m 次多项式.

②当 λ 是特征方程的单根时，即 $\lambda^2 + p\lambda + q = 0$ 而 $Q(x)$ 可设为 $Q(x) = xQ_m(x)$，即为 $m+1$ 次多项式.

③当 λ 是特征方程的重根时，即 $\lambda^2 + p\lambda + q = 0$ 且 $2\lambda + p = 0$，$Q(x)$ 可设为 $Q(x) = x^2 Q_m(x)$，即为 $m+2$ 次多项式.

例7-22 求 $y'' + y' = x^2$ 的通解.

解 特征方程为 $r^2 + r = 0$，故 $r_1 = 0, r_2 = -1$，则齐次方程的通解为 $y = c_1 + c_2 e^{-x}$.

由于 $\lambda = 0$ 是特征单根,则设特解为

$$y^* = xQ_2(x) = x(ax^2 + bx + c),$$

代入方程,比较系数得

$$3ax^2 + (6a + 2b)x + 2b + c = x^2.$$

所以 $a = \dfrac{1}{3}, b = -1, c = 2$.

故特解

$$y^* = x\left(\dfrac{1}{3}x^2 - x + 2\right).$$

所以通解为

$$y = c_1 + c_2 e^{-x} + x\left(\dfrac{1}{3}x^2 - x + 2\right).$$

例 7-23 求微分方程 $y'' + 4y' + 3y = x - 2$ 的一个特解.

解 特征方程为 $r^2 + 4r + 3 = 0$,故 $r_1 = -1, r_2 = -3$,则齐次方程的通解为

$$y = c_1 e^{-x} + c_2 e^{-3x}.$$

由于 $\lambda = 0$ 不是特征方程的特征根,则设特解为
$y^* = Q_1(x) = ax + b$,代入方程,比较系数得

$$4a + 3ax + 3b = x - 2.$$

所以 $a = \dfrac{1}{3}, b = -\dfrac{10}{9}$,

因此得特解为

$$y^* = \dfrac{1}{3}x - \dfrac{10}{9}.$$

例 7-24 求微分方程 $y'' - 5y' + 6y = (2x + 1)e^{2x}$ 的一个特解.

解 特征方程为 $r^2 - 5r + 6 = 0$,故 $r_1 = 2, r_2 = 3$,则齐次方程的通解为

$$y = c_1 e^{2x} + c_2 e^{3x}.$$

由于 $\lambda = 2$ 是特征单根,则设特解为

$$y^* = e^{2x}Q(x) = e^{2x}xQ_1(x) = e^{2x}x(ax + b),$$

$$y^{*\prime} = 2e^{2x}(ax^2 + bx) + e^{2x}(2ax + b).$$

$$y^{*\prime\prime} = 4e^{2x}(ax^2 + bx) + 4e^{2x}(2ax + b) + 2ae^{2x}.$$

代入方程,比较系数得

$$4e^{2x}(ax^2 + bx) + 4e^{2x}(2ax + b) + 2ae^{2x} - 5\left[2e^{2x}(ax^2 + bx) + e^{2x}(2ax + b)\right] +$$

$$6e^{2x}x(ax + b) = (2x + 1)e^{2x}$$

化简得

$$-2ax + 2a - b = 2x + 1.$$

得 $a = -1, b = -3$,得原方程的特解为

$$y^* = -(x^2 + 3x)e^{2x}.$$

例 7-25 求 $y'' - 2y' + y = xe^x$ 的通解.

解 特征方程为 $r^2 - 2r + 1 = 0$,故 $r_1 = r_2 = 1$,则齐次方程的通解为 $y = (c_1 + c_2 x)e^x$.

由于 $\lambda = 1$ 是特征方程的重根，则设特解为 $y^* = e^x Q(x) = e^x x^2 Q_1(x) = e^x x^2(ax+b)$，将 $y^{*\prime\prime}, y^{*\prime}, y^*$ 代入方程，比较系数得

$$6ax + 2b = x.$$

比较等号两边同次幂的系数得 $a = \dfrac{1}{6}$，$b = 0$. 因此有特解为 $y^* = \dfrac{1}{6} x^3 e^x$，把求得的特解 y^* 加到齐次方程通解上去，便得所求非齐次方程的通解为

$$y = C_1 e^x + C_2 x e^x + \frac{1}{6} x^3 e^x.$$

(2) $f(x) = e^{\lambda x}(A\cos\omega x + B\sin\omega x)$（其中 λ、A、B、ω 为常数）.

此时，方程(7-8)为

$$y'' + py' + qy = e^{\lambda x}(A\cos\omega x + B\sin\omega x). \tag{7-16}$$

由于指数函数的各阶导数仍为指数函数，正弦函数与余弦函数的导数也总是余弦函数与正弦函数，因此可设方程(7-8)的特解为

$$y^* = x^k e^{\lambda x}(C\cos\omega x + D\sin\omega x). \tag{7-17}$$

其中 C, D 为待定常数.

①当 $\lambda + \omega i$ 不是方程(7-16)所对应的齐次方程的特征根时，取 $k = 0$；

②当 $\lambda + \omega i$ 是方程(7-16)所对应的齐次方程的特征根时，取 $k = 1$.

证明从略.

例 7-26　求方程 $y'' + 3y' - y = e^x\cos2x$ 的一个特解.

解　$f(x) = e^x\cos2x$，从而 $\lambda + \omega i = 1 + 2i$，它不是对应齐次方程的特征方程 $r^2 + 3r - 1 = 0$ 的根，故可取解(7-17)中的 $k = 0$，即可设特解为

$$y^* = e^x(C\cos2x + D\sin2x).$$

从而

$$y^{*\prime} = e^x\left[(C+2D)\cos2x + (D-2C)\sin2x\right],$$
$$y^{*\prime\prime} = e^x\left[(4D-3C)\cos2x + (-4C-3D)\sin2x\right].$$

代入原方程并化简得 $(10D - C)\cos2x - (D + 10C)\sin2x = \cos2x$.

比较上式两边 $\cos2x$ 与 $\sin2x$ 的系数得

$$\begin{cases} 10D - C = 1, \\ D + 10C = 0. \end{cases}$$

解得 $C = -\dfrac{1}{101}, D = \dfrac{10}{101}$.

所以得所求特解为

$$y^* = e^x\left(-\frac{1}{101}\cos2x + \frac{10}{101}\sin2x\right).$$

例 7-27　求 $y'' + y = x^2 + \cos x$ 满足初始条件 $y|_{x=0} = 0, y'|_{x=0} = 1$ 的特解.

解　此题的非齐次项是两种不同的形式，根据前面解的结构性质，可以把它分解为两个方程.

$$y'' + y = x^2, \tag{7-18}$$
$$y'' + y = \cos x. \tag{7-19}$$

分别求它们的特解 y_1^*，y_2^*.

上述方程对应的特征方程为：$\lambda^2 + 1 = 0$，特征根为：$\lambda_{1,2} = \pm i$，对应的齐次方程的通解为：
$\tilde{y} = c_1\cos x + c_2\sin x$，再分别设

$$y_1^* = Ax^2 + Bx + C, \quad y_2^* = x(A_1\cos x + B_1\sin x)$$

是式(7-18)、式(7-19)的特解，并代入方程，用比较系数法，分别可以求得

$$A = 1, \quad B = 0, \quad C = -2; \quad A_1 = 0, \quad B_1 = \frac{1}{2}.$$

所以它们对应的特解是

$$y_1^* = x^2 - 2, \quad y_2^* = \frac{1}{2}x\sin x.$$

故原方程的通解为

$$y = \tilde{y} + y_1^* + y_2^* = c_1\cos x + c_2\sin x + x^2 - 2 + \frac{1}{2}x\sin x.$$

再把初始条件代入求出积分常数 $c_1 = 2, c_2 = 1$.

所以满足初始条件的特解为

$$y = 2\cos x + \sin x + x^2 + \frac{1}{2}x\sin x - 2.$$

习题 7.3

1. 求下列方程的通解.

(1) $y'' = x + \sin x$;　　　　　　　　　(2) $y'' = e^{2x}$;

(3) $y'' + \frac{2}{1-y}y'^2 = 0$;　　　　　　(4) $x^2y'' + xy' = 1$.

2. 求下列微分方程的通解.

(1) $y'' - 2y' - 3y = 0$;　　　　　　　(2) $4y'' - 4y' + y = 0$;

(3) $y'' - y = 0$;　　　　　　　　　　(4) $y'' + y = 0$;

(5) $y'' - 2y' + y = x$;　　　　　　　(6) $y'' + 2y' - 3y = 2e^x$.

3. 求下列微分方程的特解.

(1) $y'' + y' - 2y = 0, y(0) = 4, y'(0) = 1$;　　(2) $y'' + y' = x^2, y(0) = y'(0) = 1$;

(3) $y'' - 5y' + 6y = xe^{2x}$.

4. 求 $\dfrac{d^2s}{dt^2} + 2\dfrac{ds}{dt} + s = 0$ 满足初始条件 $s|_{t=0} = 4, s'|_{t=0} = -2$ 的特解.

5. 求 $\begin{cases} (1+x^2)y'' = 2xy', \\ y|_{x=0} = 1, \\ y'|_{x=0} = 3. \end{cases}$ 的特解.

第四节　微分方程的应用

在学习了以上几节关于微分方程解法的基础上，本节将举例说明如何通过建立微分方程解决实际问题.

例 7-28 设跳伞员开始跳伞后所受的空气阻力与他下落的速度成正比(比例系数为常数 $k>0$),起跳时的速度为 0.求下落的速度与时间之间的函数关系.

解 这是一个运动问题,我们可以利用牛顿第二定律 $F=ma$ 建立微分方程.

首先,设下落速度为 $v(t)$,则加速度 $a=v'(t)$.再分析运动物体所受的外力.在此,跳伞员只受重力和阻力这两个力的作用.重力的大小为 mg,方向与速度方向一致;阻力大小为 kv,方向与速度方向相反.因此,所受的外力为

$$F=mg-kv,$$

于是,由牛顿第二定律可得到速度 $v(t)$ 应满足的微分方程为

$$mg-kv=mv',$$

又因为假设起跳时的速度为 0,所以,其初始条件为

$$v\mid_{t=0}=0.$$

至此,我们已将这个运动问题转化为一个初值问题

$$\begin{cases} mv'=mg-kv, \\ v(0)=0. \end{cases}$$

解此初值问题.这是一个一阶线性非齐次微分方程,但由于 v,v' 的系数及自由项均为常数,故也可按分离变量方程来解.求出方程的通解为

$$mg-kv=Ce^{-\frac{k}{m}t}.$$

将初始条件 $v(0)=0$ 代入,得 $C=mg$.所以,所求特解为

$$v=\frac{mg}{k}(1-e^{-\frac{k}{m}t}).$$

即所求的函数关系.

从上式可以看出,当 t 充分大时,速度 v 近似为常量 $\frac{mg}{k}$.也就是说,跳伞之初是加速运动,但逐渐趋向于匀速运动.正因为如此,跳伞员才得以安全着落.

例 7-29 某银行账户,以连续复利方式计息,年利率为 5%,希望连续 10 年以每年 10 万元人民币的速率用这一账户支付职工工资,若 t 以年为单位,试写出余额 $B=B(t)$ 所满足的微分方程,且问当初始存入的数额 B_0 为多少时,才能使 10 年后账户中的余额精确地减至零.

解 显然,银行余额的变化速率 = 利息盈取速率 - 工资支付速率,而银行余额的变化速率为 $\frac{\mathrm{d}B}{\mathrm{d}t}$,利息盈取速率为每年 $0.05B$,工资支付的速率为每年 10 万元,于是,有

$$\frac{\mathrm{d}B}{\mathrm{d}t}=0.05B-10,$$

利用分离变量法,可求得

$$B=200+Ce^{0.05t};$$

再由初始条件 $B(0)=B_0$,得 $C=B_0-200$,故余额函数为:

$$B=200+(B_0-200)e^{0.05t};$$

由题意,令 $t=10$,$B=0$,即

$$0 = 200 + (B_0 - 200)e^{0.5},$$

由此得当初始存入的数额 $B_0 = 200\left(1 - \dfrac{1}{\sqrt{e}}\right) \approx 78.7$（万元）时，10 年后银行账户中的余额几乎为零.

例 7-30 在某池塘内养鱼，该池塘内最多能养 1000 尾，设在 t 时刻该池塘内鱼数为 $y(t)$ 是时间 t（月）的函数，其变化率与鱼数 y 及 $1000 - y$ 的乘积成正比（比例常数为 $k > 0$）. 已知在池塘内放养鱼 100 尾，3 个月后池塘内有鱼 250 尾. 试求：(1) 在 t 时刻池塘内鱼数 $y(t)$ 的计算公式；(2) 放养 6 个月后池塘内有多少尾鱼？

解 (1) 由题意可知，在 t 时刻池塘内鱼数 $y(t)$ 应满足如下关系式：

$$\frac{\mathrm{d}y}{\mathrm{d}t} = ky(1000 - y).$$

这就是我们熟悉的逻辑斯谛（Logistic）模型，用分离变量法，可求得

$$\frac{y}{1000 - y} = Ce^{1000kt}.$$

将条件 $y(0) = 100$，$y(3) = 250$ 代入，得 $C = \dfrac{1}{9}$，$k = \dfrac{\ln 3}{3000}$，于是在 t 时刻池塘内鱼数 $y(t)$ 的计算公式为

$$y(t) = \frac{1000 \times 3^{\frac{t}{3}}}{9 + 3^{\frac{t}{3}}} \text{（尾）}.$$

(2) 取 $t = 6$，得放养 6 个月后池塘内鱼数为

$$y(6) = 500 \text{（尾）}.$$

习题 7.4

1. 已知某地区在一个已知时期内国民收入的增长率为 $\dfrac{1}{10}$，国民债务的增长率为国民收入的 $\dfrac{1}{20}$. 若 $t = 0$ 时，国民收入为 5 亿元，国民债务为 0.1 亿元. 试分别求出国民收入及国民债务与时间 t 的函数关系.

2. 某汽车公司的小汽车运行成本 y 及小汽车的转卖值 s 均是时间 t 的函数，若已知 $\dfrac{\mathrm{d}y}{\mathrm{d}t} = \dfrac{2}{s}$，$\dfrac{\mathrm{d}s}{\mathrm{d}t} = -\dfrac{1}{3}s$ 且 $t = 0$ 时 $y = 0$，$s = 4.5$（万元/辆）. 试求小汽车的运行成本及转卖值各自与时间 t 的函数关系.

3. ^{14}C 的衰变有如下的规律：^{14}C 的衰变速度与它的现存量 R 成正比. 由经验材料得知，^{14}C 经过 5568 年后，只余原始量 R_0 的一半. 试求 ^{14}C 的量 R 与时间 t 的函数关系.

实验六 微分方程求解

一、微分方程

【命令】1. dsolve（'equ1'，'equ2'，…）：利用 MATLAB 求微分方程的解析解. equ1、equ2、…为方程（或条件）. 书写方程（或条件）时用 Dy 表示 y 关于自变量的一阶导数，用 D2y 表示 y

关于自变量的二阶导数,依此类推.

2. simplify(s):对表达式 s 使用 maple 的化简规则进行化简.

例 7-31　$\sin^2 x + \cos^2 x$.

解　输入命令:

  syms x

  simplify(sin(x)^2 + cos(x)^2)

  ans = 1

例 7-32　求微分方程 $y' + 2xy = xe^{-x^2}$ 的通解.

解　输入命令:

  clear;

  syms x y

  dsolve('Dy + 2 * x * y = x * exp(-x^2)')

  ans = (1/2 * exp(-x * (x - 2 * t)) + C1) * exp(-2 * x * t)

例 7-33　求微分方程 $xy' + y - e = 0$ 在初始条件 $y\mid_{x=1} = 2e$ 下的特解.

解　输入命令:

  clear;

  syms x y

  dsolve('x * Dy + y - exp(x) = 0', 'y(1) = 2 * exp(1)', 'x')

  ans = (exp(x) + exp(1))/x

例 7-34　求微分方程组 $\begin{cases} \dfrac{dx}{dt} + 5x + y = e^t, \\ \dfrac{dy}{dt} - x - 3y = 0, \end{cases}$ 在初始条件 $x\mid_{t=0} = 1, y\mid_{t=0} = 0$ 下的特解,并画出

解函数的图形.

解　输入命令:

  syms x y t

  [x,y] = dsolve('Dx + 5 * x + y = exp(t)', 'Dy - x - 3 * y = 0', 'x(0) = 1', 'y(0) = 0', 't')

  simple(x); simple(y);

  ezplot(x,y, [0,1.3]); axis auto

见图 7-1.

例 7-35　求下列微分方程满足初始条件的特解: $y'' - 8y' + 16 = 0, y(0) = 0, y'(0) = 1$.

解　输入命令:

  > > clear

  > > d5 = dsolve('D2y - 8 * Dy + 16 = 0', 'y(0) = 0, Dy(0) = 1')

运行得结果:

  d5 = 2 * t + 1/8 - 1/8 * exp(8 * t)

x=-…+2/11 exp(t).y=exp((-1+15^(1/2))t)(13/330 15^(1/2)+1/22)+…-1/11 exp(t)

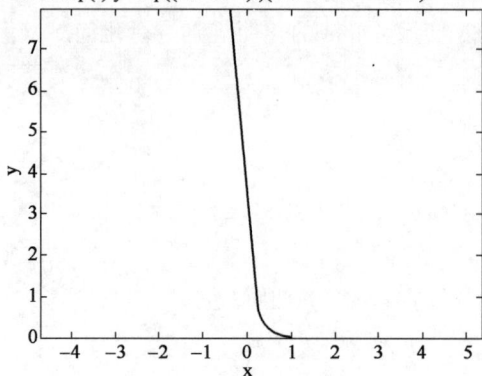

图 7-1

二、微分方程的应用

实例1：沥青混合料温度的预测

沥青路面混合料温度受外界环境温度的影响,其变化率服从牛顿冷却定律,即沥青混合料温度的变化率(变化速度)正比于沥青温度与外界温度的差,即

$$\frac{\mathrm{d}T}{\mathrm{d}t} = -k(T - T_{\mathrm{d}}).$$

其中,$T = T(t)$ 为沥青温度,T_{d} 为外界温度.

例7-36 某施工现场沥青混合料摊铺时的初始温度为155℃,环境温度保持在25℃,30min后,测得沥青混合料温度为140℃.问:多长时间之后沥青混合料温度会降到110℃?

解 $T(0) = 155℃$,$T(30) = 140℃$,由上述定律

$$\begin{cases} \dfrac{\mathrm{d}T}{\mathrm{d}t} = -k(T-25) \\ T(0) = 155 \end{cases} \Rightarrow T = 25 + 130\mathrm{e}^{-kt}.$$

又由 $T(30) = 140$,得 $k = 0.0041$.

从而

$$T(t) = 25 + 130\mathrm{e}^{-0.0041t}.$$

当时 $T = 110℃$ 时,有 $25 + 130\mathrm{e}^{-0.0041t} = 110 \Rightarrow t \approx 103.63 = 1\mathrm{h}44\mathrm{min}.$

所以1小时44分钟后沥青混合料温度会降到110℃.

【Matlab 程序】

(1) syms t T

dsolve('DT = -k * (T - 25)','T(0) = 155','t')

ans = 25 + 130 * exp(-k * t)

(2) k = solve('140 = 25 + 130 * exp(-k * 30)','k')

k = -1/30 * log(23/26) = 0.0041

(3) t = solve('110 = 25 + 130 * exp(-0.0041 * t)','t')

t = 103.630047308601454931996328508546

实例2：悬臂梁的挠曲线方程和转角方程

如图 7-2 所示,悬臂梁(一端为自由端,另一端固定的梁)AB 长为 l,自由端受集中力 P 作用,试求梁的挠曲线方程和转角方程.

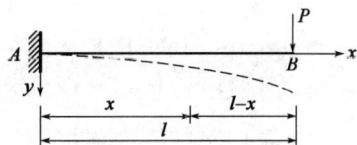

图 7-2　悬臂梁挠曲线

解　设梁的挠曲线方程为 $y = f(x)$.

由工程力学中梁弯曲变形的基本知识可知:

挠曲线在 x 处的曲率 $K(x)$ 与弯矩 $m(x)$ 以及抗弯刚度 EI 之间的关系式为

$$K(x) = \frac{M(x)}{EI},$$

且当变形很小时,挠曲线上 x 处的转角 θ 与挠曲线的关系式为 $\frac{\mathrm{d}y}{\mathrm{d}x} = \tan\theta \approx \theta$.

由曲率计算公式容易得出,梁弯曲时挠曲线的近似微分方程

$$\frac{\mathrm{d}^2 y}{\mathrm{d}x^2} = -\frac{M(x)}{EI}.$$

由于在点 x 处梁的弯矩为 $M(x) = -F(l-x)$.

于是有

$$\frac{\mathrm{d}^2 y}{\mathrm{d}x^2} = -\frac{M(x)}{EI} = \frac{F(l-x)}{EI}.$$

将上式两边同时积分,得

$$\theta = \frac{\mathrm{d}y}{\mathrm{d}x} = \frac{F}{EI}\left(lx - \frac{1}{2}x^2 + C_1\right), \tag{7-20}$$

再将上式两边同时积分,得

$$y = \frac{F}{EI}\left(\frac{1}{2}lx^2 - \frac{1}{6}x^3 + C_1 x + C_2\right). \tag{7-21}$$

在固定端 A 处的挠度和转角均为零,即

$$y\big|_{x=0} = 0, \quad \theta\big|_{x=0} = \frac{\mathrm{d}y}{\mathrm{d}x}\bigg|_{x=0} = 0.$$

代入式(7-20)、式(7-21)得

$$C_1 = C_2 = 0.$$

所求挠曲线方程和转角方程分别为

$$y = \frac{F}{EI}\left(\frac{1}{2}lx^2 - \frac{1}{6}x^3\right),$$

$$\theta = \frac{F}{EI}\left(lx - \frac{1}{2}x^2\right).$$

【MATLAB 程序】

```
(1) syms x y
dsolve('Dy = F/EI * (l - x)','x')
ans = F/EI * (l * x - 1/2 * x^2) + C1
(2) y = dsolve('D2y = F/EI * (l - x)','x')
```

$y = F/EI * (1/2 * l * x^2 - 1/6 * x^3) + C1 * x + C2$

（3）dsolve（'Dy = F/EI * (l - x)', 'y(0) = 0', 'x'）

ans = F/EI * (l * x - 1/2 * x^2)

（4）y = dsolve（'D2y = F/EI * (l - x)', 'y(0) = 0', 'Dy(0) = 0', 'x'）

$y = F/EI * (1/2 * l * x^2 - 1/6 * x^3)$

三、实验内容

（1）在本节例 7-36 中，若某施工现场沥青混合料摊铺时的初始温度为 150℃，环境温度保持在 28℃，25min 后，测得沥青混合料温度为 135℃，问：多长时间后沥青混合料温度会降到 110℃？（请用 MATLAB 程序计算结果）

（2）在本节例 7-36 中，若某施工现场沥青混合料摊铺的初始温度为 160℃，环境温度保持在 30℃，30min 后，测得沥青混合料温度为 146℃，问：4h 后沥青混合料温度会降到多少？（请用 MATLAB 程序计算结果）

本 章 小 结

★ 本章知识网络图

微分方程
$\begin{cases}
\text{1. 可分离变量的微分方程：} \dfrac{\mathrm{d}y}{\mathrm{d}x} = f(x)g(y). \\[2mm]
\text{2. 齐次型的微分方程：} \dfrac{\mathrm{d}y}{\mathrm{d}x} = \varphi\left(\dfrac{y}{x}\right). \\[2mm]
\text{3. 一阶线性微分方程} \begin{cases} \text{齐次：} \dfrac{\mathrm{d}y}{\mathrm{d}x} + P(x)y = 0; \\[2mm] \text{非齐次：} \dfrac{\mathrm{d}y}{\mathrm{d}x} + P(x)y = Q(x). \end{cases} \\[4mm]
\text{4. 其他微分方程} \begin{cases} \text{一阶隐式方程：} F(x, y, y') = 0; \\ \text{可降阶的微分方程：} y'' = f(x, y'), y'' = f(y, y') \text{等}; \\ \text{常系数齐次线性微分方程解的结构；} \\ \text{非齐次线性微分方程解的结构.} \end{cases}
\end{cases}$

★ 主要知识点

1. 微分方程的解是函数形式；当微分方程的解中独立的任意常数的个数等于微分方程的阶数时，这个解叫通解.

2. 可分离变量微分方程的解法.

形如

$$y' = f(x)g(y)$$

的微分方程，叫作可分离变量微分方程. 其解法是先分离变量，然后再两边求不定积分.

3.一阶线性微分方程 $y' + P(x)y = Q(x)$ 的解法.

先求出方程 $y' + P(x)y = 0$ 的通解 $y = Ce^{-\int P(x)dx}$；然后用常数变易法，令 $C = C(x)$，将 $y = C(x)e^{-\int P(x)dx}$ 代入原方程，求出 $C(x)$，即得原方程的通解.

4.二阶微分方程的解的结构.

定理1：设 y_1、y_2 是二阶常系数齐次线性微分方程的两个线性无关的解,则 $y = C_1 y_1 + C_2 y_2$ 是这个齐次方程的通解.

定理2：对于二阶常系数非齐次线性微分方程,设 Y 是它对应的齐次方程的通解,y^* 是它的特解,则它的通解为 $y = Y + y^*$.

5.二阶常系数齐次线性微分方程的解法.

$y'' + py' + qy = 0$ 的特征方程为 $r^2 + pr + q = 0$,其特征根为 r_1、r_2,则二阶常系数齐次线性微分方程 $y'' + py' + qy = 0$ 的解法如下表：

特征方程 $r^2 + pr + q = 0$	$y'' + py' + qy = 0$ 的通解
两个不等的实根 $r_1 \neq r_2$	$y = C_1 e^{r_1 x} + C_2 e^{r_2 x}$
两个相等的实根 $r_1 = r_2$	$y = (C_1 + C_2 x)e^{r_1 x}$
一对共轭复根 $r_1 = \alpha + i\beta, r_2 = \alpha - i\beta$	$y = e^{\alpha x}(C_1 \cos\beta x + C_2 \sin\beta x)$

复习题(七)

一、选择题

1.下列微分方程中阶数为 2 的微分方程为(　　).

　　A. $(y''')^2 + xy = \cos x$；　　　　　　　　B. $\left(\dfrac{dy}{dx}\right)^2 + y^2 = 2x$；

　　C. $\dfrac{d^2 y}{dx^2} - y^2 = x$；　　　　　　　　D. $(y')^2 + 2y = 0$.

2.微分方程 $3y^2 dy + 3x^2 dx = 0$ 的阶数是(　　).

　　A.1；　　　　　　B.2；　　　　　　C.3；　　　　　　D.4.

3.微分方程 $y' = -y + xe^{-x}$ 是(　　)微分方程.

　　A.可分离变量；　　　　　　　　　　B.齐次；

　　C.一阶线性非齐次；　　　　　　　　D.一阶线性齐次.

4.下列方程中不是微分方程的有(　　).

　　A. $y' = e^x + \sin x$；　　　　　　　　B. $\dfrac{dy}{dx} + e^x = \dfrac{d(y + e^x)}{dx}$；

　　C. $y'' + 3y' + 4y = 0$；　　　　　　　D. $xy''' + (y'')^2 = x^5$.

5.函数 $y = xe^x$ 是微分方程 $y' + ay = e^x$ 的解,则 a 的值为(　　).

　　A.0；　　　　　　B. -1；　　　　　　C.1；　　　　　　D.2.

6. 设函数 y_1 是微分方程 $\dfrac{\mathrm{d}y}{\mathrm{d}x} + p(x)y = q(x)$ 的一个特解，C 为任意常数，则该方程的通解为（　　）.

A. $y = y_1 + \mathrm{e}^{-\int p(x)\mathrm{d}x}$；

B. $y = y_1 + C\mathrm{e}^{-\int p(x)\mathrm{d}x}$；

C. $y = y_1 + \mathrm{e}^{-\int p(x)\mathrm{d}x} + C$；

D. $y = y_1 + C\mathrm{e}^{\int p(x)\mathrm{d}x}$.

7. 微分方程 $\mathrm{d}y = 2xy\mathrm{d}x$ 的通解为（　　）.

A. $y = Cx^2$；　　　　B. $y = C\mathrm{e}^{x^2}$；　　　　C. $y = x^2 + C$；　　　　D. $y = \mathrm{e}^{x^2} + C$.

8. 某二阶常系数线性齐次微分方程的通解为 $y = C_1\mathrm{e}^{-2x} + C_2\mathrm{e}^{x}$，则该微分方程的为（　　）.

A. $y'' + y' = 0$；

B. $y'' + 2y' = 0$；

C. $y'' + y' - 2y = 0$；

D. $y'' - y' - 2y = 0$.

9. 求解微分方程 $y'' + 3y' + 2y = \sin x$ 时，应设一个特解为 $y^* = $（　　）.

A. $a\sin x$；

B. $a\cos x$；

C. $a\cos x + b\sin x$；

D. $x(a\cos x + b\sin x)$.

10. 二阶常系数线性齐次微分方程 $y'' + py' + qy = 0$ 的通解为 $y = C_1\mathrm{e}^{r_1 x} + C_2\mathrm{e}^{r_2 x}\ (r_1 \neq r_2)$，则有（　　）.

A. $p^2 - 4q > 0$；　　B. $p^2 - 4q < 0$；　　C. $p^2 - 4q = 0$；　　D. $p = q = 0$.

11. 微分方程 $y'' - 2y' + 10y = \mathrm{e}^{2x}\sin 3x$ 的一个特解具有形式（　　）.

A. $ax\mathrm{e}^{2x}\cos 3x + bx\mathrm{e}^{2x}\sin 3x$；

B. $ax^2\mathrm{e}^{2x}\sin 3x$；

C. $a\mathrm{e}^{2x}\cos 3x + b\mathrm{e}^{2x}\sin 3x$；

D. $ax\mathrm{e}^{2x}\sin 3x$.

12. 方程 $y'' - 6y' + 9y = x^2 - 6x + 9$ 的一个特解具有形式（　　）.

A. $a(x^2 - 6x + 9)$；

B. $ax^2 + bx + c$；

C. $x(ax^2 + bx + c)$；

D. $x^2(ax^2 + bx + c)$.

二、填空题

1. 一阶齐线性方程 $\dfrac{\mathrm{d}y}{\mathrm{d}x} = P(x)y + Q(x)$ 的通解为＿＿＿＿＿＿＿＿.

2. 二阶线性常系数齐次方程 $y'' + 3y' + 2y = 0$ 的通解形式是＿＿＿＿＿＿.

3. 微分方程 $y' - y = 0$ 的通解是＿＿＿＿＿＿.

4. 二阶线性常系数非齐次方程 $y'' + 3y' + 2y = x\mathrm{e}^{x}$ 的特解形式是＿＿＿＿＿＿.

5. 微分方程 $(1 + x^2)\mathrm{d}y = 2xy\mathrm{d}x$ 满足初始条件 $y(0) = 2$ 的特解为＿＿＿＿＿＿.

6. 微分方程 $y' - \dfrac{2}{x}y = 0$ 的通解为＿＿＿＿＿＿.

三、计算题

1. $\dfrac{\mathrm{d}y}{\mathrm{d}x} = \mathrm{e}^{-y}(x + x^3)$；

2. $\dfrac{\mathrm{d}y}{\mathrm{d}x} = \mathrm{e}^{2x+y}$；

3. $x^2 \dfrac{\mathrm{d}y}{\mathrm{d}x} = xy - y^2$;

4. $\dfrac{\mathrm{d}y}{\mathrm{d}x} = \dfrac{y}{x} + \tan \dfrac{y}{x}$;

5. $\dfrac{\mathrm{d}y}{\mathrm{d}x} + y = \mathrm{e}^{-x}$;

6. $y'' - 6y' + 5y = 0$;

7. $y'' + 2y' + y = 0$;

8. $y'' - 4y = 0$;

9. $y'' - 9y = 3x^2$.

10. 求通过原点并且在 (x, y) 处的切线斜率等于 $3x + y$ 的曲线方程.

11. 一质点运动的加速度为 $a = -2v - 5s$,如果该质点以初速度 $v_0 = 12\mathrm{m/s}$ 由原点出发,试求质点的运动方程.

第八章 线性代数基础

学习目标

1. 理解行列式、矩阵、逆矩阵、初等变换、方程组解的概念；
2. 掌握行列式、矩阵的性质及基本的运算；
3. 会求行列式、会用克莱姆法则求解线性方程组；
4. 会求矩阵的秩、逆矩阵；
5. 会利用初等变换判定方程组解的存在性并求解.

第一节 行 列 式

线性代数学的核心内容是：研究线性方程组的解的存在条件、解的结构以及解的求法. 所用的基本工具是矩阵，而行列式是研究矩阵的很有效的工具之一.

一、行列式的概念和性质

1. 二阶行列式与三阶行列式

二元线性方程组的一般式为

$$\begin{cases} a_{11}x_1 + a_{12}x_2 = b_1, \\ a_{21}x + a_{22}x_2 = b_2. \end{cases}$$

初中时我们就能够通过加减消元法推导出其解的公式

$$\begin{cases} x_1 = \dfrac{b_1 a_{22} - b_2 a_{12}}{a_{11}a_{22} - a_{12}a_{21}}, \\ x_2 = \dfrac{a_{11}b_2 - a_{21}b_1}{a_{11}a_{22} - a_{12}a_{21}}, \end{cases} \quad (a_{11}a_{22} - a_{12}a_{21} \neq 0). \tag{8-1}$$

式(8-1)中的分母都是"$a_{11}a_{22} - a_{12}a_{21}$"，其中 $a_{11}, a_{22}, a_{12}, a_{21}$ 都是方程组未知数的系数，为了方便记忆和讨论，我们把它们按照原来方程组中相对位置排列成一个"正方形"：

$$\begin{vmatrix} a_{11} & a_{12} \\ a_{21} & a_{22} \end{vmatrix},$$

则"$a_{11}a_{22} - a_{12}a_{21}$"就是对角线上的"×乘"：$\begin{matrix} a_{11} & a_{12} \\ a_{21} & a_{22} \end{matrix}$，其中实线上元素乘积为正，虚线上元素乘积为负，称为二阶行列式.

即 $\begin{vmatrix} a_{11} & a_{12} \\ a_{21} & a_{22} \end{vmatrix} = a_{11}a_{22} - a_{12}a_{21}$，右边的式子称为它的展开式.

例 8-1 $\begin{vmatrix} 2 & 1 \\ 3 & 1 \end{vmatrix} = 2 \times 1 - 3 \times 1 = -1.$

例 8-2 $\begin{vmatrix} \sin\alpha & -\cos\alpha \\ \cos\alpha & \sin\alpha \end{vmatrix} = \sin^2\alpha + \cos^2\alpha = 1.$

可见，**二阶行列式实质上是个数**. 其中横排称为行，纵排称为列，a_{12} 的下标 1 表示了它位于第一行，下标 2 表示了它位于第二列，下标就表示了它的位置. 从左上角至右下角的对角线称为**主对角线**，从左下角至右上角的对角线称为**次对角线**，行列式交叉处的每一项称为行列式的元素.

记：$D = \begin{vmatrix} a_{11} & a_{12} \\ a_{21} & a_{22} \end{vmatrix} = a_{11}a_{22} - a_{12}a_{21}$，称为原方程组的**系数行列式**，因为它是由原方程组未知元的系数按照原来顺序排列而成的.

同理，x_1, x_2 的分子也可以用行列式来表示

$$D_1 = \begin{vmatrix} b_1 & a_{12} \\ b_2 & a_{22} \end{vmatrix} = b_1 a_{22} - b_2 a_{12}, \quad D_2 = \begin{vmatrix} a_{11} & b_1 \\ a_{12} & b_2 \end{vmatrix} = a_{11} b_2 - a_{21} b_1.$$

可见，D_1 是由方程组等号右边的常数列替换系数行列式 D 中的第一列而得到；D_2 是由方程组等号右边的常数列替换系数行列式 D 中的第二列而得到.

所以，原方程组的解就可表示为

$$\begin{cases} x_1 = \dfrac{D_1}{D}, \\ x_2 = \dfrac{D_2}{D}. \end{cases} \tag{8-2}$$

例 8-3 用行列式求方程组的解：$\begin{cases} 3x - 2y - 3 = 0, \\ x + 3y + 1 = 0. \end{cases}$

解 原方程组化为一般式 $\begin{cases} 3x - 2y = 3, \\ x + 3y = -1. \end{cases}$

$$D = \begin{vmatrix} 3 & -2 \\ 1 & 3 \end{vmatrix} = 9 + 2 = 11 \neq 0,$$

$$D_1 = \begin{vmatrix} 3 & -2 \\ -1 & 3 \end{vmatrix} = 9 - 2 = 7,$$

$$D_2 = \begin{vmatrix} 3 & 3 \\ 1 & -1 \end{vmatrix} = -3 - 3 = -6.$$

$$\begin{cases} x = \dfrac{D_1}{D} = \dfrac{7}{11}, \\ y = \dfrac{D_2}{D} = -\dfrac{6}{11}. \end{cases}$$

这种应用行列式的方法求线性方程组的解的方法称为**克拉默法则**（Cramer，瑞士，1704—1752 年）.

克拉默法则的前提：

（1）$D \neq 0$；

（2）所解的线性方程组存在系数行列式（行数＝列数）.

三阶行列式

$$D = \begin{vmatrix} a_{11} & a_{12} & a_{13} \\ a_{21} & a_{22} & a_{23} \\ a_{31} & a_{32} & a_{33} \end{vmatrix} = a_{11}a_{22}a_{33} + a_{21}a_{32}a_{13} + a_{31}a_{12}a_{23} - a_{31}a_{22}a_{13} - a_{21}a_{12}a_{33} - a_{11}a_{32}a_{23}.$$

$$(8\text{-}3)$$

容易发现，三阶行列式展开式有如下的规律：

（1）首项为主对角线所有元素的积，且带正号；

（2）共有 3！项，带正负号的项各占一半；

（3）每项均是取自不同行不同列的元素之积.

例 8-4

$$\begin{vmatrix} 2 & -1 & 3 \\ 0 & 4 & 0 \\ 11 & 2 & 6 \end{vmatrix} = 2 \times 4 \times 6 + 0 \times 2 \times 3 + 11 \times (-1) \times 0 - 11 \times$$

$$4 \times 3 - 0 \times (-1) \times 6 - 2 \times 2 \times 0 = -84.$$

现在来解三元的线性方程组.

三元线性方程组的一般式为：

$$\begin{cases} a_{11}x_1 + a_{12}x_2 + a_{13}x_3 = b_1, \\ a_{21}x_1 + a_{22}x_2 + a_{23}x_3 = b_2, \\ a_{31}x_1 + a_{32}x_2 + a_{33}x_3 = b_3. \end{cases}$$

解　和二元一次线性方程组类似，可用加减消元法推导出三元一次线性方程组解同样满足"克拉默法则"：

$$x_1 = \frac{D_1}{D}, \quad x_2 = \frac{D_2}{D}, \quad x_3 = \frac{D_3}{D}. \quad (D \neq 0) \tag{8-4}$$

其中：$D = \begin{vmatrix} a_{11} & a_{12} & a_{13} \\ a_{21} & a_{22} & a_{23} \\ a_{31} & a_{32} & a_{33} \end{vmatrix}$，$D_1 = \begin{vmatrix} b_1 & a_{12} & a_{13} \\ b_2 & a_{22} & a_{23} \\ b_3 & a_{32} & a_{33} \end{vmatrix}$，$D_2 = \begin{vmatrix} a_{11} & b_1 & a_{13} \\ a_{21} & b_2 & a_{23} \\ a_{31} & b_3 & a_{33} \end{vmatrix}$，$D_3 = \begin{vmatrix} a_{11} & a_{12} & b_1 \\ a_{21} & a_{22} & b_2 \\ a_{31} & a_{32} & b_3 \end{vmatrix}$.

行列式 D 称为方程组的系数行列式；D_1, D_2, D_3 分别由三元线性方程组的常数项替换系数行列式中的第一列、第二列、第三列而得到.

例 8-5　解线性方程组 $\begin{cases} x + 3y + z = 5, \\ x + y + 5z = -7, \\ 2x + 3y - 3z = 14. \end{cases}$

解
$$D = \begin{vmatrix} 1 & 3 & 1 \\ 1 & 1 & 5 \\ 2 & 3 & -3 \end{vmatrix} = 22 \neq 0, D_1 = \begin{vmatrix} 5 & 3 & 1 \\ -7 & 1 & 5 \\ 14 & 3 & -3 \end{vmatrix} = 22,$$

$$D_2 = \begin{vmatrix} 1 & 5 & 1 \\ 1 & -7 & 5 \\ 2 & 14 & -3 \end{vmatrix} = 44, \quad D_3 = \begin{vmatrix} 1 & 3 & 5 \\ 1 & 1 & -7 \\ 2 & 3 & 14 \end{vmatrix} = -44,$$

方程组的解为 $\begin{cases} x = 1, \\ y = 2, \\ z = -2. \end{cases}$

至于三元以上的线性方程组,在一定条件下也可用**克拉默法则**求解.

2. n 阶行列式

n 阶行列式

$$D_n = \begin{vmatrix} a_{11} & a_{12} & \cdots & a_{1n} \\ a_{21} & a_{22} & \cdots & a_{2n} \\ \vdots & \vdots & & \vdots \\ a_{n1} & a_{n2} & \cdots & a_{nn} \end{vmatrix}.$$

它是由 n 行、n 列元素(共 n^2 个元素)组成,称为 n 阶行列式.其中每一个数 a_{ij} 称为行列式的一个元素,它的前一个下标 i 称为行标,表示这个数 a_{ij} 在第 i 行上;后一个下标 j,表示这个数 a_{ij} 在第 j 列上.所以 a_{ij} 在行列式的第 i 行和第 j 列的交叉位置上.

一般地,在行列式 D_n 中划去元素 a_{ij} 所在行和所在列的元素,剩余下来的元素保持原有相对位置所组成的行列式,称为 a_{ij} 的余子式,记作 M_{ij}.而称 $A_{ij} = (-1)^{i+j} M_{ij}$ 为元素 a_{ij} 的代数余子式.

从三阶行列式的展开式得

$$\begin{vmatrix} a_{11} & a_{12} & a_{13} \\ a_{21} & a_{22} & a_{23} \\ a_{31} & a_{32} & a_{33} \end{vmatrix} = a_{11}a_{22}a_{33} + a_{21}a_{32}a_{13} + a_{31}a_{12}a_{23} - a_{31}a_{22}a_{13} - a_{21}a_{12}a_{33} - a_{11}a_{32}a_{23}$$

$$= a_{11}(a_{22}a_{33} - a_{32}a_{23}) - a_{12}(a_{31}a_{23} - a_{21}a_{33}) + a_{13}(a_{21}a_{32} - a_{31}a_{22})$$

$$= a_{11}\begin{vmatrix} a_{22} & a_{23} \\ a_{32} & a_{33} \end{vmatrix} - a_{12}\begin{vmatrix} a_{21} & a_{23} \\ a_{31} & a_{33} \end{vmatrix} + a_{13}\begin{vmatrix} a_{21} & a_{22} \\ a_{31} & a_{32} \end{vmatrix}.$$

上式可以看作三阶行列式按第一行元素的展开式.其中三个二阶行列式分别是原来三阶行列式中划去元素 $a_{1j}(j = 1,2,3)$ 所在行和所在列的元素,剩余下来的元素保持原有相对位置所组成的行列式,称为 a_{1j} 的**余子式**,记作 M_{1j}.而称 $A_{1j} = (-1)^{1+j} M_{1j}$ 为元素 a_{1j} 的**代数余子式**.

有了代数余子式的概念,三阶行列式即可展开为

$$\begin{vmatrix} a_{11} & a_{12} & a_{13} \\ a_{21} & a_{22} & a_{23} \\ a_{31} & a_{32} & a_{33} \end{vmatrix} = a_{11}A_{11} + a_{12}A_{12} + a_{13}A_{13}.$$

若规定一阶的行列式 $|a| = a$，则二阶行列式可定义为

$$\begin{vmatrix} a_{11} & a_{12} \\ a_{21} & a_{22} \end{vmatrix} = a_{11}A_{11} + a_{12}A_{12}.$$

类似地，可定义 n 阶行列式及其展开式

$$D_n = a_{11}A_{11} + a_{12}A_{12} + \cdots + a_{1n}A_{1n}.$$

其中 A_{1j} 为 a_{1j} 的代数余子式.

这就是说，n 阶行列式可按第一行展成 $n-1$ 阶的行列式来求.

例 8-6 按定义计算行列式

$$D = \begin{vmatrix} 1 & -2 & 3 \\ 0 & 3 & -1 \\ 4 & -2 & 1 \end{vmatrix}.$$

解 按定义有

$$D = 1 \times (-1)^{1+1} \begin{vmatrix} 3 & -1 \\ -2 & 1 \end{vmatrix} + (-2) \times (-1)^{1+2} \begin{vmatrix} 0 & -1 \\ 4 & 1 \end{vmatrix} + 3 \times (-1)^{1+3} \begin{vmatrix} 0 & 3 \\ 4 & -2 \end{vmatrix} = -27.$$

例 8-7 按定义计算行列式

$$D = \begin{vmatrix} 2 & 0 & -1 & 0 \\ 1 & 3 & 1 & -2 \\ 0 & 1 & 3 & -1 \\ -1 & 2 & 0 & 1 \end{vmatrix}.$$

解 按定义有

$$D = 2 \times (-1)^{1+1} \begin{vmatrix} 3 & 1 & -2 \\ 1 & 3 & -1 \\ 2 & 0 & 1 \end{vmatrix} + (-1) \times (-1)^{1+3} \begin{vmatrix} 1 & 3 & -2 \\ 0 & 1 & -1 \\ -1 & 2 & 1 \end{vmatrix}.$$

其中有两个三阶行列式乘以 0，所以不出现. 计算上式右端的行列式两个三阶行列后得 $D = 32$.

3. 特殊行列式

（1）对角行列式

$$\begin{vmatrix} a_{11} & 0 & \cdots & 0 \\ 0 & a_{22} & \cdots & 0 \\ \vdots & \vdots & & \vdots \\ 0 & 0 & \cdots & a_{nn} \end{vmatrix} = a_{11}a_{22}\cdots a_{nn}.$$

主对角线上的元素不全为零，其他元素都为零，它的值等于主对角线上元素的乘积.

（2）上三角行列式

$$\begin{vmatrix} a_{11} & a_{12} & \cdots & a_{1n} \\ 0 & a_{22} & \cdots & a_{2n} \\ \vdots & \vdots & & \vdots \\ 0 & 0 & \cdots & a_{nn} \end{vmatrix} = a_{11}a_{22}\cdots a_{nn}.$$

主对角线及其上方元素不全为零，其他元素都为零，它的值等于主对角线上元素的乘积.

（3）下三角行列式

$$\begin{vmatrix} a_{11} & 0 & \cdots & 0 \\ a_{21} & a_{22} & \cdots & 0 \\ \vdots & \vdots & & \vdots \\ a_{n1} & a_{n2} & \cdots & a_{nn} \end{vmatrix} = a_{11}a_{22}\cdots a_{nn}.$$

主对角线及其下方元素不全为零，其他元素都为零，它的值等于主对角线上元素的乘积.

二、行列式的性质与计算

显然，按定义计算行列式的值是比较麻烦和困难的. 类似于讨论其他的运算，我们先从讨论行列式的性质入手来解决这个问题.

以下行列式的性质，我们仅以三阶行列式展开式的规律或简单的证明来加以说明而不做严谨的论证. 其说明的正确性完全适合于 n 阶行列式的性质. 对于 n 阶行列式性质的严谨证明，有兴趣的读者可参阅其他教材相应的部分.

为说明方便起见，再把三阶行列式展开式抄录如下：

$$\begin{vmatrix} a_{11} & a_{12} & a_{13} \\ a_{21} & a_{22} & a_{23} \\ a_{31} & a_{32} & a_{33} \end{vmatrix} = a_{11}a_{22}a_{33} + a_{21}a_{32}a_{13} + a_{31}a_{12}a_{23} - a_{31}a_{22}a_{13} - a_{21}a_{12}a_{33} - a_{11}a_{32}a_{23}.$$

（1）转置性质

行列式 D 中所有元素的行标与列标对换后的行列式，称为这个行列式的转置，记为 D^{T}.

例如，行列式

$$\begin{vmatrix} a_{11} & a_{12} & a_{13} \\ a_{21} & a_{22} & a_{23} \\ a_{31} & a_{32} & a_{33} \end{vmatrix}$$

的转置为

$$\begin{vmatrix} a_{11} & a_{21} & a_{31} \\ a_{12} & a_{22} & a_{32} \\ a_{13} & a_{23} & a_{33} \end{vmatrix},$$

即

$$\begin{vmatrix} a_{11} & a_{12} & a_{13} \\ a_{21} & a_{22} & a_{23} \\ a_{31} & a_{32} & a_{33} \end{vmatrix}^{\mathrm{T}} = \begin{vmatrix} a_{11} & a_{21} & a_{31} \\ a_{12} & a_{22} & a_{32} \\ a_{13} & a_{23} & a_{33} \end{vmatrix}. \tag{8-5}$$

由此性质可知，行列式中的行与列具有同等的地位，行列式的性质凡是对行成立的，对列也同样成立，反之亦然.

（2）变号性质

行列式的两行或两列互换则行列式的值变号.

例如，行列式 $\begin{vmatrix} a_{11} & a_{12} & a_{13} \\ a_{21} & a_{22} & a_{23} \\ a_{31} & a_{32} & a_{33} \end{vmatrix}$ 中第一行与第二行互换后变为 $\begin{vmatrix} a_{21} & a_{22} & a_{23} \\ a_{11} & a_{12} & a_{13} \\ a_{31} & a_{32} & a_{33} \end{vmatrix}$ ，即展开式中

将第一行与第二行相应元素互换，展开式的值显然变号.

我们把第一行和第二行的互换记为 $r_2 \leftrightarrow r_1$，即

$$\begin{vmatrix} a_{11} & a_{12} & a_{13} \\ a_{21} & a_{22} & a_{23} \\ a_{31} & a_{32} & a_{33} \end{vmatrix} \xlongequal{r_2 \leftrightarrow r_1} - \begin{vmatrix} a_{21} & a_{22} & a_{23} \\ a_{11} & a_{12} & a_{13} \\ a_{31} & a_{32} & a_{33} \end{vmatrix}.$$

例 8-8 $D = \begin{vmatrix} a & b & c \\ a & b & c \\ x & y & z \end{vmatrix} \xlongequal{r_2 \leftrightarrow r_1} -D$，说明：$D = 0$.

（3）零值性质

①行列式中某行（或某列）所有的元素全为零，则行列式值为零.

②行列式的两行（或两列）的对应元素相同，则行列式值为零.

③行列式的两行（或两列）的对应元素成比例，则行列式值为零.

我们仅以性质（3）中的③做说明，其他两个性质的正确性不难理解. 比如第三行是第一行对应元素的 k 倍，即 $a_{31} = ka_{11}$，$a_{32} = ka_{12}$，$a_{33} = ka_{13}$ 代入三阶行列式的展开式即得行列式的值为零.

例如，分别依零值性质中的①②③，马上可知下列行列式的值都为零.

$$\begin{vmatrix} -1 & 4 & 5 & 3 \\ 1 & 2 & 3 & 5 \\ 1 & 2 & 4 & 2 \\ 0 & 0 & 0 & 0 \end{vmatrix} = 0,\quad \begin{vmatrix} 1 & -2 & 3 \\ 1 & -2 & 3 \\ 0 & 3 & 4 \end{vmatrix} = 0,\quad \begin{vmatrix} -1 & 4 & 5 & 3 \\ 1 & 2 & 3 & 5 \\ 2 & -8 & -10 & -6 \\ 3 & 2 & 1 & 5 \end{vmatrix} = 0.$$

（4）倍乘性质

一个数 k 乘以行列式相当于数 k 乘以行列式中的某行（或某列）的所有元素.

例如，一个数 k 乘以三阶行列式，

$$k\begin{vmatrix} a_{11} & a_{12} & a_{13} \\ a_{21} & a_{22} & a_{23} \\ a_{31} & a_{32} & a_{33} \end{vmatrix} = \begin{vmatrix} a_{11} & a_{12} & a_{13} \\ ka_{21} & ka_{22} & ka_{23} \\ a_{31} & a_{32} & a_{33} \end{vmatrix} \qquad (8-6)$$

即行列式乘以数 k 相当于数 k 乘以行列式中的第二行的所有元素. 实际上，相当于数 k 乘以行列式中的某一行（或某一列）的所有元素.

推论：行列式中某一行（或某一列）的所有元素的公因子可提到行列式记号外.

例如，

$$\begin{vmatrix} a_{11} & a_{12} & a_{13} \\ ka_{21} & ka_{22} & ka_{23} \\ a_{31} & a_{32} & a_{33} \end{vmatrix} = k\begin{vmatrix} a_{11} & a_{12} & a_{13} \\ a_{21} & a_{22} & a_{23} \\ a_{31} & a_{32} & a_{33} \end{vmatrix}.$$

例 8-9 求行列式的值.

$$D = \begin{vmatrix} ka & kb & kc \\ a & b & c \\ x & y & z \end{vmatrix} \xrightarrow{r_1 \leftrightarrow r_2} k \begin{vmatrix} a & b & c \\ a & b & c \\ x & y & z \end{vmatrix} = 0.$$

例 8-10　求行列式的值.

$$D = \begin{vmatrix} 2 & 4 & 8 \\ 1 & 2 & 4 \\ 3 & 6 & 0 \end{vmatrix} = 2 \begin{vmatrix} 1 & 2 & 4 \\ 1 & 2 & 4 \\ 3 & 6 & 0 \end{vmatrix} = 0.$$

（5）分项性质

行列式中的某一行（或某一列）的所有元素都是二项之和，则这个行列式可以分成两个行列式的和. 即

$$\begin{vmatrix} a_{11} & a_{12} & \cdots & a_{1n} \\ a_1+b_1 & a_1+b_1 & \cdots & a_1+b_1 \\ a_{31} & a_{32} & \cdots & a_{3n} \\ \vdots & \vdots & & \vdots \\ a_{n1} & a_{n2} & \cdots & a_{nn} \end{vmatrix} = \begin{vmatrix} a_{11} & a_{12} & \cdots & a_{1n} \\ a_1 & a_2 & \cdots & a_n \\ \vdots & \vdots & & \vdots \\ a_{n1} & a_{n2} & \cdots & a_{nn} \end{vmatrix} + \begin{vmatrix} a_{11} & a_{12} & \cdots & a_{1n} \\ b_1 & b_2 & \cdots & b_n \\ \vdots & \vdots & & \vdots \\ a_{n1} & a_{n2} & \cdots & a_{nn} \end{vmatrix}. \quad (8\text{-}7)$$

如以三阶行列式展开式为例容易说明分项性质，此处从略.

（6）倍加性质

将行列式某一行（列）的倍数加到另一行（列）上，行列式的值不变，如第 i 行的 k 倍加到第 j 行，即

$$\begin{vmatrix} a_{11} & a_{12} & \cdots & a_{1n} \\ a_{21} & a_{22} & \cdots & a_{2n} \\ \vdots & \vdots & & \vdots \\ a_{i1} & a_{i2} & \cdots & a_{in} \\ \vdots & \vdots & & \vdots \\ ka_{i1}+a_{j1} & ka_{i2}+a_{j2} & \cdots & ka_{in}+a_{jn} \\ \vdots & \vdots & & \vdots \\ a_{n1} & a_{n2} & \cdots & a_{nn} \end{vmatrix} = \begin{vmatrix} a_{11} & a_{12} & \cdots & a_{1n} \\ a_{12} & a_{22} & \cdots & a_{2n} \\ \vdots & \vdots & & \vdots \\ a_{n1} & a_{n2} & \cdots & a_{nn} \end{vmatrix}. \quad (8\text{-}8)$$

证明　根据分项性质有

$$\begin{vmatrix} a_{11} & a_{12} & \cdots & a_{1n} \\ a_{21} & a_{22} & \cdots & a_{2n} \\ \vdots & \vdots & & \vdots \\ a_{i1} & a_{i2} & \cdots & a_{in} \\ \vdots & \vdots & & \vdots \\ ka_{i1}+a_{j1} & ka_{i2}+a_{j2} & \cdots & ka_{in}+a_{jn} \\ \vdots & \vdots & & \vdots \\ a_{n1} & a_{n2} & \cdots & a_{nn} \end{vmatrix} = \begin{vmatrix} a_{11} & a_{12} & \cdots & a_{1n} \\ a_{21} & a_{22} & \cdots & a_{2n} \\ \vdots & \vdots & & \vdots \\ a_{i1} & a_{i2} & \cdots & a_{in} \\ \vdots & \vdots & & \vdots \\ ka_{i1} & ka_{i2} & \cdots & ka_{in} \\ \vdots & \vdots & & \vdots \\ a_{n1} & a_{n2} & \cdots & a_{nn} \end{vmatrix} + \begin{vmatrix} a_{11} & a_{12} & \cdots & a_{1n} \\ a_{21} & a_{22} & \cdots & a_{2n} \\ \vdots & \vdots & & \vdots \\ a_{i1} & a_{i2} & \cdots & a_{in} \\ \vdots & \vdots & & \vdots \\ a_{j1} & a_{j2} & \cdots & a_{jn} \\ \vdots & \vdots & & \vdots \\ a_{n1} & a_{n2} & \cdots & a_{nn} \end{vmatrix}.$$

根据零值性质，上式右边的第一个行列式为零. 这样即得

$$\begin{vmatrix} a_{11} & a_{12} & \cdots & a_{1n} \\ a_{21} & a_{22} & \cdots & a_{2n} \\ \vdots & \vdots & & \vdots \\ a_{i1} & a_{i2} & \cdots & a_{in} \\ \vdots & \vdots & & \vdots \\ ka_{i1}+a_{j1} & ka_{i2}+a_{j2} & \cdots & ka_{in}+a_{jn} \\ \vdots & \vdots & & \vdots \\ a_{n1} & a_{n2} & \cdots & a_{nn} \end{vmatrix} = \begin{vmatrix} a_{11} & a_{12} & \cdots & a_{1n} \\ a_{12} & a_{22} & \cdots & a_{2n} \\ \vdots & \vdots & & \vdots \\ a_{n1} & a_{n2} & \cdots & a_{nn} \end{vmatrix}.$$

注意：倍加性质主要用于把元素化为零．利用倍加性质做倍加变换时需明确以哪行（列）做倍加，变的是哪行（列），而不变的是哪行（列）．

我们把第 i 行的 k 倍加至第 j 行上的倍加变换记为 $r_j + r_i \times k$（写在等号的上方），第 i 列的 k 倍加至第 j 列上的倍加变换记为 $c_j + c_i \times k$（写在等号的下方）．

例如，$\begin{vmatrix} a_1 & a_2 & a_3 \\ b_1 & b_2 & b_3 \\ c_1 & c_2 & c_3 \end{vmatrix} \xrightarrow{r_2 + r_1 \times k} \begin{vmatrix} a_1 & a_2 & a_3 \\ b_1+ka_1 & b_2+ka_2 & b_3+ka_3 \\ c_1 & c_2 & c_3 \end{vmatrix}$，

$\begin{vmatrix} a_1 & a_2 & a_3 \\ b_1 & b_2 & b_3 \\ c_1 & c_2 & c_3 \end{vmatrix} \xrightarrow[c_2 + c_1 \times k]{} \begin{vmatrix} a_1 & a_2+kb_1 & a_3 \\ b_1 & b_2+kb_1 & b_3 \\ c_1 & c_2+kc_1 & c_3 \end{vmatrix}$.

（7）降阶性质（Laplace 展开定理）

我们已知 n 阶行列式 D 可以按第一行展成

$$D = a_{11}A_{11} + a_{12}A_{12} + \cdots + a_{1n}A_{1n}. \tag{8-9}$$

实际上，n 阶行列式 D 可以按任意第 i 行或第 j 列（$i,j = 1,2\cdots n$）展开．即

$$D = a_{i1}A_{i1} + a_{i2}A_{i2} + \cdots + a_{in}A_{in} \quad \text{（按任意第 } i \text{ 行展开）} \tag{8-10}$$

或

$$D = a_{1j}A_{1j} + a_{2j}A_{2j} + \cdots + a_{nj}A_{nj} \text{（按任意第 } j \text{ 列展开）} \tag{8-11}$$

其中 A_{ij} 为元素 a_{ij} 的代数余子式．

以上性质的正确性容易通过三阶行列式得到验证．

推论　若 $k \neq i$，则 $a_{i1}A_{k1} + a_{i2}A_{k2} + \cdots + a_{in}A_{kn} = 0$；

若 $k \neq j$，则 $a_{1k}A_{1j} + a_{2k}A_{2j} + \cdots + a_{nk}A_{nj} = 0$．

证明　若 $k \neq i$，把 $a_{i1}A_{k1} + a_{i2}A_{k2} + \cdots + a_{in}A_{kn}$ 排成行列式，即

$$a_{i1}A_{k1} + a_{i2}A_{k2} + \cdots + a_{in}A_{kn} = \begin{vmatrix} a_{11} & a_{12} & \cdots & a_{1n} \\ a_{21} & a_{22} & \cdots & a_{2n} \\ \vdots & \vdots & & \vdots \\ a_{i1} & a_{i2} & \cdots & a_{in} \\ \vdots & \vdots & & \vdots \\ a_{i1} & a_{i2} & \cdots & a_{in} \\ \vdots & \vdots & & \vdots \\ a_{n1} & a_{n2} & \cdots & a_{nn} \end{vmatrix}$$ ←D 中第 k 行的元素被替换成第 i 行的

元素,即其中第 k 行与第 i 行的元素相同,根据零值性质即知 $a_{i1}A_{k1}+a_{i2}A_{k2}+\cdots+a_{in}A_{kn}=0$.

若 $k\neq j$,同理可证 $a_{1k}A_{1j}+a_{2k}A_{2j}+\cdots+a_{nk}A_{nj}=0$.

注意:应用降阶性质一般要挑选含零元素多的行或列展开,以减少计算量.

例 8-11　求行列式的值.

$$\begin{vmatrix} -2 & 3 & 2 & 35 \\ 2 & 1 & 0 & 4 \\ 3 & 2 & 0 & 5 \\ 1 & 2 & 0 & 3 \end{vmatrix} = 2\times(-1)^{1+3}\times\begin{vmatrix} 2 & 1 & 4 \\ 3 & 2 & 5 \\ 1 & 2 & 3 \end{vmatrix} = 2\times 4 = 8.$$

例 8-12　计算行列式

$$\begin{vmatrix} 1 & -1 & 2 & 1 \\ 2 & 1 & 2 & 0 \\ 3 & 1 & 0 & -1 \\ -2 & -1 & 1 & 2 \end{vmatrix}.$$

解

$$\begin{vmatrix} 1 & -1 & 2 & 1 \\ 2 & 1 & 2 & 0 \\ 3 & 1 & 0 & -1 \\ -2 & -1 & 1 & 2 \end{vmatrix} \xlongequal[\substack{r_1+r_2 \\ r_3+r_2\times(-1) \\ r_4+r_2}]{} \begin{vmatrix} 3 & 0 & 4 & 1 \\ 2 & 1 & 2 & 0 \\ 1 & 0 & -2 & -1 \\ 0 & 0 & 3 & 2 \end{vmatrix} = (-1)^{2+2}$$

$$\begin{vmatrix} 3 & 4 & 1 \\ 1 & -2 & -1 \\ 0 & 3 & 2 \end{vmatrix} \xlongequal[\substack{c_2+c_1\times 2 \\ c_3+c_1}]{} \begin{vmatrix} 3 & 10 & 4 \\ 1 & 0 & 0 \\ 0 & 3 & 2 \end{vmatrix} = (-1)^{2+1}\begin{vmatrix} 10 & 4 \\ 3 & 2 \end{vmatrix} = -(20-12) = -8.$$

例 8-13　计算 n 阶行列式

$$\begin{vmatrix} x & a & \cdots & a \\ a & x & \cdots & a \\ \vdots & \vdots & & \vdots \\ a & a & \cdots & x \end{vmatrix}.$$

解　根据行列式各列的元素之和都为 $x+na$ 的特点,所以

$$\begin{vmatrix} x & a & \cdots & a \\ a & x & \cdots & a \\ \vdots & \vdots & & \vdots \\ a & a & \cdots & x \end{vmatrix} = \begin{vmatrix} x+na & a & \cdots & a \\ x+na & x & \cdots & a \\ \vdots & \vdots & & \vdots \\ x+na & a & \cdots & x \end{vmatrix} = (x+na)\begin{vmatrix} 1 & a & \cdots & a \\ 1 & x & \cdots & a \\ \vdots & \vdots & & \vdots \\ 1 & a & \cdots & x \end{vmatrix}$$

$$= (x+na)\begin{vmatrix} 1 & a & \cdots & a \\ 0 & x-a & \cdots & 0 \\ \vdots & \vdots & & \vdots \\ 0 & 0 & \cdots & x-a \end{vmatrix} = (x+na)\underbrace{(x-a)(x-a)\cdots(x-a)}_{n-1\text{个}} = (x+na)(x-a)^{n-1}.$$

三、克拉默法则

我们在引入二、三阶行列式的时候,已经讨论过二、三元线性方程组的解.当系数行列式不

等于零时,其方程组的解可用行列式表示.现在我们把它推广到 n 元线性方程组的情形.

对于 n 元线性方程组

$$\begin{cases} a_{11}x_1 + a_{12}x_2 + \cdots + a_{1n}x_n = b_1, \\ a_{21}x_1 + a_{22}x_2 + \cdots + a_{2n}x_n = b_2, \\ \qquad\qquad\qquad \vdots \\ a_{n1}x_1 + a_{n2}x_2 + \cdots + a_{nn}x_n = b_n. \end{cases}$$

当系数行列式 $D \neq 0$ 时,它的解可表示为

$$x_1 = \frac{D_1}{D}, x_2 = \frac{D_2}{D}, \cdots, x_n = \frac{D_n}{D}. \tag{8-12}$$

其中,

$$D = \begin{vmatrix} a_{11} & a_{12} & \cdots & a_{1n} \\ a_{21} & a_{22} & \cdots & a_{2n} \\ \vdots & \vdots & & \vdots \\ a_{n1} & a_{n2} & \cdots & a_{nn} \end{vmatrix}, D_1 = \begin{vmatrix} b_1 & a_{12} & \cdots & a_{1n} \\ b_2 & a_{22} & \cdots & a_{2n} \\ \vdots & \vdots & & \vdots \\ b_n & a_{n2} & \cdots & a_{nn} \end{vmatrix},$$

$$D_2 = \begin{vmatrix} a_{11} & b_1 & \cdots & a_{1n} \\ a_{21} & b_2 & \cdots & a_{2n} \\ \vdots & \vdots & & \vdots \\ a_{n1} & b_n & \cdots & a_{nn} \end{vmatrix}, \cdots, D_n = \begin{vmatrix} a_{11} & a_{12} & \cdots & b_1 \\ a_{21} & a_{22} & \cdots & b_2 \\ \vdots & \vdots & & \vdots \\ a_{n1} & a_{n2} & \cdots & b_n \end{vmatrix}.$$

$D_i(i=1,2,\cdots,n)$ 是用常数项列替换系数行列式中的第 i 列而得到.替换的规律完全类似于二、三元线性方程组.

这种求解线性方程组的方法称为克拉默法则.

注意:克拉默法则仅适用于 n 个未知数和 n 个线性方程组且系数行列式 $D \neq 0$ 的情形.当 $D = 0$ 或未知数个数与方程组个数不等时,线性方程组的求解将在下面章节中学习到.

例 8-14
$$\begin{cases} 2x_1 - x_2 + 3x_3 + 2x_4 = 6, \\ 3x_1 - 3x_2 + 3x_3 + 2x_4 = 5, \\ 3x_1 - x_2 - x_3 + 2x_4 = 3, \\ 3x_1 - x_2 + 3x_3 - x_4 = 4. \end{cases}$$

解　$D = \begin{vmatrix} 2 & -1 & 3 & 2 \\ 3 & -3 & 3 & 2 \\ 3 & -1 & -1 & 2 \\ 3 & -1 & 3 & -1 \end{vmatrix} = -70, D_1 = \begin{vmatrix} 6 & -1 & 3 & 2 \\ 5 & -3 & 3 & 2 \\ 3 & -1 & -1 & 2 \\ 4 & -1 & 3 & -1 \end{vmatrix} = -70,$

$D_2 = \begin{vmatrix} 2 & 6 & 3 & 2 \\ 3 & 5 & 3 & 2 \\ 3 & 3 & -1 & 2 \\ 3 & 4 & 3 & -1 \end{vmatrix} = -70, D_3 = \begin{vmatrix} 2 & -1 & 6 & 2 \\ 3 & -3 & 5 & 2 \\ 3 & -1 & 3 & 2 \\ 3 & -1 & 4 & -1 \end{vmatrix} = -70, D_4 = \begin{vmatrix} 2 & -1 & 3 & 6 \\ 3 & -3 & 3 & 5 \\ 3 & -1 & -1 & 3 \\ 3 & -1 & 3 & 4 \end{vmatrix} = -70.$

根据克莱姆法则,由 $D = -70 \neq 0$ 得

$$\begin{cases} x_1 = \dfrac{D_1}{D} = 1, \\[2mm] x_2 = \dfrac{D_2}{D} = 1, \\[2mm] x_3 = \dfrac{D_3}{D} = 1, \\[2mm] x_4 = \dfrac{D_4}{D} = 1. \end{cases}$$

例 8-15　当 k 为何值时, 方程.

$$\begin{cases} kx_1 + x_4 = 0, \\ x_1 + 2x_2 - x_4 = 0, \\ (k+2)x_1 - x_2 + 4x_4 = 0, \\ 2x_1 + x_2 + 3x_3 + kx_4 = 0. \end{cases}$$

有唯一解.

解　$D = \begin{vmatrix} k & 0 & 0 & 1 \\ 1 & 2 & 0 & -1 \\ k+2 & -1 & 0 & 4 \\ 2 & 1 & 3 & k \end{vmatrix} = -3\begin{vmatrix} k & 0 & 1 \\ 1 & 2 & -1 \\ k+2 & -1 & 4 \end{vmatrix} = -15(k-1),$

$$D_1 = D_2 = D_3 = D_4 = 0.$$

根据克莱姆法则, 由 $D \neq 0$ 有唯一解, 即

$$\begin{cases} x_1 = \dfrac{D_1}{D} = 0, \\[2mm] x_2 = \dfrac{D_2}{D} = 0, \\[2mm] x_3 = \dfrac{D_3}{D} = 0, \\[2mm] x_4 = \dfrac{D_4}{D} = 0. \end{cases}$$

由于 $D \neq 0 \Leftrightarrow k \neq 1$, 所以当 $k \neq 1$ 时, 方程有唯一的解.

习题 8.1

1. 计算下列二阶、三阶行列式:

(1) $\begin{vmatrix} 5 & 2 \\ 7 & 3 \end{vmatrix}$;　　(2) $\begin{vmatrix} a & a^2 \\ b & ab \end{vmatrix}$;　　(3) $\begin{vmatrix} 1 & 4 & 2 \\ 2 & 5 & 1 \\ 2 & 1 & 6 \end{vmatrix}$;　　(4) $\begin{vmatrix} -1 & 3 & 2 \\ 3 & 5 & -1 \\ 2 & -1 & 6 \end{vmatrix}$.

2. 求下列各行列式的值:

(1) $\begin{vmatrix} 2 & 3 & 5 \\ 3 & -1 & 1 \\ 4 & -2 & -5 \end{vmatrix}$;　(2) $\begin{vmatrix} 6 & 19 & -23 \\ 0 & 7 & 35 \\ 0 & 0 & 5 \end{vmatrix}$;　(3) $\begin{vmatrix} a & b & 0 \\ c & 0 & b \\ 0 & c & a \end{vmatrix}$;　(4) $\begin{vmatrix} a & ka & x \\ b & kb & y \\ c & kc & z \end{vmatrix}$;

(5) $\begin{vmatrix} 1 & 3/2 & 0 \\ 3 & 1/2 & 2 \\ -1 & 2 & -3 \end{vmatrix}$.

3. 用行列式解下列方程组：

(1) $\begin{cases} 3x + 2y = 5, \\ 2x - y = 8; \end{cases}$ (2) $\begin{cases} 2x + y - 1 = 0, \\ x + 2y + 7 = 0. \end{cases}$

4. 用行列式解下列方程组：

$\begin{cases} x + 2y + z - 11 = 0, \\ x + y + z - 10 = 0, \\ 2x + 3y - z - 3 = 0. \end{cases}$

5. 写出三阶列式：

$D = \begin{vmatrix} -1 & 3 & 2 \\ 7 & 0 & 6 \\ 11 & 9 & -4 \end{vmatrix}$

中元素 $a_{21} = 7, a_{23} = 6$ 的代数余子式，并求其值.

6. 利用行列式性质证明下列各式：

(1) $\begin{vmatrix} a+b-c & c & -a \\ a-b+c & b & -c \\ -a+b+c & a & -b \end{vmatrix} = \begin{vmatrix} b & a & c \\ a & c & b \\ c & b & a \end{vmatrix}$;

(2) $\begin{vmatrix} 1 & a & a^2-bc \\ 1 & b & b^2-ac \\ 1 & c & c^2-ab \end{vmatrix} = 0$.

7. 计算下列行列式的值：

(1) $\begin{vmatrix} 1 & 2 & 6 & 3 \\ 2 & 1 & 3 & 6 \\ 3 & 6 & 1 & 2 \\ 6 & 3 & 2 & 1 \end{vmatrix}$;

(2) $\begin{vmatrix} 1 & 3 & 7 & 2 \\ 2 & 1 & 0 & -2 \\ 7 & 4 & 1 & -6 \\ -3 & -2 & 4 & 5 \end{vmatrix}$;

(3) $\begin{vmatrix} 1 & 1 & 1 & 1 \\ 1 & 1+a & 1 & 1 \\ 1 & 1 & 1+b & 1 \\ 1 & 1 & 1 & 1+c \end{vmatrix}$;

(4) $\begin{vmatrix} 3 & 2 & -1 & -2 \\ 4 & 3 & -1 & -1 \\ 1 & -1 & 0 & 2 \\ 2 & 0 & -1 & 0 \end{vmatrix}$.

8. 计算下列行列式的值：

(1) $\begin{vmatrix} 0 & a_1 & 0 & 0 & 0 \\ 0 & 0 & a_2 & 0 & 0 \\ 0 & 0 & 0 & a_3 & 0 \\ 0 & 0 & 0 & 0 & a_4 \\ a_5 & b & c & d & e \end{vmatrix}$;

(2) $\begin{vmatrix} 0 & 0 & 0 & 5 & 5 \\ 0 & 0 & 4 & 1 & 0 \\ 0 & 3 & 2 & 0 & 0 \\ 2 & 3 & 0 & 0 & 0 \\ 4 & 0 & 0 & 0 & 1 \end{vmatrix}$.

9. 证明下列各式：

(1) $\begin{vmatrix} \cos a & \sin a & 0 & 0 \\ -\sin a & \cos a & 0 & 0 \\ 0 & 0 & \cos a & \sin a \\ 0 & 0 & -\sin a & \cos a \end{vmatrix} = 1$;

(2) $\begin{vmatrix} a & b & 0 & 0 \\ 0 & a & b & 0 \\ 0 & 0 & a & b \\ b & 0 & 0 & a \end{vmatrix} = a^4 - b^4$.

10. 解下面的方程：

$$\begin{vmatrix} x-2 & 1 & 0 \\ 1 & x-2 & 1 \\ 0 & 0 & x-2 \end{vmatrix} = 0.$$

11. 用克拉默法则解下列线性方程组：

$(1)\begin{cases} 2x_1 + 3x_2 + 11x_3 + 5x_4 = 2, \\ x_1 + x_2 + 5x_3 + 2x_4 = 1, \\ -x_2 - 7x_3 = -5, \\ -2x_3 + 2x_4 = -4. \end{cases}$
$(2)\begin{cases} x_1 + x_2 + x_3 + x_4 = 5, \\ x_1 + 2x_2 - x_3 + x_4 = -2, \\ 2x_1 + 3x_2 - x_3 - 5x_4 = -2, \\ 3x_1 + x_2 + 2x_3 + 3x_4 = 4. \end{cases}$

$(3)\begin{cases} x_1 + x_2 + 3x_3 - x_4 = 0, \\ 7x_1 - 3x_2 - 7x_3 + x_4 = 4, \\ 5x_1 + 3x_2 + 4x_3 - 2x_4 = 5, \\ 4x_1 - 2x_2 + 5x_3 + x_4 = 3. \end{cases}$

第二节 矩 阵

一、矩阵的概念

1. 矩阵的定义

引例：一个价格调查员调查了四种食品在三家商店中单位量的售价(以某货币单位计)，并用表格的形式把它们汇总如下表：

食品\商店	A	B	C	D
甲	12	5	7	23
乙	11	6	8	24
丙	12	6	9	22

把上表的数字提取出来,把表格的行和列的横线去掉,剩下数字用括号表示如下：

$$\begin{pmatrix} 12 & 5 & 7 & 23 \\ 11 & 6 & 8 & 24 \\ 12 & 6 & 9 & 22 \end{pmatrix}.$$

这就是一个矩阵,矩阵实际就是把原来表格里面的数字提取出来,简化的一个表.所以它的元素是数字,是由数字构成的表;又叫数表.

又如,线性方程组

$$\begin{cases} a_{11}x_1 + a_{12}x_2 + \cdots + a_{1n}x_n = b_1, \\ a_{21}x_1 + a_{22}x_2 + \cdots + a_{2n}x_n = b_2, \\ \vdots \\ a_{m1}x_1 + a_{m2}x_2 + \cdots + a_{mn}x_n = b_m. \end{cases}$$

我们知道线性方程组的求解与该线性方程组的系数和常数有关. 因此, 我们可以考虑用下面的数表表示该线性方程组

$$\begin{pmatrix} a_{11} & a_{12} & \cdots & a_{1n} & b_1 \\ a_{21} & a_{22} & \cdots & a_{2n} & b_2 \\ \vdots & \vdots & & \vdots & \vdots \\ a_{m1} & a_{m2} & \cdots & a_{mn} & b_m \end{pmatrix}.$$

定义 8.1　$m \times n$ 个数 $a_{ij}(i=1,2,\cdots,m;j=1,2,\cdots,n)$ 排成一个 m 行 n 列, 并用圆括号（或方括号）括起的数表

$$\begin{pmatrix} a_{11} & a_{12} & \cdots & a_{1n} \\ a_{21} & a_{22} & \cdots & a_{2n} \\ \vdots & \vdots & & \vdots \\ a_{m1} & a_{m2} & \cdots & a_{mn} \end{pmatrix}$$

称为 m 行 n 列的矩阵, 简称 $m \times n$ 矩阵, 每一个数 a_{ij} 称为**矩阵的元素**. 在不引起混淆的情况下, 简称 $m \times n$ 矩阵为**矩阵**.

通常可用大写的字母表示矩阵, 如用字母 A 表示矩阵

$$\begin{pmatrix} a_{11} & a_{12} & \cdots & a_{1n} \\ a_{21} & a_{22} & \cdots & a_{2n} \\ \vdots & \vdots & & \vdots \\ a_{m1} & a_{m2} & \cdots & a_{mn} \end{pmatrix},$$

记为

$$A = \begin{pmatrix} a_{11} & a_{12} & \cdots & a_{1n} \\ a_{21} & a_{22} & \cdots & a_{2n} \\ \vdots & \vdots & & \vdots \\ a_{m1} & a_{m2} & \cdots & a_{mn} \end{pmatrix}.$$

矩阵同型: 两个矩阵的行数相同, 列数也相同.

2. 特殊矩阵

（1）复矩阵: 元素均为复数的矩阵. 一般来说, 矩阵的元素均为实数称为**实矩阵**. 本书涉及的矩阵均为实矩阵.

（2）行（列）矩阵: 只有一行（列）的矩阵, 也称为**行（列）向量**（m 或 n 等于1）.

当 $m=n=1$ 时, 矩阵 A 只有一个元素 $A=(a_{11})$, 这时就把 A 看成一个数, 即 $A=a_{11}$.

（3）当矩阵 $A_{m \times n}$ 的 $m=n$ 时, 称 A 为 n 阶方阵, 也称为 n 阶矩阵.

（4）n 阶方阵 $A=(a_{ij})_{n \times n}$ 中的元素 $a_{11},a_{22},\cdots,a_{nn}$ 称为矩阵 A 的主对角线元素.

若在一个方阵 A 中, 主对角线左下方的元素都等于零, 则称此方阵为**上三角矩阵**, 形如:

$$A = \begin{pmatrix} a_{11} & a_{12} & \cdots & a_{1n} \\ 0 & a_{22} & \cdots & a_{2n} \\ \vdots & \vdots & & \vdots \\ 0 & 0 & \cdots & a_{nn} \end{pmatrix};$$

同理,若在一个方阵 A 中,主对角线右上方的元素都等于零,则称此方阵为**下三角矩阵**.形如:

$$A = \begin{pmatrix} a_{11} & 0 & \cdots & 0 \\ a_{21} & a_{22} & \cdots & 0 \\ \vdots & \vdots & & \vdots \\ a_{n1} & a_{n2} & \cdots & a_{nn} \end{pmatrix}.$$

(5)若在一个方阵 A 中,除了主对角线上的元素外的元素都等于零,则称此方阵为**对角阵**.形如:

$$A = \begin{pmatrix} a_{11} & 0 & \cdots & 0 \\ 0 & a_{22} & \cdots & 0 \\ \vdots & \vdots & & \vdots \\ 0 & 0 & \cdots & a_{nn} \end{pmatrix}.$$

(6)若在一个方阵 A 中,主对角线上的元素都为1,其他都等于零,则称此方阵为**单位矩阵**,用 E_n 表示 n 阶单位阵.形如:

$$E_n = A_{n \times n} = \begin{pmatrix} 1 & 0 & \cdots & 0 \\ 0 & 1 & \cdots & 0 \\ \vdots & \vdots & & \vdots \\ 0 & 0 & \cdots & 1 \end{pmatrix}.$$

$$E_2 = \begin{pmatrix} 1 & 0 \\ 0 & 1 \end{pmatrix}, \quad E_3 = \begin{pmatrix} 1 & 0 & 0 \\ 0 & 1 & 0 \\ 0 & 0 & 1 \end{pmatrix}.$$

(7)零矩阵 O:元素都是零的矩阵(不同型的零矩阵是不同的).以下几个矩阵均为**零矩阵**: $\begin{pmatrix} 0 & 0 \\ 0 & 0 \end{pmatrix}, \begin{pmatrix} 0 & 0 & 0 \\ 0 & 0 & 0 \end{pmatrix}$;但是它们不相等.

二、矩阵的计算

1.矩阵基本运算

(1)矩阵相等

定义8.2　如果两个矩阵 $A = (a_{ij})$,$B = (b_{ij})$ 的行数和列数分别相同,而且各对应元素相等,即 $a_{ij} = b_{ij}(i = 1,2,\cdots,m;j = 1,2,\cdots,n)$,则称矩阵 A 与矩阵 B 相等,记作

$$A = B.$$

例8-16　矩阵

$$A = \begin{pmatrix} a_{11} & a_{12} & a_{13} \\ a_{21} & a_{22} & a_{23} \end{pmatrix}, B = \begin{pmatrix} 1 & 0 & 9 \\ -3 & 1 & -3 \end{pmatrix}.$$

若 $A = B$,求 A.

解
$$a_{11} = 1, a_{12} = 0, a_{13} = 9,$$
$$a_{21} = -3, a_{22} = 1, a_{23} = -3,$$

$$A = \begin{pmatrix} 1 & 0 & 9 \\ -3 & 1 & -3 \end{pmatrix}.$$

（2）矩阵的加法

定义 8.3 设 $A = (a_{ij})$，$B = (b_{ij})$ 都是 $m \times n$ 矩阵，对应元素相加得到的矩阵称为矩阵 A 与 B 的和，记成 $A + B$，即

$$A + B = \begin{pmatrix} a_{11}+b_{11} & a_{12}+b_{12} & \cdots & a_{1n}+b_{1n} \\ a_{21}+b_{21} & a_{22}+b_{22} & \cdots & a_{2n}+b_{2n} \\ \vdots & \vdots & & \vdots \\ a_{m1}+b_{m1} & a_{m2}+b_{m2} & \cdots & a_{mn}+b_{mn} \end{pmatrix}. \tag{8-13}$$

例 8-17

$$\begin{pmatrix} 1 & 2 & 3 \\ -1 & 5 & 3 \end{pmatrix} + \begin{pmatrix} 0 & 1 & -3 \\ 2 & 1 & -1 \end{pmatrix} = \begin{pmatrix} 1+0 & 2+1 & 3+(-3) \\ -1+2 & 5+1 & 3+(-1) \end{pmatrix} = \begin{pmatrix} 1 & 3 & 0 \\ 1 & 6 & 2 \end{pmatrix}.$$

应该注意，只有当两个矩阵为同型阵时，这两个矩阵才能进行加法运算.

矩阵的加法运算满足以下规律：

① $A + B = B + A$.（交换律）

② $(A + B) + C = A + (B + C)$.（结合律）

③ $A + 0 = A$.

④ 设 $A = (a_{ij})$，记 $-A = (-a_{ij})$，称 $-A$ 为 A 的负矩阵.

易知 $A + (-A) = 0$，规定 $A - B = A + (-B)$.

（3）数与矩阵的乘法

定义 8.4 以数 k 乘矩阵 $A = (a_{ij})_{m \times n}$ 的每一个元素得到的矩阵称为数 k 与矩阵 A 的积，记为 kA 或 Ak. 即

$$kA = \begin{pmatrix} ka_{11} & ka_{12} & \cdots & ka_{1n} \\ ka_{21} & ka_{22} & \cdots & ka_{2n} \\ \vdots & \vdots & & \vdots \\ ka_{m1} & ka_{m2} & \cdots & ka_{mn} \end{pmatrix}. \tag{8-14}$$

$$kA = k(a_{ij})_{m \times n} = (ka_{ij})_{m \times n} = (a_{ij}k)_{m \times n} = (a_{ij})_{m \times n}k = Ak.$$

例 8-18 $A = \begin{pmatrix} 1 & 3 \\ 5 & 2 \\ -1 & 0 \end{pmatrix}$，$B = \begin{pmatrix} 1 & 1 \\ 2 & 0 \\ 0 & -1 \end{pmatrix}$，那么 $-B = \begin{pmatrix} -1 & -1 \\ -2 & 0 \\ 0 & 1 \end{pmatrix}$，$A - B = \begin{pmatrix} 0 & 2 \\ 3 & 2 \\ -1 & 1 \end{pmatrix}$，$2A =$

$A2 = \begin{pmatrix} 2 & 6 \\ 10 & 4 \\ -2 & 0 \end{pmatrix}.$

例 8-19 $A = \begin{pmatrix} 2 & 1 \\ 0 & 3 \end{pmatrix}$，$B = \begin{pmatrix} -1 & 2 \\ -2 & 0 \end{pmatrix}$，且 $X - 2B = A$. 求：（1）$2A$；（2）矩阵 X.

解 （1）$2A = 2 \times \begin{pmatrix} 2 & 1 \\ 0 & 3 \end{pmatrix} = \begin{pmatrix} 4 & 2 \\ 0 & 6 \end{pmatrix}$；

$(2)X = A + 2B$

$$= \begin{pmatrix} 2 & 1 \\ 0 & 3 \end{pmatrix} + \begin{pmatrix} -2 & 4 \\ -4 & 0 \end{pmatrix} = \begin{pmatrix} 0 & 5 \\ -4 & 3 \end{pmatrix}.$$

数乘矩阵的运算满足以下规律:

①$k(\mu A) = (k\mu)A$.

②$(k + \mu)A = kA + \mu A$.

③$k(A + B) = kA + kB$.

④$1 \times A = A$.

⑤$0 \times A = O$.

其中 k, μ 为实数;A, B 为矩阵.

(4)矩阵与矩阵的乘法

定义8.5 设 $A = (a_{ij})$ 是一个 $m \times s$ 矩阵,$B = (b_{ij})$ 是一个 $s \times n$ 矩阵,规定矩阵 A 与矩阵 B 的积为一个 $m \times n$ 矩阵 $C = (c_{ij})$,其中

$$c_{ij} = a_{i1}b_{1j} + a_{i2}b_{2j} + \cdots + a_{is}b_{sj} = \sum_{k=1}^{s} a_{ik}b_{kj} (i = 1, 2, \cdots, m; j = 1, 2, \cdots, n).$$

A 与 B 的乘积记成 AB,即 $C = AB$.

$$\begin{array}{ccc} A & B & = AB \\ m \times s & s \times n & m \times n \end{array} \tag{8-15}$$

$$i \text{ 行} \rightarrow (a_{i1} \quad a_{i2} \quad \cdots \quad a_{is}) \begin{pmatrix} b_{1j} \\ b_{2j} \\ \vdots \\ b_{sj} \end{pmatrix} = (c_{ij}) \tag{8-16}$$

$$\begin{array}{c} j \\ \text{列} \end{array}$$

注意:

①只有当第一个矩阵(左矩阵)的列数等于第二个矩阵(右矩阵)的行数时,两个矩阵才能相乘.

②由式(8-16)得知,乘积 AB 的第 i 行第 j 列的元素 c_{ij} 只与 A 的第 i 行和 B 的第 j 列的元素有关,与其他元素无关.

例8-20 求下列矩阵的乘积.

$$(1) \begin{pmatrix} 4 & 3 & 1 \\ 1 & -2 & 3 \\ 5 & 7 & 0 \end{pmatrix} \begin{pmatrix} 7 \\ 2 \\ 1 \end{pmatrix} = \begin{pmatrix} 4 \times 7 + 3 \times 2 + 1 \times 1 \\ 1 \times 7 + (-2) \times 2 + 3 \times 1 \\ 5 \times 7 + 7 \times 2 + 0 \times 1 \end{pmatrix} = \begin{pmatrix} 35 \\ 6 \\ 49 \end{pmatrix};$$

$$(2) (1 \quad 2 \quad 3) \begin{pmatrix} 3 \\ 2 \\ 1 \end{pmatrix} = (1 \times 3 + 2 \times 2 + 3 \times 1) = (10);$$

$$(3) \begin{pmatrix} 2 \\ 1 \\ 3 \end{pmatrix} (-1 \quad 2) = \begin{pmatrix} 2 \times (-1) & 2 \times 2 \\ 1 \times (-1) & 1 \times 2 \\ 3 \times (-1) & 3 \times 2 \end{pmatrix} = \begin{pmatrix} -2 & 4 \\ -1 & 2 \\ -3 & 6 \end{pmatrix}.$$

例 8-21 $\begin{pmatrix} 3 & 0 \\ -1 & 2 \\ 1 & 1 \end{pmatrix} \begin{pmatrix} 4 & -1 \\ 0 & 2 \end{pmatrix} = \begin{pmatrix} 12 & -3 \\ -4 & 5 \\ 4 & 1 \end{pmatrix}$.

例 8-22 $\begin{pmatrix} a_1 \\ a_2 \\ a_3 \end{pmatrix} (b_1 \quad b_2 \quad b_3) = \begin{pmatrix} a_1 b_1 & a_1 b_2 & a_1 b_3 \\ a_2 b_1 & a_2 b_2 & a_2 b_3 \\ a_3 b_1 & a_3 b_2 & a_3 b_3 \end{pmatrix}$,

$$(b_1 \quad b_2 \quad b_3) \begin{pmatrix} a_1 \\ a_2 \\ a_3 \end{pmatrix} = b_1 a_1 + b_2 a_2 + b_3 a_3.$$

例 8-23 $\begin{pmatrix} 0 & 1 \\ 0 & 1 \end{pmatrix} \begin{pmatrix} 1 & 1 \\ 0 & 0 \end{pmatrix} = \begin{pmatrix} 0 & 0 \\ 0 & 0 \end{pmatrix}, \begin{pmatrix} 1 & 1 \\ 0 & 0 \end{pmatrix} \begin{pmatrix} 0 & 1 \\ 0 & 1 \end{pmatrix} = \begin{pmatrix} 0 & 2 \\ 0 & 0 \end{pmatrix}$.

由例 8.22 和例 8.23 看出，一般来说，$AB \neq BA$，即矩阵的乘法不满足交换律，$AB = 0$ 不能推出 $A = 0$ 或 $B = 0$.

例 8-24 设矩阵

$$A = \begin{pmatrix} 2 & 1 \\ 10 & 5 \end{pmatrix}, B = \begin{pmatrix} -2 & -3 \\ 4 & 6 \end{pmatrix}, C = \begin{pmatrix} -1 & 3 \\ 2 & 6 \end{pmatrix}, 求 AB 和 AC.$$

解 $AB = \begin{pmatrix} 2 & 1 \\ 10 & 5 \end{pmatrix} \begin{pmatrix} -2 & -3 \\ 4 & 6 \end{pmatrix} = \begin{pmatrix} 0 & 0 \\ 0 & 0 \end{pmatrix}$,

$$AC = \begin{pmatrix} 2 & 1 \\ 10 & 5 \end{pmatrix} \begin{pmatrix} -1 & 3 \\ 2 & 6 \end{pmatrix} = \begin{pmatrix} 0 & 0 \\ 0 & 0 \end{pmatrix}.$$

在例 8-24 中，显然不能从 $AB = AC$ 中消去矩阵 A 而得到 $B = C$. 这说明矩阵乘法不满足消去律.

矩阵的乘法满足下述运算规律：

①$(AB)C = A(BC)$.（结合律）

②$A(B + C) = AB + AC, (B + C)A = BA + CA$.（分配律）

③$k(AB) = (kA)B = A(kB)$.

例 8-25 如果 $A = \begin{pmatrix} 1 & 2 \\ 3 & 4 \end{pmatrix}, B = \begin{pmatrix} 2 & 1 \\ -3 & 2 \end{pmatrix}, C = \begin{pmatrix} 1 & 0 \\ 2 & 1 \end{pmatrix}$，求 $AB + AC$.

解1 $AB + AC = \begin{pmatrix} 1 & 2 \\ 3 & 4 \end{pmatrix} \begin{pmatrix} 2 & 1 \\ -3 & 2 \end{pmatrix} + \begin{pmatrix} 1 & 2 \\ 3 & 4 \end{pmatrix} \begin{pmatrix} 1 & 0 \\ 2 & 1 \end{pmatrix}$

$$= \begin{pmatrix} -4 & 5 \\ -6 & 11 \end{pmatrix} + \begin{pmatrix} 5 & 2 \\ 11 & 4 \end{pmatrix} = \begin{pmatrix} 1 & 7 \\ 5 & 15 \end{pmatrix}.$$

解2 $AB + AC = A(B + C) = \begin{pmatrix} 1 & 2 \\ 3 & 4 \end{pmatrix} \left[\begin{pmatrix} 2 & 1 \\ -3 & 2 \end{pmatrix} + \begin{pmatrix} 1 & 0 \\ 2 & 1 \end{pmatrix} \right]$

$$= \begin{pmatrix} 1 & 2 \\ 3 & 4 \end{pmatrix} \begin{pmatrix} 3 & 1 \\ -1 & 3 \end{pmatrix} = \begin{pmatrix} 1 & 7 \\ 5 & 15 \end{pmatrix}.$$

若两个矩阵 A 和 B 满足 $AB = BA$，则称矩阵 A 和 B 是可交换的.

（5）矩阵的幂

A 是一个 n 阶矩阵，k 是一个正整数，规定 $A^k = \underbrace{AA\cdots A}_{k\uparrow}$.

这就是说，A^k 就是 k 个 A 连乘. 显然只有方阵的幂才有意义. 规定 $A^0 = E$.

如果 $A^2 = 0$，也不一定有 $A = 0$. 例如取 $A = \begin{pmatrix} 1 & 1 \\ -1 & -1 \end{pmatrix} \neq 0$，而

$$A^2 = \begin{pmatrix} 1 & 1 \\ -1 & -1 \end{pmatrix}\begin{pmatrix} 1 & 1 \\ -1 & -1 \end{pmatrix} = \begin{pmatrix} 0 & 0 \\ 0 & 0 \end{pmatrix}.$$

矩阵的幂满足规律 $A^k A^l = A^{k+l}$，$(A^k)^l = A^{kl}$，其中 k,l 为正整数.

对于两个 n 阶矩阵 A 与 B，一般地，$(AB)^k \neq A^k B^k$.

例 8-26 设 $A = \begin{pmatrix} 1 & 0 \\ \lambda & 1 \end{pmatrix}$，求 $A^2, A^3, \cdots, A^k$.

解

$$A^2 = \begin{pmatrix} 1 & 0 \\ \lambda & 1 \end{pmatrix}\begin{pmatrix} 1 & 0 \\ \lambda & 1 \end{pmatrix} = \begin{pmatrix} 1 & 0 \\ 2\lambda & 1 \end{pmatrix},$$

$$A^3 = A^2 A = \begin{pmatrix} 1 & 0 \\ 2\lambda & 1 \end{pmatrix}\begin{pmatrix} 1 & 0 \\ \lambda & 1 \end{pmatrix} = \begin{pmatrix} 1 & 0 \\ 3\lambda & 1 \end{pmatrix}.$$

利用数学归纳法证明：$A^k = \begin{pmatrix} 1 & 0 \\ k\lambda & 1 \end{pmatrix}$.

当 $k = 1$ 时，显然成立，假设 k 时成立，则 $k+1$ 时，

$$A^{k+1} = A^k A = \begin{pmatrix} 1 & 0 \\ k\lambda & 1 \end{pmatrix}\begin{pmatrix} 1 & 0 \\ \lambda & 1 \end{pmatrix} = \begin{pmatrix} 1 & 0 \\ (k+1)\lambda & 1 \end{pmatrix}.$$

由数学归纳法原理知：$A^k = \begin{pmatrix} 1 & 0 \\ k\lambda & 1 \end{pmatrix}$.

（6）矩阵的转置

定义 8.6 将矩阵 A 的各行变成同序数的列得到的矩阵称为 A 的转置矩阵，记为 A^{T}.

例 8-27 若 $A = \begin{pmatrix} 1 & -1 \\ 0 & 1 \\ 2 & 3 \end{pmatrix}$，则 $A^{\mathrm{T}} = \begin{pmatrix} 1 & 0 & 2 \\ -1 & 1 & 3 \end{pmatrix}$.

矩阵的转置满足下述运算规律：

①$(A^{\mathrm{T}})^{\mathrm{T}} = A$.

②$(A+B)^{\mathrm{T}} = A^{\mathrm{T}} + B^{\mathrm{T}}$.

③$(kA)^{\mathrm{T}} = kA^{\mathrm{T}}$.

④$(AB)^{\mathrm{T}} = B^{\mathrm{T}}A^{\mathrm{T}}$.

例 8-28 已知 $A = \begin{pmatrix} 1 & -1 \\ 0 & 1 \\ 2 & 3 \end{pmatrix}$，$B = \begin{pmatrix} 1 & 0 \\ 1 & 2 \end{pmatrix}$，求 $(AB)^{\mathrm{T}}$.

解1 因为 $AB = \begin{pmatrix} 1 & -1 \\ 0 & 1 \\ 2 & 3 \end{pmatrix}\begin{pmatrix} 1 & 0 \\ 1 & 2 \end{pmatrix} = \begin{pmatrix} 0 & -2 \\ 1 & 2 \\ 5 & 6 \end{pmatrix}$,

所以 $(AB)^T = \begin{pmatrix} 0 & 1 & 5 \\ -2 & 2 & 6 \end{pmatrix}$.

解2 $(AB)^T = B^T A^T = \begin{pmatrix} 1 & 1 \\ 0 & 2 \end{pmatrix}\begin{pmatrix} 1 & 0 & 2 \\ -1 & 1 & 3 \end{pmatrix} = \begin{pmatrix} 0 & 1 & 5 \\ -2 & 2 & 6 \end{pmatrix}$.

例8-29 已知 $A = \begin{pmatrix} -1 & 5 \\ 6 & 0 \end{pmatrix}, B = \begin{pmatrix} 1 & 2 \\ 4 & 4 \\ 3 & 5 \end{pmatrix}, C = \begin{pmatrix} 0 & 1 & 5 \\ 1 & 0 & 2 \end{pmatrix}$ 求 $AB^T + 4C$.

解 $AB^T + 4C = \begin{pmatrix} -1 & 5 \\ 6 & 0 \end{pmatrix}\begin{pmatrix} 1 & 2 \\ 4 & 4 \\ 3 & 5 \end{pmatrix}^T + 4\begin{pmatrix} 0 & 1 & 5 \\ 1 & 0 & 2 \end{pmatrix}$

$= \begin{pmatrix} -1 & 5 \\ 6 & 0 \end{pmatrix}\begin{pmatrix} 1 & 4 & 3 \\ 2 & 4 & 5 \end{pmatrix} + 4\begin{pmatrix} 0 & 1 & 5 \\ 1 & 0 & 2 \end{pmatrix}$

$= \begin{pmatrix} 9 & 16 & 22 \\ 6 & 24 & 18 \end{pmatrix} + \begin{pmatrix} 0 & 4 & 20 \\ 4 & 0 & 8 \end{pmatrix} = \begin{pmatrix} 9 & 20 & 42 \\ 10 & 24 & 26 \end{pmatrix}$.

2. 矩阵行列式

定义8.7 以 n 阶矩阵 A 的元素为元素的行列式记为 $\det A$ 或 $|A|$,称为 n 阶矩阵 A 的行列式,简称矩阵 A 的行列式.

例8-30 二阶矩阵 $\begin{pmatrix} 2 & 1 \\ -4 & 3 \end{pmatrix}$ 的行列式为 $\begin{vmatrix} 2 & 1 \\ -4 & 3 \end{vmatrix} = 10$.

注意:矩阵是一个数表,矩阵的子式、行列式则都是数值.

n 阶矩阵 A 的行列式的性质

(1) $|A^T| = |A|$;

(2) $|kA| = k^n |A|$;

(3) $|AB| = |A| \times |B|$;

(4) $|A^n| = |A|^n$.

例8-31 $A = \begin{pmatrix} 1 & 5 \\ 4 & 3 \end{pmatrix}, B = \begin{pmatrix} -2 & 0 \\ 3 & 4 \end{pmatrix}$,求 $|AB|$.

解 $|AB| = |A| \times |B| = \begin{vmatrix} 1 & 5 \\ 4 & 3 \end{vmatrix} \times \begin{vmatrix} -2 & 0 \\ 3 & 4 \end{vmatrix} = -17 \times (-8) = 136$.

三、逆矩阵

在前面,我们定义了矩阵的加法、减法和乘法运算.我们知道,这三种矩阵的运算类似于过去我们所熟悉的加法、减法和乘法运算,但也有明显不同的地方.现在,我们自然会问矩阵是否也可以定义类似于除法的运算呢?为回答这个问题,先引入如下的定义.

定义8.8 若 n 阶矩阵 A 与 B 满足 $AB = BA = E$,则称 B 为 A 的逆矩阵(也称矩阵 A 是可

逆的),记为 A^{-1},即 $B = A^{-1}$.反之,A 也称为 B 的逆矩阵,它们互为逆矩阵.

容易发现,矩阵的逆是唯一的.

设 B_1 与 B_2 均为 A 的逆矩阵,则 $AB_1 = B_1A = E, AB_2 = B_2A = E$.

$B_1 = EB_1 = B_2AB_1 = B_2E = B_2$,即 $B_1 = B_2$.

例 8-32　验证矩阵 A 与 B 互为逆矩阵.

$$A = \begin{pmatrix} 0 & 1 & 1 \\ 1 & 1 & 2 \\ 2 & -1 & 0 \end{pmatrix}, B = \begin{pmatrix} 2 & 1 & 1 \\ 4 & -2 & 1 \\ -3 & 2 & -1 \end{pmatrix}.$$

解
$$AB = \begin{pmatrix} 0 & 1 & 1 \\ 1 & 1 & 2 \\ 2 & -1 & 0 \end{pmatrix}\begin{pmatrix} 2 & -1 & 1 \\ 4 & -2 & 1 \\ -3 & 2 & 1 \end{pmatrix} = \begin{pmatrix} 1 & 0 & 0 \\ 0 & 1 & 0 \\ 0 & 0 & 1 \end{pmatrix} = E,$$

$$BA = \begin{pmatrix} 2 & -1 & 1 \\ 4 & -2 & 1 \\ -3 & 2 & -1 \end{pmatrix}\begin{pmatrix} 0 & 1 & 1 \\ 1 & 1 & 2 \\ 2 & -1 & 0 \end{pmatrix} = \begin{pmatrix} 1 & 0 & 0 \\ 0 & 1 & 0 \\ 0 & 0 & 1 \end{pmatrix} = E.$$

即 B, A 满足 $AB = BA = E$,所以矩阵 A 可逆,其逆矩阵 $A^{-1} = B$.

现在看来,矩阵逆运算确实与非零的数运算:$a^{-1}a = aa^{-1} = 1$ 很相似.显然,在这里矩阵 A 的逆 A^{-1} 类似于"除数"的作用,逆运算类似于除法的运算.

那么,矩阵 A 满足什么条件时,才有逆矩阵?如何求 A 的逆矩阵?为了回答这些问题,我们又要引入如下的定义.

定义 8.9　称矩阵

$$A^* = \begin{pmatrix} A_{11} & A_{21} & \cdots & A_{n1} \\ A_{12} & A_{22} & \cdots & A_{n2} \\ \vdots & \vdots & & \vdots \\ A_{1n} & A_{2n} & \cdots & A_{nn} \end{pmatrix}$$ 为矩阵 A 的伴随矩阵.

其中 A_{ij} 是行列式 $\det A$ 中元素 a_{ij} 的**代数余子式**.

定理 8.1　若矩阵 A 可逆,则

$$A^{-1} = \frac{A^*}{|A|} \tag{8-17}$$

证明　根据行列式的降阶性质(Laplace 展开定理)有

$$AA^{-1} = A\frac{A^*}{|A|} = \frac{1}{|A|}\begin{pmatrix} a_{11} & a_{12} & \cdots & a_{1n} \\ a_{21} & a_{22} & \cdots & a_{2n} \\ \vdots & \vdots & & \vdots \\ a_{n1} & a_{n2} & \cdots & a_{nn} \end{pmatrix}\begin{pmatrix} A_{11} & A_{21} & \cdots & A_{n1} \\ A_{12} & A_{22} & \cdots & A_{n2} \\ \vdots & \vdots & & \vdots \\ A_{1n} & A_{2n} & \cdots & A_{nn} \end{pmatrix}$$

$$= \frac{1}{|A|}\begin{pmatrix} |A| & 0 & \cdots & 0 \\ 0 & |A| & \cdots & 0 \\ \vdots & \vdots & & \vdots \\ 0 & 0 & \cdots & |A| \end{pmatrix} = \begin{pmatrix} 1 & 0 & \cdots & 0 \\ 0 & 1 & \cdots & 0 \\ \vdots & \vdots & & \vdots \\ 0 & 0 & \cdots & 1 \end{pmatrix} = E.$$

同法可证 $A^{-1}A = E$. 这就是说，矩阵 A 的逆 $A^{-1} = \dfrac{A^*}{|A|}$.

从定理可直接得到如下推论.

推论　矩阵 A 可逆的充要条件是 $|A| \neq 0$.

这就是说，当矩阵 A 满足 $\det A \neq 0$，则 A 为可逆矩阵；否则 A 为不可逆的矩阵. 显然，据此可以方便地判定 A 是否可逆.

例 8-33　判断 A 是否有逆矩阵.

$$A = \begin{pmatrix} 2 & -3 & 5 \\ 1 & 4 & 8 \\ -2 & 3 & -5 \end{pmatrix}.$$

解　矩阵 A 中第三行是第一行的 -1 倍，故 $\det A = 0$，所以 A 是不可逆的.

例 8-34　求矩阵 A 的逆矩阵.

$$A = \begin{pmatrix} 2 & 2 & 3 \\ 1 & -1 & 0 \\ -1 & 2 & 1 \end{pmatrix}.$$

解　因为 $|A| = \begin{vmatrix} 2 & 2 & 3 \\ 1 & -1 & 0 \\ -1 & 2 & 1 \end{vmatrix} = -1 \neq 0$，所以矩阵 A 可逆.

$$A_{11} = \begin{vmatrix} -1 & 0 \\ 2 & 1 \end{vmatrix} = -1; \quad A_{12} = \begin{vmatrix} 1 & 0 \\ -1 & 1 \end{vmatrix} = -1; \quad A_{13} = \begin{vmatrix} 1 & -1 \\ -1 & 2 \end{vmatrix} = 1;$$

$$A_{21} = \begin{vmatrix} 2 & 3 \\ 2 & 1 \end{vmatrix} = 4; \quad A_{22} = \begin{vmatrix} 2 & 3 \\ 1 & 1 \end{vmatrix} = 5; \quad A_{23} = \begin{vmatrix} 2 & 2 \\ -1 & 2 \end{vmatrix} = -6;$$

$$A_{31} = \begin{vmatrix} 2 & 3 \\ -1 & 0 \end{vmatrix} = 3; \quad A_3 = \begin{vmatrix} 2 & 3 \\ -1 & 0 \end{vmatrix} = 3; \quad A_{33} = \begin{vmatrix} 2 & 2 \\ 1 & -1 \end{vmatrix} = -4.$$

$$A^* = \begin{pmatrix} A_{11} & A_{21} & A_{31} \\ A_{12} & A_{22} & A_{32} \\ A_{13} & A_{23} & A_{33} \end{pmatrix} = \begin{pmatrix} -1 & 4 & 3 \\ -1 & 5 & 3 \\ 1 & -6 & -4 \end{pmatrix};$$

$$A^{-1} = \frac{A^*}{\det A} = -\begin{pmatrix} -1 & 4 & -3 \\ -1 & 5 & -3 \\ 1 & -6 & -4 \end{pmatrix} = \begin{pmatrix} 1 & -4 & -3 \\ 1 & -5 & -3 \\ -1 & 6 & 4 \end{pmatrix}.$$

容易验证

$$\begin{pmatrix} 2 & 2 & 3 \\ 1 & -1 & 0 \\ -1 & 2 & 1 \end{pmatrix}\begin{pmatrix} 1 & -4 & -3 \\ 1 & -5 & -3 \\ -1 & 6 & 4 \end{pmatrix} = \begin{pmatrix} 1 & -4 & -3 \\ 1 & -5 & -3 \\ -1 & 6 & 4 \end{pmatrix}\begin{pmatrix} 2 & 2 & 3 \\ 1 & -1 & 0 \\ -1 & 2 & 1 \end{pmatrix} = \begin{pmatrix} 1 & 0 & 0 \\ 0 & 1 & 0 \\ 0 & 0 & 1 \end{pmatrix}.$$

例 8-35　设矩阵 $A = \begin{pmatrix} 1 & 1 & 2 \\ 2 & -1 & 0 \\ 1 & 0 & 1 \end{pmatrix}$，求 A^{-1}.

解　因为

$$A_{11} = \begin{vmatrix} 1 & 0 \\ 0 & 1 \end{vmatrix} = -1, A_{12} = -\begin{vmatrix} 2 & 0 \\ 1 & 1 \end{vmatrix} = -2, A_{13} = \begin{vmatrix} 2 & -1 \\ 1 & 0 \end{vmatrix} = 1$$

且 $|A| = a_{11}A_{11} + a_{12}A_{12} + a_{13}A_{13} = 1 \times (-1) + 1 \times (-2) \times 2 \times 1 = -1 \neq 0.$

所以 A 可逆,再求伴随矩阵 A^*,因为

$$A_{21} = \begin{vmatrix} 1 & 2 \\ 0 & 1 \end{vmatrix} = -1, A_{22} = \begin{vmatrix} 1 & 2 \\ 1 & 1 \end{vmatrix} = -1, A_{23} = \begin{vmatrix} 1 & 1 \\ 1 & 0 \end{vmatrix} = 1,$$

$$A_{31} = \begin{vmatrix} 1 & 1 \\ -1 & 0 \end{vmatrix} = 2, A_{32} = -\begin{vmatrix} 1 & 2 \\ 2 & 0 \end{vmatrix} = 4, A_{33} = \begin{vmatrix} 2 & 1 \\ 1 & -1 \end{vmatrix} = -3,$$

所以得 $A^{-1} = \dfrac{A^*}{\det A} = -\begin{pmatrix} -1 & -1 & 2 \\ -2 & -1 & 4 \\ 1 & 1 & -3 \end{pmatrix} = \begin{pmatrix} 1 & 1 & -2 \\ 2 & 1 & -4 \\ -1 & -1 & 3 \end{pmatrix}.$

容易证明矩阵的逆运算有如下的性质:

性质 1 若矩阵 A 可逆,则 A^{-1} 也可逆,且 $(A^{-1})^{-1} = A$.

性质 2 若矩阵 A 可逆,数 $k \neq 0$,则 kA 也可逆,且 $(kA)^{-1} = \dfrac{1}{k}A^{-1}$.

性质 3 若矩阵 A 可逆,则 A^{T} 也可逆,且 $(A^{\mathrm{T}})^{-1} = (A^{-1})^{\mathrm{T}}$.

性质 4 若 n 阶矩阵 A 和 B 都可逆,则 AB 也可逆,且 $(AB)^{-1} = B^{-1}A^{-1}$.

证明 因为 A 和 B 都可逆,即逆矩阵 A^{-1} 和 B^{-1} 存在,且

$$(AB)(B^{-1}A^{-1}) = A(BB^{-1})A^{-1} = AA^{-1} = E,$$
$$(B^{-1}A^{-1})(AB) = B^{-1}(A^{-1}A)B = BB^{-1} = E.$$

根据定义 8.8 可知,AB 可逆,且 $(AB)^{-1} = B^{-1}A^{-1}$.

性质 4 可以推广到有限多个 n 阶矩阵相乘的情形,即当 n 阶矩阵 $A_1, A_2, \cdots, A_m$ 都可逆,乘积矩阵 $A_1A_2\cdots A_m$ 也可逆,且

$$(A_1A_2\cdots A_m)^{-1} = A_m^{-1}\cdots A_2^{-1}A_1^{-1}.$$

注意:尽管 n 阶矩阵 A 和 B 都可逆,但是 $A+B$ 也不一定可逆;即使当 $A+B$ 可逆时,不一定有 $(A+B)^{-1} = A^{-1} + B^{-1}$.

例如,若矩阵 A 可逆,矩阵 $-A$ 当然也可逆,但 $A - A = O$(零矩阵)不可逆.

在本章第一节中,我们已介绍了求解线性方程组的克拉默法则,现在我们可以用求逆矩阵的方法求解线性方程组:

$$\begin{cases} a_{11}x_1 + a_{12}x_2 + \cdots + a_{1n}x_n = b_1 \\ a_{21}x_1 + a_{22}x_2 + \cdots + a_{2n}x_n = b_2 \\ \vdots \\ a_{n1}x_1 + a_{n2}x_2 + \cdots + a_{nn}x_n = b_n \end{cases}$$

记

$$A = \begin{pmatrix} a_{11} & a_{12} & \cdots & a_{1n} \\ a_{21} & a_{22} & \cdots & a_{2n} \\ \vdots & \vdots & & \vdots \\ a_{n1} & a_{n2} & \cdots & a_{nn} \end{pmatrix}, X = \begin{pmatrix} x_1 \\ x_2 \\ \vdots \\ x_n \end{pmatrix}, B = \begin{pmatrix} b_1 \\ b_2 \\ \vdots \\ b_n \end{pmatrix}.$$

此时,把解用列向量的形式表示出来,我们把这样形式的解叫作解向量.

根据乘法规则,我们可以把线性方程组记为 $AX = B$,称它为矩阵式的线性方程组(也称它为矩阵方程).

若 A 可逆,则有 $A^{-1}AX = A^{-1}B$ 即 $EX = A^{-1}B$. 所以

$$X = A^{-1}B. \tag{8-18}$$

这样,求解线性方程组即转化为求矩阵 A 的逆矩阵的问题.

例 8-36　求解线性方程组 $\begin{cases} 2x_1 + 2x_2 + 3x_3 = 1, \\ x_1 - x_2 = 0, \\ -x_1 + 2x_2 + x_3 = -1. \end{cases}$

解　记线性方程组为 $AX = B$.

其中 $A = \begin{pmatrix} 2 & 2 & 3 \\ 1 & -1 & 0 \\ -1 & 2 & 1 \end{pmatrix}, X = \begin{pmatrix} x_1 \\ x_2 \\ x_3 \end{pmatrix}, B = \begin{pmatrix} 1 \\ 0 \\ -1 \end{pmatrix}$.

由于 $A^{-1} = \begin{pmatrix} 1 & -4 & -3 \\ 1 & -5 & -3 \\ -1 & 6 & 4 \end{pmatrix}$,所以

$$X = A^{-1}B = \begin{pmatrix} 1 & -4 & -3 \\ 1 & -5 & -3 \\ -1 & 6 & 4 \end{pmatrix} \begin{pmatrix} 1 \\ 0 \\ -1 \end{pmatrix} = \begin{pmatrix} 4 \\ 4 \\ -1 \end{pmatrix}.$$

显然,用逆矩阵求法解线性方程组和克拉默法则一样只适用于系数矩阵可逆的情形.

四、矩阵的初等变换

本节所介绍的矩阵的初等行变换是线性代数中最重要的概念和方法之一. 它在求矩阵的秩、求逆矩阵和求解一般线性方程组等方面都有着非常重要的作用.

1.初等变换的定义

过去,我们在求解线性方程组时常用到三种变换:对换两个线性方程的位置;用一个非零数乘矩阵的某一线性方程;将某一个线性方程的倍数加到另一个线性方程上. 我们知道这三种变换保持线性方程组的同解性. 同样,矩阵也有三种变换.

矩阵的下列三种变换,称为**矩阵的初等变换**.

(1)对换矩阵两行(列)的位置,简称对换变换.

(2)用一个非零数乘矩阵的某一行(列),简称倍乘变换.

(3)将矩阵某一行(列)的倍数加到另一行(列)上,简称倍加变换.

矩阵 A 经过初等变换后变为 B,用

$$A \rightarrow B$$

表示,称矩阵 B 与 A 是等价的.

我们把第 i 行和第 j 行的互换简记为 $r_i \leftrightarrow r_j$;把数 k 乘矩阵第 i 行的所有元素的倍乘变换简记为 $r_i \times k$;把第 i 行的 k 倍加至第 j 行的倍加变换简记为 $r_j + r_i \times k$;同样,我们把第 i 列和第 j

列的互换简记为 $c_i \leftrightarrow c_j$；把数 k 乘矩阵第 i 列的所有元素的倍乘变换简记为 $c_i \times k$；把第 i 列的 k 倍加至第 j 列的倍加变换简记为 $c_j + c_i \times k$. 和行列式一样，我们规定做行变换时记在变换符号 "→" 的上方，做列变换时记在变换符号 "→" 的下方.

本书主要介绍和应用初等行变换.

例 8-37　设矩阵 $A = \begin{pmatrix} a_1 & a_2 & a_3 \\ b_1 & b_2 & b_3 \\ c_1 & c_2 & c_3 \end{pmatrix}$，其初等行变换如下：

(1) 对换变换：矩阵 A 的第一行和第二行对换

$$\begin{pmatrix} a_1 & a_2 & a_3 \\ b_1 & b_2 & b_3 \\ c_1 & c_2 & c_3 \end{pmatrix} \xrightarrow{r_1 \leftrightarrow r_2} \begin{pmatrix} b_1 & b_2 & b_3 \\ a_1 & a_2 & a_3 \\ c_1 & c_2 & c_3 \end{pmatrix};$$

(2) 倍乘变换：一个非零数 k 乘矩阵 A 的第三行

$$\begin{pmatrix} a_1 & a_2 & a_3 \\ b_1 & b_2 & b_3 \\ c_1 & c_2 & c_3 \end{pmatrix} \xrightarrow{r_3 \times k} \begin{pmatrix} a_1 & a_2 & a_3 \\ b_1 & b_2 & b_3 \\ kc_1 & kc_2 & kc_3 \end{pmatrix};$$

(3) 倍加变换：矩阵 A 的第一行乘上一个数 k 加到第二行

$$\begin{pmatrix} a_1 & a_2 & a_3 \\ b_1 & b_2 & b_3 \\ c_1 & c_2 & c_3 \end{pmatrix} \xrightarrow{r_2 + r_1 \times k} \begin{pmatrix} a_1 & a_2 & a_3 \\ b_1 + ka_1 & b_2 + ka_2 & b_3 + ka_3 \\ kc_1 & kc_2 & kc_3 \end{pmatrix}.$$

做倍加变换时须明确变的是哪行，不变的是哪行. 例如，上面的变换是以第一行做倍加，变的是第二行，不变的是第一行.

注意：矩阵的初等变换与行列式的互换、倍乘、倍加性质的做法一样，但其意义完全不同，矩阵的初等变换是 "数表" 的等价变换，而行列式的对换、倍乘、倍加性质是 "数" 的恒等变换.

矩阵的初等变换可以用所谓的 "初等矩阵" 的左乘或右乘来实现，本章不介绍这方面的内容. 有兴趣的读者请参阅其他高等代数教材.

2. 利用初等行变换求逆矩阵

用伴随矩阵法求 n 阶矩阵的逆矩阵是一种基本的方法，但是这种方法需要计算 n^2 个 $n-1$ 阶行列式. 当 n 较大时，它的计算量是很大的. 为了寻找其他的方法，我们把矩阵式的线性方程组 $AX = B$ 写成 $AX = EB$. 这样求解过程可记成如下形式

$$AX = EB \xrightarrow{\text{初等行变换}} EX = A^{-1}B$$

即当左边方程中的 A 变成右边方程中 E 的同时，左边方程中的 E 也就变成右边方程中的 A^{-1}. 这个事实不妨用如下的矩阵形式表示出来

$$(A \mid E) \xrightarrow{\text{初等行变换}} (E \mid A^{-1}).$$

也就是说，我们可以用初等行变换求得逆矩阵：在矩阵 A 的右边写上一个同阶的单位矩阵 E，构成一个 $n \times 2n$ 矩阵 $(A \mid E)$，用初等行变换将左半部分的 A 化成单位矩阵 E，与此同时，右半部分的 E 就被化成了 A^{-1}. 这样求逆矩阵的方法，我们称之为**初等行变换法**.

例8-38 求矩阵 $A = \begin{pmatrix} 1 & 2 & 3 \\ 1 & 3 & 4 \\ 1 & 4 & 4 \end{pmatrix}$ 的逆矩阵.

解

$$(A \mid E) = \begin{pmatrix} 1 & 2 & 3 & 1 & 0 & 0 \\ 1 & 3 & 4 & 0 & 1 & 0 \\ 1 & 4 & 4 & 0 & 0 & 1 \end{pmatrix} \xrightarrow[r_3 - r_1]{r_2 - r_1} \begin{pmatrix} 1 & 2 & 3 & 1 & 0 & 0 \\ 0 & 1 & 1 & -1 & 1 & 0 \\ 0 & 2 & 1 & -1 & 0 & 1 \end{pmatrix}$$

$$\xrightarrow{r_3 - 2r} \begin{pmatrix} 1 & 2 & 3 & 1 & 0 & 0 \\ 0 & 1 & 1 & -1 & 1 & 0 \\ 0 & 0 & -1 & 1 & -2 & 1 \end{pmatrix} \xrightarrow[r_1 + 3r_3]{r_2 + r_3} \begin{pmatrix} 1 & 2 & 0 & 4 & -6 & 3 \\ 0 & 1 & 0 & 0 & -1 & 1 \\ 0 & 0 & -1 & 1 & -2 & 1 \end{pmatrix}$$

$$\xrightarrow[(-1)r_3]{r_1 - 2r_2} \begin{pmatrix} 1 & 0 & 0 & 4 & -4 & 1 \\ 0 & 1 & 0 & 0 & -1 & 1 \\ 0 & 0 & 1 & -1 & 2 & -1 \end{pmatrix},$$

所以
$$A^{-1} = \begin{pmatrix} 4 & -4 & 1 \\ 0 & -1 & 1 \\ -1 & 2 & -1 \end{pmatrix}.$$

显然,我们也可以用上述的方法判定矩阵 A 是否可逆. 在对矩阵$(A \mid E)$进行初等行变换的过程中,如果$(A \mid E)$中的左半部分 A 出现零行,说明矩阵 A 的行列式 $\det A = 0$,则可判定 A 不可逆;如果$(A \mid E)$中的左半部分 A 被化成了单位矩阵 E,说明行列式 $\det A \neq 0$,则可判定矩阵 A 是可逆的,而且这个单位矩阵 E 右边的矩阵就是 A 的逆矩阵 A^{-1}.

例8-39 设矩阵 $A = \begin{pmatrix} -12 & -1 & 6 \\ 4 & 0 & 5 \\ -6 & -1 & 1 \end{pmatrix}$. 问 A 是否可逆? 若可逆,求逆矩阵 A^{-1}.

解 $(A \mid E) = \begin{pmatrix} -2 & -1 & 6 & 1 & 0 & 0 \\ 4 & 0 & 5 & 0 & 1 & 0 \\ -6 & -1 & 1 & 0 & 0 & 1 \end{pmatrix} \xrightarrow[r_3 + r_1 \times (-3)]{r_2 + r_1 \times 2} \begin{pmatrix} -2 & -1 & 6 & 1 & 0 & 0 \\ 0 & -2 & 17 & 2 & 1 & 0 \\ 0 & 2 & -17 & -3 & 0 & 1 \end{pmatrix}$

$$\xrightarrow{r_3 + r_2} \begin{pmatrix} -2 & -1 & 6 & 1 & 0 & 0 \\ 0 & -2 & 17 & 2 & 1 & 0 \\ 0 & 0 & 0 & -1 & 1 & 1 \end{pmatrix}.$$

因为(A/E)中的左边的矩阵 A 经过初等行变换后出现零行,所以矩阵 A 不可逆.

例8-40 求解矩阵方程 $AX = B$,其中

$$A = \begin{pmatrix} 1 & -1 & 2 \\ 2 & -3 & 5 \\ 3 & -2 & 4 \end{pmatrix}, \quad B = \begin{pmatrix} 1 & -1 \\ -2 & 3 \\ 5 & 4 \end{pmatrix}.$$

解 由矩阵方程 $AX = B$ 可知,如果矩阵 A 可逆,则在方程等号的两边同时左乘 A^{-1},可得 $A^{-1}AX = A^{-1}B, X = A^{-1}B$.

因此,先用初等行变换法判别 A 是否可逆,若可逆,则求出 A^{-1},然后计算 $A^{-1}B$ 求出 X.

因为

$$(A \mid E) = \begin{pmatrix} 1 & -1 & 2 & \vline & 1 & 0 & 0 \\ 2 & -3 & 5 & \vline & 0 & 1 & 0 \\ 3 & -2 & 4 & \vline & 0 & 0 & 1 \end{pmatrix} \xrightarrow[r_3 + r_1 \times (-3)]{r_2 + r_1 \times (-2)} \begin{pmatrix} 1 & -1 & 2 & \vline & 1 & 0 & 0 \\ 0 & -1 & 1 & \vline & -2 & 1 & 0 \\ 0 & 1 & -2 & \vline & -3 & 0 & 1 \end{pmatrix}$$

$$\xrightarrow[r_1 + r_2 \times (-1)]{r_3 + r_2} \begin{pmatrix} 1 & 0 & 1 & \vline & 3 & -1 & 0 \\ 0 & -1 & 1 & \vline & -2 & -2 & 0 \\ 0 & 0 & -1 & \vline & -5 & -5 & 1 \end{pmatrix} \xrightarrow[r_1 + r_3]{r_2 + r} \begin{pmatrix} 1 & 0 & 0 & \vline & -2 & 0 & 1 \\ 0 & -1 & 0 & \vline & -7 & 2 & 1 \\ 0 & 0 & -1 & \vline & -5 & 1 & 1 \end{pmatrix}$$

$$\xrightarrow[r_3 \times (-1)]{r_2 \times (-1)} \begin{pmatrix} 1 & 0 & 0 & \vline & -2 & 0 & 1 \\ 0 & 1 & 0 & \vline & 7 & -2 & 0 \\ 0 & 0 & 1 & \vline & 5 & -1 & 1 \end{pmatrix}.$$

所以 A 可逆,且 $A^{-1} = \begin{pmatrix} -2 & 0 & 1 \\ 7 & -2 & -1 \\ 5 & -1 & -1 \end{pmatrix}$,从而得

$$X = A^{-1}B = \begin{pmatrix} -2 & 0 & 1 \\ 7 & -2 & -1 \\ 5 & -1 & -1 \end{pmatrix} \begin{pmatrix} 1 & -1 \\ -2 & 3 \\ 5 & 4 \end{pmatrix} = \begin{pmatrix} 3 & 6 \\ 6 & -17 \\ 2 & -12 \end{pmatrix}.$$

注意:在解矩阵方程 $AX = B$ 时,如果矩阵 A 为可逆方阵,则在方程的两边同时左乘 A^{-1},相当于对 $(A \mid B)$ 施行初等行变换;当左侧 $A \rightarrow A^{-1}A = E$ 时,右侧的 $B \rightarrow A^{-1}B = X$;即此时右侧为矩阵方程的解 $A^{-1}B$.上面的例 8-40 若采用此法,将更为简洁.请读者自行计算.

3. 矩阵的秩

定义 8.10　矩阵 A 的非零子式(所谓 k 阶子式是指矩阵 A 中任取 k 行 k 列,按原来的位置顺序而得到的 k 阶行列式)的最高阶数 r 称为**矩阵 A 的秩**,记作 $R(A) = r$.

定义说明:若 $R(A) = r$,则 A 至少有一个取非零值的 r 阶子式,而任一 $r + 1$ 阶子式(如果存在的话)的值一定为零.

例 8-41　求矩阵 $A = \begin{pmatrix} 1 & -2 & 3 & 5 \\ 0 & 1 & 2 & 1 \\ 1 & -1 & 5 & 6 \end{pmatrix}$ 的秩.

解　因为 A 的二阶子式

$$\begin{vmatrix} 1 & -2 \\ 0 & 1 \end{vmatrix} \neq 0,$$

所以,A 的非零子式的最高阶数至少是 2. 即 $R(A) \geqslant 2$. A 共有 4 个三阶子式:

$$\begin{vmatrix} 1 & -2 & 3 \\ 0 & 1 & 2 \\ 1 & -1 & 5 \end{vmatrix} = 0, \quad \begin{vmatrix} 1 & -2 & 5 \\ 0 & 1 & 1 \\ 1 & -1 & 6 \end{vmatrix} = 0, \quad \begin{vmatrix} 1 & 3 & 5 \\ 0 & 2 & 1 \\ 1 & 5 & 6 \end{vmatrix} = 0, \quad \begin{vmatrix} -2 & 3 & 5 \\ 1 & 2 & 1 \\ -1 & 5 & 6 \end{vmatrix} = 0.$$

即所有三阶子式均为零,故 $R(A) = 2$.

五、利用初等行变换求矩阵的秩

按照定义 8.10 计算矩阵的秩,由于需要计算很多行列式,因此,一般是比较麻烦的.所以

只有当矩阵的零元素较多或其他特殊的矩阵时,才考虑用定义求.

为了求得矩阵的秩,下面先介绍阶梯形矩阵的概念.

定义 8.11 若一个矩阵满足下列三个条件:

(1)矩阵如果有零行(元素全部为零的行),则零行全部在非零行(元素不全为零的行)的下方;

(2)各非零行的第一个不为零的元素(称为首非零元)的下方均为零;

(3)各首非零元的列标随着行标的增大而依次增大.

则称这样的矩阵为阶梯形矩阵.

例 8-42

$$
\begin{pmatrix} 2 & -1 & 3 & 5 \\ 0 & 4 & 0 & 1 \\ 0 & 0 & 0 & -3 \\ 0 & 0 & 0 & 0 \\ 0 & 0 & 0 & 0 \end{pmatrix},\
\begin{pmatrix} 2 & 0 & -1 & 3 & 5 \\ 0 & 0 & 4 & 0 & 1 \\ 0 & 0 & 0 & 0 & 0 \end{pmatrix},\
\begin{pmatrix} -1 & 3 & 5 \\ 0 & 4 & -1 \\ 0 & 0 & 2 \end{pmatrix}
$$

都是阶梯形矩阵.

定义 8.12 若一个阶梯形矩阵满足下列两个条件:

(1)首非零元均为1;

(2)首非零元1所在列的其他元素均为零.

则称这个阶梯形矩阵为标准阶梯形矩阵.

例如,$\begin{pmatrix} 1 & 0 & 0 & 0 \\ 0 & 1 & 0 & -3 \\ 0 & 0 & 1 & 5 \end{pmatrix}$,$\begin{pmatrix} 1 & -2 & 0 & 5 & 3 \\ 0 & 0 & 1 & -13 & -1 \\ 0 & 0 & 0 & 0 & 0 \end{pmatrix}$ 都是标准阶梯形矩阵.

标准阶梯形矩阵当然是阶梯形矩阵,反之不然.

我们可以通过初等行变换把矩阵变换为阶梯形矩阵,并进一步变换标准阶梯形矩阵.

例 8-43 把 $A = \begin{pmatrix} 0 & 3 & 0 & 0 & 1 \\ 3 & 0 & 6 & -1 & 1 \\ 2 & -2 & 4 & -2 & 0 \\ 1 & -1 & 2 & 1 & 0 \end{pmatrix}$ 化为标准阶梯矩阵.

$$
A = \begin{pmatrix} 0 & 3 & 0 & 0 & 1 \\ 3 & 0 & 6 & -1 & 1 \\ 2 & -2 & 4 & -2 & 0 \\ 1 & -1 & 2 & 1 & 0 \end{pmatrix} \xrightarrow{r_1 \leftrightarrow r_4} \begin{pmatrix} 1 & -1 & 2 & 1 & 0 \\ 3 & 0 & 6 & -1 & 1 \\ 2 & -2 & 4 & -2 & 0 \\ 0 & 3 & 0 & 0 & 1 \end{pmatrix}
$$

$$
\xrightarrow[r_3 + r_1 \times (-2)]{r_2 + r_1 \times (-3)} \begin{pmatrix} 1 & -1 & 2 & 1 & 0 \\ 0 & 3 & 0 & -4 & 1 \\ 0 & 0 & 0 & -4 & 0 \\ 0 & 3 & 0 & 0 & 1 \end{pmatrix} \xrightarrow{r_4 + r_2 \times (-1)} \begin{pmatrix} 1 & -1 & 2 & 1 & 0 \\ 0 & 3 & 0 & -4 & 1 \\ 0 & 0 & 0 & -4 & 0 \\ 0 & 0 & 0 & 4 & 0 \end{pmatrix}
$$

$$\xrightarrow[r_4+r_3]{}
\begin{pmatrix} 1 & -1 & 2 & 1 & 0 \\ 0 & 3 & 0 & -4 & 1 \\ 0 & 0 & 0 & -4 & 0 \\ 0 & 0 & 0 & 0 & 0 \end{pmatrix}
\xrightarrow[\ r_1+r_3\times\frac{1}{4}\ ]{r_2+r_3\times(-1)}
\begin{pmatrix} 1 & -1 & 2 & 0 & 0 \\ 0 & 3 & 0 & 0 & 1 \\ 0 & 0 & 0 & -4 & 0 \\ 0 & 0 & 0 & 0 & 0 \end{pmatrix}$$

$$\xrightarrow[r_3\times\left(-\frac{1}{4}\right)]{r_2\times\frac{1}{3}}
\begin{pmatrix} 1 & -1 & 2 & 0 & 0 \\ 0 & 1 & 0 & 0 & \frac{1}{3} \\ 0 & 0 & 0 & 1 & 0 \\ 0 & 0 & 0 & 0 & 0 \end{pmatrix}
\xrightarrow[]{r_1+r_2}
\begin{pmatrix} 1 & 0 & 2 & 0 & \frac{1}{3} \\ 0 & 1 & 0 & 0 & \frac{1}{3} \\ 0 & 0 & 0 & 1 & 0 \\ 0 & 0 & 0 & 0 & 0 \end{pmatrix}.$$

其中,倒数第四个矩阵及后面的每一个矩阵即为阶梯形矩阵,倒数第一个矩阵即为标准阶梯形矩阵.

容易发现,经过初等行变换后,矩阵的元素发生了变化,但是无论怎样实施变换,最后所得的阶梯形的非零行的行数(或者说阶梯形的"层数")是保持不变的.

定义 8.13 矩阵 A 经过初等行变换后所得阶梯形的非零行的行数 r 称为矩阵的秩,记为 $R(A)=r$(或记为 $r(A)=r$).

如果矩阵的秩等于矩阵的行数,称这个矩阵是行满秩的.

定义 8.14 设 A 是 n 阶矩阵,若 $r(A)=n$,则称 A 为满秩矩阵.

显然,矩阵 A 满秩和矩阵 A 可逆的定义是相当的.

例如,矩阵

$$A=\begin{pmatrix} -1 & 3 & 5 \\ 0 & 4 & -1 \\ 0 & 0 & 2 \end{pmatrix},$$

$$E_n=\begin{pmatrix} 1 & 0 & \cdots & 0 \\ 0 & 1 & \cdots & 0 \\ \vdots & \vdots & & \vdots \\ 0 & 0 & \cdots & 1 \end{pmatrix}$$

是可逆的,也可以说是满秩.

如例 8-43 所得的阶梯形的非零行的行数 r 为 3,则矩阵 A 的秩即为 3,即 $R(A)=3$.

又如 $A=\begin{pmatrix} 1 & 0 & 0 & 0 \\ 0 & 1 & 0 & -3 \\ 0 & 0 & 1 & 5 \end{pmatrix}$的秩 $R(A)=3$.也可以说矩阵 A 是行满秩的.

显然,零矩阵 O 的秩为零,即 $R(O)=0$.

以上说明,初等行变换不改变矩阵的秩.这就是说,我们可以通过初等行变换来求得矩阵的秩.

例 8-44 求矩阵 A 的秩.

$$A = \begin{pmatrix} 2 & -4 & 4 & 10 & -4 \\ 0 & 1 & -1 & 3 & 1 \\ 1 & -2 & 1 & -4 & 2 \\ 4 & -7 & 4 & -4 & 5 \end{pmatrix}$$

解

$$A = \begin{pmatrix} 2 & -4 & 4 & 10 & -4 \\ 0 & 1 & -1 & 3 & 1 \\ 1 & -2 & 1 & -4 & 2 \\ 4 & -7 & 4 & -4 & 5 \end{pmatrix} \xrightarrow{r_1 \leftrightarrow r_3} \begin{pmatrix} 1 & -2 & 1 & -4 & 2 \\ 0 & 1 & -1 & 3 & 1 \\ 2 & -4 & 4 & 10 & -4 \\ 4 & -7 & 4 & -14 & 5 \end{pmatrix}$$

$$\xrightarrow[r_4 + r_1 \times (-4)]{r_3 + r_1 \times (-2)} \begin{pmatrix} 1 & -2 & 1 & -4 & 2 \\ 0 & 1 & -1 & 3 & 1 \\ 0 & 0 & 2 & 18 & -8 \\ 0 & 1 & 0 & 12 & -3 \end{pmatrix} \xrightarrow{r_4 + r_2 \times (-1)} \begin{pmatrix} 1 & -2 & 1 & -4 & 2 \\ 0 & 1 & -1 & 3 & 1 \\ 0 & 0 & 2 & 18 & -8 \\ 0 & 0 & 1 & 9 & -4 \end{pmatrix}$$

$$\xrightarrow{r_4 + r_3 \times \left(-\frac{1}{2}\right)} \begin{pmatrix} 1 & -2 & 1 & 4 & 2 \\ 0 & 1 & -1 & 3 & 1 \\ 0 & 0 & 2 & 18 & -8 \\ 0 & 0 & 0 & 0 & 0 \end{pmatrix}.$$

所以，$R(A) = 3$.

例 8-45 设矩阵

$$A = \begin{pmatrix} 2 & 0 & 5 & 2 \\ -2 & 4 & 1 & 0 \end{pmatrix}, B = \begin{pmatrix} -1 & 1 & 4 & 0 \\ 3 & -2 & 5 & -3 \\ 2 & 0 & -6 & 4 \\ 0 & 1 & 1 & 2 \end{pmatrix},$$

求 $R(A), R(B), R(AB)$.

解 因为 $A = \begin{pmatrix} 2 & 0 & 5 & 2 \\ -2 & 4 & 1 & 0 \end{pmatrix} \xrightarrow{r_2 + r_1} \begin{pmatrix} 2 & 0 & 5 & 2 \\ 0 & 4 & 6 & 2 \end{pmatrix}$,

所以 $R(A) = 2$.

$$B = \begin{pmatrix} -1 & 1 & 4 & 0 \\ 3 & -2 & 5 & -3 \\ 2 & 0 & -6 & 4 \\ 0 & 1 & 1 & 2 \end{pmatrix} \xrightarrow[r_3 + r_1 \times 2]{r_2 + r_1 \times 3} \begin{pmatrix} -1 & 1 & 4 & 0 \\ 0 & 1 & 17 & -3 \\ 0 & 2 & 2 & 4 \\ 0 & 1 & 1 & 2 \end{pmatrix} \xrightarrow{r_4 + r_3 \times \left(-\frac{1}{2}\right)} \begin{pmatrix} -1 & 1 & 4 & 0 \\ 0 & 1 & 17 & -3 \\ 0 & 2 & 2 & 4 \\ 0 & 0 & 0 & 0 \end{pmatrix}$$

$$\xrightarrow{r_3 + r_2 \times (-2)} \begin{pmatrix} -1 & 1 & 4 & 0 \\ 0 & 1 & 17 & -3 \\ 0 & 0 & -32 & 10 \\ 0 & 0 & 0 & 0 \end{pmatrix},$$

所以 $R(B) = 3$.

因为 $AB = \begin{pmatrix} 2 & 0 & 5 & 2 \\ -2 & 4 & 1 & 0 \end{pmatrix} \begin{pmatrix} -1 & 1 & 4 & 0 \\ 3 & -2 & 5 & -3 \\ 2 & 0 & -6 & 4 \\ 0 & 1 & 1 & 2 \end{pmatrix} = \begin{pmatrix} 8 & 4 & -20 & 24 \\ 16 & -10 & 6 & -8 \end{pmatrix}$

$AB = \begin{pmatrix} 8 & 4 & -20 & 24 \\ 16 & -10 & 6 & -8 \end{pmatrix} \xrightarrow{r_2 + r_1 \times (-2)} \begin{pmatrix} 8 & 4 & -20 & 24 \\ 0 & -18 & 46 & -56 \end{pmatrix}$,

所以 $R(AB) = 2$.

由例 8-45 可知,矩阵乘积 AB 的秩不大于每个矩阵 A,B 的秩. 即 $R(AB) \leqslant \min\{R(A), R(B)\}$.

注:本教材只介绍利用初等行变换求得矩阵的秩. 实际上也可以用初等列变换求得矩阵的秩,也可以对矩阵既用初等行变换又用初等列变换求得矩阵的秩.

习题8.2

1. 设矩阵 A 的 (i,j) 元 a_{ij} 定义为 $a_{ij} = 2i + j - 1, i = 1,2,3, j = 1,2$,试写出矩阵 A.

2. 设 $\begin{bmatrix} x+y & u+v \\ u & x-y \end{bmatrix} = \begin{bmatrix} 3 & 2 \\ 4 & 7 \end{bmatrix}$,求 x, y, u, v 的值.

3. 设 $A = \begin{pmatrix} 4 & 3 & 2 & 1 \\ 0 & -1 & 5 & 2 \\ 2 & 3 & 1 & 0 \end{pmatrix}, B = \begin{pmatrix} 8 & 7 & 6 & 5 \\ 4 & 1 & 2 & 0 \\ 0 & -3 & 2 & 5 \end{pmatrix}$,求 $A + B, 2A + 3B$.

4. 求 $(1 \quad 2 \quad 3) \begin{pmatrix} 3 \\ 2 \\ 1 \end{pmatrix}$.

5. 求 $\begin{pmatrix} 1 \\ -1 \\ -1 \end{pmatrix} (2 \quad 3 \quad 1)$.

6. 已知 $A = \begin{pmatrix} \dfrac{1}{2} & \dfrac{1}{2} \\ \dfrac{1}{2} & \dfrac{1}{2} \end{pmatrix}, B = \begin{pmatrix} \dfrac{1}{2} & -\dfrac{1}{2} \\ -\dfrac{1}{2} & \dfrac{1}{2} \end{pmatrix}$,计算 AB, A^2.

7. 求 $\begin{pmatrix} 2 & 1 & 4 & 0 \\ 1 & -1 & 3 & 4 \end{pmatrix} \begin{pmatrix} 1 & 3 & 1 \\ 0 & -1 & 2 \\ 1 & -3 & 1 \\ 4 & 0 & -2 \end{pmatrix}$.

8. 设 $A = \begin{pmatrix} 1 & 0 & 1 \\ 0 & 1 & 0 \\ 0 & 0 & 1 \end{pmatrix}$,求 A^n.

9. 求矩阵 $\begin{pmatrix} 0 & 1 & 0 \\ 1 & 0 & 1 \\ 0 & 0 & -30 \end{pmatrix}$ 的伴随矩阵.

10. 求下列各矩阵的逆矩阵：

(1) $\begin{pmatrix} 3 & 4 & 2 \\ 2 & 1 & 3 \\ 1 & 1 & 1 \end{pmatrix}$; (2) $\begin{pmatrix} 2 & 0 & 1 \\ 0 & 1 & 2 \\ 1 & 1 & 3 \end{pmatrix}$; (3) $\begin{pmatrix} 1 & -2 & -5 \\ -3 & 5 & 10 \\ 2 & -3 & -6 \end{pmatrix}$.

11. 用逆矩阵解下列线性方程组：

(1) $\begin{cases} -x_1 + x_2 - x_3 = 0, \\ x_1 + 2x_3 = 3, \\ x_2 + 2x_3 = 0; \end{cases}$ (2) $\begin{cases} 2x_1 + 2x_2 + x_3 = 5, \\ 3x_1 + x_2 + 5x_3 = 0, \\ 3x_1 + 2x_2 + 3x_3 = 4. \end{cases}$

12. 求满足下列方程的矩阵 X：

(1) $\begin{pmatrix} 1 & -2 & 0 \\ 1 & -2 & -1 \\ -3 & 5 & 2 \end{pmatrix} X = \begin{pmatrix} -1 & 4 \\ 2 & 5 \\ 1 & -3 \end{pmatrix}$;

(2) $\begin{pmatrix} 1 & 4 \\ -1 & 2 \end{pmatrix} X \begin{pmatrix} 2 & 0 \\ -1 & 1 \end{pmatrix} = \begin{pmatrix} 3 & 1 \\ 0 & -1 \end{pmatrix}$.

13. 用初等变换求下列矩阵的逆矩阵：

(1) $\begin{pmatrix} 1 & 0 & 1 \\ 0 & 1 & -2 \\ -1 & 3 & -6 \end{pmatrix}$; (2) $\begin{pmatrix} 2 & 1 & 0 & 0 \\ 3 & 2 & 0 & 0 \\ 5 & 7 & 1 & 8 \\ -1 & -3 & -1 & -6 \end{pmatrix}$.

14. 求下列矩阵的秩：

(1) $\begin{pmatrix} 1 & 2 & -3 \\ -1 & -3 & 4 \\ 1 & 1 & -2 \end{pmatrix}$; (2) $\begin{pmatrix} 4 & 1 & -1 & 2 \\ -2 & 2 & 8 & 14 \\ 1 & -2 & -7 & -13 \end{pmatrix}$; (3) $\begin{pmatrix} 1 & 3 & 2 \\ -2 & -1 & 1 \\ 2 & -1 & -3 \\ 3 & 5 & 4 \\ 1 & -3 & -2 \end{pmatrix}$.

第三节　线性方程组

在工程技术和工程管理中有许多问题经常可以归结为线性方程组类型的数学模型，这些模型中方程和未知量个数常常有多个，而且方程个数与未知量个数也不一定相同．那么，这样的线性方程组是否有解呢？如果有解，解是否唯一？若解不唯一，解的结构如何呢？这就是下面要讨论的问题．

一、线性方程组的一般解法

1. 线性方程组

设含有 n 个未知量、m 个方程式组成的方程组

$$\begin{cases} a_{11}x_1 + a_{12}x_2 + \cdots + a_{1n}x_n = b_1, \\ a_{21}x_1 + a_{22}x_2 + \cdots + a_{2n}x_n = b_2, \\ \qquad\qquad\qquad \vdots \\ a_{m1}x_1 + a_{m2}x_2 + \cdots + a_{mn}x_n = b_m. \end{cases}$$

其中系数 a_{ij}、常数 b_j 都是已知数，x_i 是未知量（也称为未知数）. 当右端常数项 b_1，b_2，$\cdots$，b_m 不全为 0 时，称方程组为**非齐次线性方程组**；当 $b_1 = b_2 = \cdots = b_m = 0$ 时，即

$$\begin{cases} a_{11}x_1 + a_{12}x_2 + \cdots + a_{1n}x_n = 0, \\ a_{21}x_1 + a_{22}x_2 + \cdots + a_{2n}x_n = 0, \\ \qquad\qquad\qquad \vdots \\ a_{m1}x_1 + a_{m2}x_2 + \cdots + a_{mn}x_n = 0. \end{cases}$$

称为**齐次线性方程组**.

由 n 个数 k_1，k_2，$\cdots$，k_n 组成的一个有序数组 $(k_1, k_2, \cdots, k_n)$，如果将它们依次代入方程组中的 $x_1, x_2, \cdots, x_n$ 后，方程组中的每个方程都变成恒等式，则称这个有序数组 $(k_1, k_2, \cdots, k_n)$ 为方程组的一个解. 显然由 $x_1 = 0$，$x_2 = 0$，$\cdots$，$x_n = 0$ 组成的有序数组 $(0, 0, \cdots, 0)$ 是齐次线性方程组的一个解，称为齐次线性方程组的零解，而当齐次线性方程组的未知量取值不全为零时，称之为非零解. 首先，我们先给出线性方程组的矩阵表示形式，以便更简洁地讨论线性方程组的解的情况.

非齐次线性方程组的矩阵表示形式为：

$$AX = B,$$

其中

$$A = \begin{pmatrix} a_{11} & a_{12} & \cdots & a_{1n} \\ a_{21} & a_{22} & \cdots & a_{2n} \\ \vdots & \vdots & & \vdots \\ a_{m1} & a_{m2} & \cdots & a_{mn} \end{pmatrix}, X = \begin{pmatrix} x_1 \\ x_2 \\ \vdots \\ x_n \end{pmatrix}, B = \begin{pmatrix} b_1 \\ b_2 \\ \vdots \\ b_m \end{pmatrix}.$$

称 A 为方程组的系数矩阵，X 为未知矩阵，B 为常数矩阵. 将系数矩阵 A 和常数矩阵 B 放在一起构成的矩阵

$$(A \mid B) = \begin{pmatrix} a_{11} & a_{12} & \cdots & a_{1n} & b_1 \\ a_{21} & a_{22} & \cdots & a_{2n} & b_2 \\ \vdots & \vdots & & \vdots & \vdots \\ a_{m1} & a_{m2} & \cdots & a_{mn} & b_m \end{pmatrix}$$

称为方程组的**增广矩阵**，记为 $\overline{A}$.

齐次线性方程组的矩阵表示形式为：$AX = O$.

2. 高斯消元法

定理 8.2　若用初等行变换将增广矩阵 $(A \mid B)$ 化为 $(C \mid D)$ 则 $AX = B$ 与 $CX = D$ 是同解方程组.

由定理 8.2 可知，求线性方程组的解，可以利用初等行变换将其增广矩阵 $(A \mid B)$ 化简成

为标准阶梯形矩阵.从而求出原方程组的解.这种方法叫**高斯消元法.**

注意:如果是齐次线性方程组,只需对其系数矩阵进行初等行变换.

例 8-46　求解线性方程组

$$\begin{cases} 2x_1 + x_2 + x_3 = 2, \\ x_1 + 3x_2 + x_3 = 5, \\ x_1 + x_2 + 5x_3 = -7, \\ 2x_1 + 3x_2 - 3x_3 = 14. \end{cases}$$

解

$$\overline{A} = \begin{pmatrix} 2 & 1 & 1 & 2 \\ 1 & 3 & 1 & 5 \\ 1 & 1 & 5 & -7 \\ 2 & 3 & -3 & 14 \end{pmatrix} \xrightarrow{r_1 \leftrightarrow r_2} \begin{pmatrix} 1 & 3 & 1 & 5 \\ 2 & 1 & 1 & 2 \\ 1 & 1 & 5 & -7 \\ 2 & 3 & -3 & 14 \end{pmatrix} \xrightarrow[\substack{r_3 + r_1 \times (-1) \\ r_4 + r_1 \times (-2)}]{r_2 + r_1 \times (-2)} \begin{pmatrix} 1 & 3 & 1 & 5 \\ 0 & -5 & -1 & -8 \\ 0 & -2 & 4 & -12 \\ 0 & -3 & -5 & 4 \end{pmatrix}$$

$$\xrightarrow[r_2 \leftrightarrow r_3]{\left(-\frac{1}{2}\right) \times r_3} \begin{pmatrix} 1 & 3 & 1 & 5 \\ 0 & 1 & -2 & 6 \\ 0 & -5 & -1 & -8 \\ 0 & -3 & -5 & 4 \end{pmatrix} \xrightarrow[r_4 + 3r_3]{r_3 + 5r_2} \begin{pmatrix} 1 & 3 & 1 & 5 \\ 0 & 1 & -2 & 6 \\ 0 & 0 & -11 & 22 \\ 0 & 0 & -11 & 22 \end{pmatrix} \xrightarrow[r_3 \times \left(-\frac{1}{11}\right)]{r_4 + r_3 \times (-1)} \begin{pmatrix} 1 & 3 & 1 & 5 \\ 0 & 1 & -2 & 6 \\ 0 & 0 & 1 & -2 \\ 0 & 0 & 0 & 0 \end{pmatrix}$$

$$\xrightarrow[r_1 + r_3 \times (-1)]{r_2 + 2r_3} \begin{pmatrix} 1 & 3 & 0 & 7 \\ 0 & 1 & 0 & 2 \\ 0 & 0 & 1 & -2 \\ 0 & 0 & 0 & 0 \end{pmatrix} \xrightarrow{r_1 - 3r_2} \begin{pmatrix} 1 & 0 & 0 & 1 \\ 0 & 1 & 0 & 2 \\ 0 & 0 & 1 & -2 \\ 0 & 0 & 0 & 0 \end{pmatrix}, \text{所求解为} \begin{cases} x_1 = 1, \\ x_2 = 2, \\ x_3 = -2. \end{cases}$$

注:从上面倒数第三个矩阵开始都是阶梯形矩阵,在此之前的变换相当于消元的过程,之后的变换相当于回代的过程.

例 8-47　求解线性方程组

$$\begin{cases} 2x_1 - 2x_2 + 6x_3 = 2, \\ x_1 + x_2 + x_3 = 3, \\ x_1 - x_2 + 3x_3 = 1. \end{cases}$$

解

$$\overline{A} = \begin{pmatrix} 2 & -2 & 6 & 2 \\ 1 & 1 & 1 & 3 \\ 1 & -1 & 3 & 1 \end{pmatrix} \xrightarrow{r_1 \leftrightarrow r_2} \begin{pmatrix} 1 & 1 & 1 & 3 \\ 2 & -2 & 6 & 2 \\ 1 & -1 & 3 & 1 \end{pmatrix} \xrightarrow[r_3 + (-1)r_1]{r_2 + (-2)r_1} \begin{pmatrix} 1 & 1 & 1 & 3 \\ 0 & -4 & 4 & -4 \\ 0 & -2 & 2 & -2 \end{pmatrix} \xrightarrow[-\frac{1}{2}r_3]{-\frac{1}{4}r_2}$$

$$\begin{pmatrix} 1 & 1 & 1 & 3 \\ 0 & 1 & -1 & 1 \\ 0 & 1 & -1 & 1 \end{pmatrix} \xrightarrow[r_1 + (-1)r_2]{r_3 + (-1)r_2} \begin{pmatrix} 1 & 0 & 2 & 2 \\ 0 & 1 & -1 & 1 \\ 0 & 0 & 0 & 0 \end{pmatrix}.$$

即与原方程组同解的方程

$$\begin{cases} x_1 + 2x_2 = 2, \\ x_2 - x_3 = 1. \end{cases}$$

则原方程组的全部解为

$$\begin{cases} x_1 = 2 - 2C, \\ x_2 = 1 + C, \quad (C \text{ 为任意常数}) \\ x_3 = C. \end{cases}$$

注意:

(1)高斯消元法实质上是对增广矩阵做初等的行变换(只允许做变行换).其目标是把矩阵变换成"标准阶梯形矩阵"

(2)"标准阶梯对角"以外的未知量即为"自由未知量"

二、线性方程组解的判定

设线性方程组为

$$\begin{cases} a_{11}x_1 + a_{12}x_2 + \cdots + a_{1n}x_n = b_1, \\ a_{21}x_1 + a_{22}x_2 + \cdots + a_{2n}x_n = b_2, \\ \quad\quad\quad\quad\quad \vdots \\ a_{m1}x_1 + a_{m2}x_2 + \cdots + a_{mn}x_n = b_m. \end{cases}$$

定理 8.3(线性方程组有解判别定理) 线性方程组有解的充要条件为它的系数矩阵与增广矩阵有相同的秩,即 $R(\boldsymbol{A}) = R(\overline{\boldsymbol{A}})$;否则无解.

例 8-48 求解线性方程组 $\begin{cases} -x_1 + x_2 + x_3 = 1, \\ x_1 - x_2 + x_3 = -1, \\ x_1 + x_2 - x_3 = 1. \end{cases}$

解

$$\overline{\boldsymbol{A}} = \begin{pmatrix} -1 & 1 & 1 & 1 \\ 1 & -1 & 1 & -1 \\ 1 & 1 & -1 & 1 \end{pmatrix} \xrightarrow[r_3 + r_1]{r_2 + r_1} \begin{pmatrix} -1 & 1 & 1 & 1 \\ 0 & 0 & 2 & 0 \\ 0 & 2 & 0 & 2 \end{pmatrix} \xrightarrow{r_2 \leftrightarrow r_3} \begin{pmatrix} -1 & 1 & 1 & 1 \\ 0 & 2 & 0 & 2 \\ 0 & 0 & 2 & 0 \end{pmatrix}$$

$$\xrightarrow[r_1 \times (-1)]{\substack{r_2 \times \frac{1}{2} \\ r_3 \times \frac{1}{2}}} \begin{pmatrix} 1 & -1 & -1 & -1 \\ 0 & 1 & 0 & 1 \\ 0 & 0 & 1 & 0 \end{pmatrix} \xrightarrow[r_1 + r_3]{r_1 + r_2} \begin{pmatrix} 1 & 0 & 0 & 0 \\ 0 & 1 & 0 & 1 \\ 0 & 0 & 1 & 0 \end{pmatrix}.$$

即 $\begin{cases} x_1 = 0, \\ x_2 = 1, \\ x_3 = 0. \end{cases}$

例 8-49 求解线性方程组 $\begin{cases} x_1 + x_2 + 2x_3 = 1, \\ x_2 + x_3 = 1, \\ x_1 + x_2 + 2x_3 = 1. \end{cases}$

解

$$\overline{A} = \begin{pmatrix} 1 & 1 & 2 & 1 \\ 0 & 1 & 1 & 1 \\ 1 & 1 & 2 & 1 \end{pmatrix} \xrightarrow{r_3 + r_1 \times (-1)} \begin{pmatrix} 1 & 1 & 2 & 1 \\ 0 & 1 & 1 & 1 \\ 0 & 0 & 0 & 0 \end{pmatrix} \xrightarrow{r_1 + r_2 \times (-1)} \begin{pmatrix} 1 & 0 & 1 & 0 \\ 0 & 1 & 1 & 1 \\ 0 & 0 & 0 & 0 \end{pmatrix}.$$

即 $\begin{cases} x_1 + x_3 = 0, \\ x_2 + x_3 = 1, \end{cases}$

所以 $\begin{cases} x_1 = 0 - x_3, \\ x_2 = 1 - x_3, \end{cases}$ 得 $\begin{cases} x_1 = -C, \\ x_2 = 1 - C, \\ x_3 = C. \end{cases}$ （C 为任意常数）.

例 8-50 求解线性方程组 $\begin{cases} -2x_1 + x_2 + x_3 = 1, \\ x_1 - 2x_2 + x_3 = -2, \\ x_1 + x_2 - 2x_3 = 4. \end{cases}$

解

$$\overline{A} = \begin{pmatrix} -2 & 1 & 1 & 1 \\ 1 & -2 & 1 & -2 \\ 1 & 1 & -2 & 4 \end{pmatrix} \xrightarrow{r_1 \leftrightarrow r_3} \begin{pmatrix} 1 & 1 & -2 & 4 \\ 1 & -2 & 1 & -2 \\ -2 & 1 & 1 & 1 \end{pmatrix} \xrightarrow[r_3 + r_1 \times 2]{r_2 + r_1 \times (-1)} \begin{pmatrix} 1 & 1 & -2 & 4 \\ 0 & -3 & 3 & -6 \\ 0 & 3 & -3 & 9 \end{pmatrix}$$

$$\xrightarrow[r_1 + r_2 \times \frac{1}{3}]{r_3 + r_2} \begin{pmatrix} 1 & 0 & -1 & 0 \\ 0 & -3 & 3 & -6 \\ 0 & 0 & 0 & 3 \end{pmatrix} \xrightarrow[r_3 \times \frac{1}{3}]{r_2 \times \frac{1}{3}} \begin{pmatrix} 1 & 0 & -1 & 0 \\ 0 & -1 & 1 & 0 \\ 0 & 0 & 0 & 1 \end{pmatrix},$$

即

$$\begin{cases} x_1 - x_3 = 0, \\ -x_2 + x_3 = 0, \\ 0 = 1 （矛盾方程）. \end{cases}$$

因为 $R(A) = 2 < R(\overline{A}) = 3$，即 $R(A) \neq R(\overline{A})$.

所以无解.

综上得，n 元非齐次线性方程组解的判断

$$\begin{cases} R(A) \neq R(\overline{A}), 无解; \\ R(A) = R(\overline{A}) \begin{cases} R(A) = R(\overline{A}) = n, 唯一解, \\ R(A) = R(\overline{A}) < n, 无穷多解. \end{cases} \end{cases}$$

对于 n 元齐次线性方程组，恒有 $R(A) = R(\overline{A})$，方程组至少有零解，所以 n 元齐次线性方程组解的判定 $\begin{cases} R(A) = R(\overline{A}) = n, 唯一零解, \\ R(A) = R(\overline{A}) < n, 无穷多解（非零解）. \end{cases}$

例 8-51 求解线性方程组 $\begin{cases} x_1 + x_2 + x_3 = 0, \\ x_1 - 2x_2 + x_3 = 0, \\ x_1 + x_2 - 2x_3 = 0. \end{cases}$

解

$$A = \begin{pmatrix} 1 & 1 & 1 \\ 1 & -2 & 1 \\ 1 & 1 & -2 \end{pmatrix} \xrightarrow[r_3 + r_1 \times (-1)]{r_2 + r_1 \times (-1)} \begin{pmatrix} 1 & 1 & 1 \\ 0 & -3 & 0 \\ 0 & 0 & -3 \end{pmatrix} \xrightarrow[r_3 \times \left(-\frac{1}{3}\right)]{r_2 \times \left(-\frac{1}{3}\right)} \begin{pmatrix} 1 & 1 & 1 \\ 0 & 1 & 0 \\ 0 & 0 & 1 \end{pmatrix}$$

$$\xrightarrow[r_1 + r_3 \times (-1)]{r_1 + r_2 \times (-1)} \begin{pmatrix} 1 & 0 & 0 \\ 0 & 1 & 0 \\ 0 & 0 & 1 \end{pmatrix},$$

即

$$\begin{cases} x_1 = 0, \\ x_2 = 0, \\ x_3 = 0. \end{cases}$$

注:对于齐次线性方程组,只需列出系数矩阵 A 进行解的讨论.

例 8-52 求解线性方程组 $\begin{cases} x_1 + x_2 - 2x_3 = 0, \\ x_1 - 2x_2 + x_3 = 0, \\ -2x_1 + x_2 + x_3 = 0. \end{cases}$

解

$$A = \begin{pmatrix} 1 & 1 & -2 \\ 1 & -2 & 1 \\ -2 & 1 & 1 \end{pmatrix} \xrightarrow[r_3 + r_1 \times 2]{r_2 + r_1 \times (-1)} \begin{pmatrix} 1 & 1 & -2 \\ 0 & -3 & 3 \\ 0 & 3 & -3 \end{pmatrix} \xrightarrow[r_3 + r_2]{r_1 + r_2 \times \left(-\frac{1}{3}\right)} \begin{pmatrix} 1 & 0 & -1 \\ 0 & -3 & 3 \\ 0 & 0 & 0 \end{pmatrix}$$

$$\xrightarrow{r_2 \times \left(-\frac{1}{3}\right)} \begin{pmatrix} 1 & 0 & -1 \\ 0 & 1 & -1 \\ 0 & 0 & 0 \end{pmatrix},$$

即

$$\begin{cases} x_1 = C, \\ x_2 = C, (C \text{ 为任意常数}) \\ x_3 = C. \end{cases}$$

例 8-53 设有线性方程组 $\begin{cases} \lambda x_1 + x_2 + x_3 = 1, \\ x_1 + \lambda x_2 + x_3 = \lambda, \\ x_1 + x_2 + \lambda x_3 = \lambda^2. \end{cases}$ 问 λ 取何值时,有无穷多个解? 有唯一解?

无解?

解 对增广矩阵 $\overline{A} = (A B)$ 做初等行变换,

$$\overline{A} = \begin{pmatrix} \lambda & 1 & 1 & 1 \\ 1 & \lambda & 1 & \lambda \\ 1 & 1 & \lambda & \lambda^2 \end{pmatrix} \xrightarrow{r_1 \leftrightarrow r_3} \begin{pmatrix} 1 & 1 & \lambda & \lambda^2 \\ 1 & \lambda & 1 & \lambda \\ \lambda & 1 & 1 & 1 \end{pmatrix} \xrightarrow[r_3 + r_1 \times (-\lambda)]{r_2 + r_1 \times (-1)} \begin{pmatrix} 1 & 1 & \lambda & \lambda^2 \\ 0 & \lambda-1 & 1-\lambda & \lambda-\lambda^2 \\ 0 & 1-\lambda & 1-\lambda^2 & 1-\lambda^3 \end{pmatrix}$$

$$\xrightarrow{r_3 + r_2} \begin{pmatrix} 1 & 1 & \lambda & \lambda^2 \\ 0 & \lambda-1 & 1-\lambda & \lambda(1-\lambda) \\ 0 & 0 & (1-\lambda)(2+\lambda) & (1-\lambda)(1+\lambda)^2 \end{pmatrix}.$$

（1）当 $\lambda = 1$ 时，

$$\overline{A} \sim \begin{pmatrix} 1 & 1 & 1 & 1 \\ 0 & 0 & 0 & 0 \\ 0 & 0 & 0 & 0 \end{pmatrix},$$

$$R(A) = R(\overline{A}) < 3.$$

其解为

$$\begin{cases} x_1 = 1 - x_2 - x_3, \\ x_2 = x_2, (x_2, x_3 \text{ 为任意实数}) \\ x_3 = x_3. \end{cases}$$

（2）当 $\lambda \neq 1$ 时，

$$\overline{A} \sim \begin{pmatrix} 1 & 1 & \lambda & \lambda^2 \\ 0 & 1 & -1 & -\lambda \\ 0 & 0 & 2+\lambda & (1+\lambda)^2 \end{pmatrix}.$$

这时又分两种情形：

① $\lambda \neq -2$ 时，$R(A) = R(\overline{A}) = 3$，方程组有唯一解：

$$x_1 = -\frac{\lambda+1}{\lambda+2}, \quad x_2 = \frac{1}{\lambda+2}, \quad x_3 = \frac{(\lambda+1)^2}{\lambda+2}.$$

② $\lambda = -2$ 时，

$$\overline{A} \sim \begin{pmatrix} 1 & 1 & -2 & 4 \\ 0 & -3 & 3 & -6 \\ 0 & 0 & 0 & 3 \end{pmatrix}.$$

$R(A) \neq R(\overline{A})$，故方程组无解.

综上，$\lambda = 1$ 时，方程组有无穷多解；$\lambda \neq 1$ 且 $\lambda \neq -2$ 时，方程组有唯一解；$\lambda = -2$ 时，方程组无解.

习题8.3

求解下列线性方程组：

（1）$\begin{cases} x_1 + 2x_2 + 3x_3 = 1, \\ 2x_1 + 2x_2 + 5x_3 = 2, \\ 3x_1 + 5x_2 + x_3 = 3; \end{cases}$

（2）$\begin{cases} 2x_1 + x_2 - x_3 + x_4 = 1, \\ 3x_1 - 2x_2 + 2x_3 - 3x_4 = 2, \\ 5x_1 + x_2 - x_3 + 2x_4 = -1, \\ 2x_1 - x_2 + x_3 - 3x_4 = 4; \end{cases}$

（3）$\begin{cases} x_1 - 2x_2 + x_3 = 2, \\ -2x_1 + 3x_2 - 3x_3 = -2, \\ x_1 - 5x_2 - 2x_3 = 8; \end{cases}$

（4）$\begin{cases} x_1 + x_2 + 2x_3 - x_4 = 0, \\ 2x_1 + x_2 + x_3 - x_4 = 0, \\ 2x_1 + 2x_2 + x_3 + 2x_4 = 0; \end{cases}$

$$(5)\begin{cases} x_1 + 2x_2 - 3x_3 = 0, \\ 2x_1 + 5x_2 + 2x_3 = 0, \\ 3x_1 - x_2 - 4x_3 = 0, \\ 4x_1 + 9x_2 - 4x_3 = 0. \end{cases}$$

实验七　线性代数的有关计算

一、矩阵

1. 直接输入法

采用赋值命令来完成,整个矩阵必须以方括号[ ]为其首尾,行与行之间用";"或"回车"分隔,元素间用","或"空格"分隔.矩阵元素可以是包含已定义变量的任何表达式.

2. 举例

例 8-54　创建矩阵 C.

a = 2.7358；b = 33/79；

C = [1,2 * a,b * sqrt(a)；sin(pi/6),a + 5 * b,3.5]

例 8-55　分行输入矩阵 D.

D = [1,2,3

　　 4 5 6

　　 7 8 9]

注:利用下标可以获得矩阵元素或修改矩阵.

例 8-56　　$D(3,2)$　　　　　　　% 获得矩阵元素

　　　　　　　$D(3,2) = 2$　　　　　　% 修改矩阵元素

3. 几种常见矩阵的生成命令

eye(n)	产生 n 阶单位矩阵
eye(size(A))	产生与矩阵 A 同维的单位矩阵
ones(n)	产生 n 阶全 1 矩阵
ones(size(A))	产生与矩阵 A 同维的全 1 矩阵
zeros(n)	产生 n 阶零矩阵
zeros (size(A))	产生与矩阵 A 同维的零矩阵
zeros(m,n)	产生 m 行 n 列的零矩阵
company(A)	产生 A 的伴随矩阵

二、矩阵的运算

A'	矩阵转置
A + B	矩阵相加
A – B	矩阵相减

A * B	矩阵相乘
k * A	数乘矩阵
inv(A)	求逆矩阵
A^n	矩阵求幂
det(A)	矩阵的行列式
rank(A)	矩阵的秩
eig(A)	矩阵的特征值.

例 8-57 计算 AB^{T}.

A = [11 12 13 14 15; 16 17 18 19 20];

>> B = ones(size(A));

>> A * B'

ans =

        65   65
        90   90

例 8-58 计算 A^3, A^{-1}.

A = [1 2 3;4 5 6;7 8 9]; A^3

ans =

        468   576   684
        1062   1305   1548
        1656   2034   2412

inv(A)

ans =

  1.0e+016 *

        -0.4504   0.9007   -0.4504
        0.9007   -1.8014   0.9007
        -0.4504   0.9007   -0.4504

例 8-59 设 $A = \begin{pmatrix} 4 & 2 & 7 \\ 1 & 9 & 2 \\ 0 & 3 & 5 \end{pmatrix}, B = \begin{pmatrix} 1 \\ 0 \\ 1 \end{pmatrix}$, 求 AB 与 $B^{\mathrm{T}}A$, 并求 A^3.

A = [4 2 7;1 9 2;0 3 5];

B = [1 0 1]';

A * B

B' * A

A^3

ans =

        11

        3
        5
ans =
    4   5   12
ans =
   119   660   555
   141   932   444
    54   477   260

例 8-60 设 $A = \begin{pmatrix} -1 & 1 & 1 \\ 1 & -1 & 1 \\ 1 & 2 & 3 \end{pmatrix}, B = \begin{pmatrix} 3 & 2 & 1 \\ 0 & 4 & 1 \\ -1 & 2 & -4 \end{pmatrix}$,求 $3AB - 2A$ 及 $A^{\mathrm{T}}B$.

A = [-1 1 1;1 -1 1;1 2 3];
B = [3 2 1;0 4 1; -1 2 -4];
3 * A * B - 2 * A
A' * B
ans =
   -10   10   -14
    4   2   -14
   -2   44   -33
ans =
   -4   4   -4
    1   2   -8
    0   12   -10

例 8-61 求方阵的逆

设 $A = \begin{pmatrix} 2 & 1 & 3 & 2 \\ 5 & 2 & 3 & 3 \\ 0 & 1 & 4 & 6 \\ 3 & 2 & 1 & 5 \end{pmatrix}$,求 A^{-1}.

A = [2 1 3 2;5 2 3 3;0 1 4 6;3 2 1 5];
inv(A)
ans =
   -1.7500   1.3125   0.5000   -0.6875
    5.5000   -3.6250   -2.0000   2.3750
    0.5000   -0.1250   -0.0000   -0.1250
   -1.2500   0.6875   0.5000   -0.3125

例 8-62 求矩阵的秩

设 $M = \begin{pmatrix} 3 & 2 & -1 & -3 & -2 \\ 2 & -1 & 3 & 1 & -3 \\ 7 & 0 & 5 & -1 & -8 \end{pmatrix}$，求矩阵 M 的秩. (rank( )命令)

m = [3 2 −1 −3 −2;2 −1 3 1 −3;7 0 5 −1 −8];

rank(m)

ans = 2

例 8-63 求方阵的行列式.

设矩阵 $A = \begin{pmatrix} 3 & 7 & 2 & 6 & -4 \\ 7 & 9 & 4 & 2 & 0 \\ 11 & 5 & -6 & 9 & 3 \\ 2 & 7 & -8 & 3 & 7 \\ 5 & 7 & 9 & 0 & -6 \end{pmatrix}$，求 $|A|$.

A = [3 7 2 6 −4;7 9 4 2 0;11 5 −6 9 3;2 7 −8 3 7;5 7 9 0 −6];

det(A)

ans = 11592

三、解线性方程组

左除法 $A\backslash B$ 求解矩阵方程 $AX = B$,

右除法 $B\backslash A$ 求解矩阵方程 $XA = B$.

rref(A)　　　求矩阵的行最简形

null(A)　　　求以 A 为系数矩阵的齐次线性方程组的基础解系

通常情况下,左除 x = a\b 是 a * x = b 的解,右除 x = b/a 是 x * a = b 的解,一般情况下, a\b ≠ b/a.

例 8-64 对于 $AX = B$,如果 $A = \begin{bmatrix} 4 & 9 & 2 \\ 7 & 6 & 4 \\ 3 & 5 & 7 \end{bmatrix}$, $B = \begin{bmatrix} 37 \\ 26 \\ 28 \end{bmatrix}$,求解 X.

>> A = [4 9 2;7 6 4;3 5 7];

>> B = [37 26 28]';

>> X = A\B

X =

　　−0.5118

　　4.0427

　　1.3318

例 8-65 已知 $a = \begin{bmatrix} 1 & 2 & 3 \\ 4 & 5 & 6 \\ 7 & 8 & 9 \end{bmatrix}$,分别计算 a 的数组平方和矩阵平方,并观察其结果.

>> a = [1 2 3;4 5 6;7 8 9];

```
> > a.^2
ans =
     1     4     9
    16    25    36
    49    64    81
> > a^2
ans =
    30    36    42
    66    81    96
   102   126   150
```

例 8-66 解方程组 $\begin{cases} x+2y=1, \\ 3x-2y=4. \end{cases}$

$A=[1\ 2;3\ -2]$; $B=[1;4]$; $x=A\backslash B$

$x=\quad 1.2500$
$\qquad -0.1250$

例 8-67 解方程组 $\begin{cases} x+2y+z=1, \\ 3x-2y+z=4. \end{cases}$

$A=[1\ 2\ 1;3\ -2\ 1]$; $B=[1;4]$; $x=A\backslash B$

$x=\quad 1.2500$
$\qquad -0.1250$
$\qquad\quad 0$

例 8-68 解方程组 $\begin{cases} x_1-x_2+2x_3+x_4=1, \\ 2x_1-x_2+x_3+2x_4=3, \\ x_1-x_3+x_4=2, \\ 3x_1-x_2+3x_4=5. \end{cases}$

$a=[1\ -1\ 2\ 1;2\ -1\ 1\ 2;1\ 0\ -1\ 1;3\ -1\ 0\ 3]$;
$b=[1;3;2;5]$;
rref([a b])

```
ans =
     1     0    -1     1     2
     0     1    -3     0     1
     0     0     0     0     0
     0     0     0     0     0
```

由结果可以看出 x3,x4 为自由未知量,方程组得解为:

x1 = 2 + x3 - x4;

x2 = 1 + 3 * x3.

本 章 小 结

★主要知识点

一、行列式

1. 三阶行列式

$$D = \begin{vmatrix} a_{11} & a_{12} & a_{13} \\ a_{21} & a_{22} & a_{23} \\ a_{31} & a_{32} & a_{33} \end{vmatrix} = a_{11}a_{22}a_{33} + a_{21}a_{32}a_{13} + a_{31}a_{12}a_{23} - a_{31}a_{22}a_{13} - a_{21}a_{12}a_{33} - a_{11}a_{32}a_{23}.$$

2. n 阶行列式 $D_n = \begin{vmatrix} a_{11} & a_{12} & \cdots & a_{1n} \\ a_{21} & a_{22} & \cdots & a_{2n} \\ \vdots & \vdots & & \vdots \\ a_{n1} & a_{n2} & \cdots & a_{nn} \end{vmatrix} = a_{11}A_{11} + aA_{12} + \cdots + a_{1n}A_{1n}.$

3. 特殊行列式：对角行列式；上三角行列式；下三角行列式.
4. 行列式的性质
(1) 转置性质；
(2) 变号性质；
(3) 零值性质；
(4) 倍乘性质；
(5) 分项性质；
(6) 倍加性质；
(7) 降阶性质：

$$D = a_{i1}A_{i1} + a_{i2}A_{i2} + \cdots + a_{in}A_{in}（按任意第 i 行展开）$$
$$或\ D = a_{1j}A_{1j} + a_{2j}A_{2j} + \cdots + a_{nj}A_{nj}（按任意第 j 列展开）$$

5. 克拉默法则：系数行列式 $D \neq 0$ 时；$x_1 = \dfrac{D_1}{D}, x_2 = \dfrac{D_2}{D}, \cdots, x_n = \dfrac{D_n}{D}.$

二、矩阵

1. 矩阵：$m \times n$ 个数 $a_{ij}(i = 1,2,\cdots,m; j = 1,2,\cdots,n)$ 排成一个 m 行 n 列，并用圆括号（或方括号）的数表称为 m 行 n 列的矩阵，简称 $m \times n$ 矩阵，每一个数 a_{ij} 称为矩阵的元素.
2. 特殊矩阵：复矩阵；行（列）矩阵；n 阶方阵；上三角矩阵，下三角矩阵；对角阵，单位矩阵；零矩阵 O.
3. 矩阵基本运算：
(1) 矩阵相等；
(2) 矩阵的加法；

（3）数与矩阵的乘法；

（4）矩阵与矩阵的乘法：

设 $A = (a_{ij})$ 是一个 $m \times s$ 矩阵，$B = (b_{ij})$ 是一个 $s \times n$ 矩阵，规定 A 与 B 的乘积为一个 $m \times n$ 矩阵 $C = (c_{ij})$，其中 $c_{ij} = a_{i1}b_{1j} + a_{i2}b_{2j} + \cdots + a_{is}b_{sj} = \sum\limits_{k=1}^{s} a_{ik}b_{kj}(i = 1, 2, \cdots, m; j = 1, 2, \cdots, n)$；

（5）矩阵的幂；

（6）矩阵的转置.

4. 矩阵行列式.

5. 逆矩阵及其性质：若矩阵 A 与 B 可交换且 $AB = BA = E$ 则称 B 为 A 的逆矩阵（也称矩阵 A 是可逆的），记为 A^{-1}，即 $B = A^{-1}$. 反之，A 也称为 B 的逆矩阵，它们互为逆矩阵.

6. 初等变换.

（1）对换矩阵两行（列）的位置，简称对换变换；

（2）用一个非零数乘矩阵的某一行（列），简称倍乘变换；

（3）将矩阵某一行（列）的倍数加到另一行（列）上，简称倍加变换.

7. 利用初等行变换求逆矩阵

$$(A \mid E) \xrightarrow{\text{初等行变换}} (E \mid A^{-1})$$

8. 矩阵的秩：矩阵 A 的非零子式的最高阶数 r 称为矩阵 A 的秩，记作 $R(A) = r$.

9. 初等变换求矩阵秩的方法：对矩阵用初等行变换化为行阶梯形矩阵；行阶梯形矩阵中非零行的行数就是矩阵的秩.

三、线性方程组

1. 线性方程组 $\begin{cases} \text{非齐次线性方程组的矩阵表示形式为}：AX = B, \\ \text{齐次线性方程组的矩阵表示形式为}：AX = 0. \end{cases}$

2. 高斯消元法：用初等行变换将方程组的增广矩阵 (AB) 化成标准阶梯形矩阵，写出该阶梯型矩阵所对应的方程组，即可得出方程组的解.

3. 线性方程组有解充要条件是它的系数矩阵与增广矩阵有相同的秩，即 $R(A) = R(\overline{A})$，否则无解.

4. n 元非齐次线性方程组解的判断 $\begin{cases} R(A) \neq R(\overline{A})，\text{无解}； \\ R(A) = R(\overline{A}) \begin{cases} R(A) = R(\overline{A}) = n，\text{唯一解}, \\ R(A) = R(\overline{A}) < n，\text{无穷多解}. \end{cases} \end{cases}$

5. n 元齐次线性方程组解的判断 $\begin{cases} R(A) = n，\text{唯一零解}； \\ R(A) < n，\text{无穷多解（非零解）}. \end{cases}$

复习题（八）

一、选择题

1. 若 $D_3 = |a_{ij}| = 2$，则 $D = |-a_{ij}| = ($ 　　　$)$.

A. 2；　　　　　　　　B. -2；　　　　　　　C. 8；　　　　　　　D. -8.

2. A 是 $m \times k$ 矩阵，B 是 $k \times t$ 矩阵，若 B 的第 j 列元素全为 0，则下列结论正确的是（　　）.

A. AB 的第 j 列元素全为 0；　　　　　　　B. AB 的第 j 行元素全为 0；

C. BA 的第 j 列元素全为 0；　　　　　　　D. BA 的第 j 行元素全为 0.

3. 设 A, B 是 n 阶矩阵，E 是 n 阶矩阵，则下列命题中正确的是（　　）.

A. $(A + B)^2 = A^2 + 2AB + B^2$；　　　　　　　B. $A^2 - B^2 = (A + B)(A - B)$；

C. $(AB)^2 = A^2 B^2$；　　　　　　　D. $A^2 - E^2 = (A + E)(A - E)$.

4. 已知 $A = \begin{pmatrix} 4 & 6 \\ 1 & -2 \end{pmatrix}, B = \begin{pmatrix} 1 & 3 & 5 \\ 2 & 4 & 6 \end{pmatrix}$，下列运算可行的是（　　）.

A. $A + B$；　　　　　　　B. $A - B$；　　　　　　　C. AB；　　　　　　　D. $AB - BA$.

5. 设 A 为 3×2 矩阵，B 为 2×3 矩阵，则下列运算中（　　）可以进行.

A. AB；　　　　　　　B. AB^{T}；　　　　　　　C. $A + B$；　　　　　　　D. $B^{\mathrm{T}} A$.

6. 设 A 是 n 阶可逆矩阵，k 是不为 0 的常数，则 $(kA)^{-1} = $（　　）.

A. kA^{-1}；　　　　　　　B. $\dfrac{1}{k^n} A^{-1}$；　　　　　　　C. $-kA^{-1}$；　　　　　　　D. $\dfrac{1}{k} A^{-1}$.

二、填空题

1. 行列式 $\begin{vmatrix} 1 & 2 & 3 & 4 \\ 2 & 3 & 4 & 1 \\ 3 & 4 & 1 & 2 \\ 4 & 1 & 2 & 3 \end{vmatrix}$ 中第 1 行第 4 列元素的代数余子式的值等于 _____.

2. 方程 $\begin{vmatrix} 1 & 1 & 1 & 1 \\ 1 & 1-x & 1 & 1 \\ 1 & 1 & 2-x & 1 \\ 1 & 1 & 1 & 3-x \end{vmatrix} = 0$ 的根是 _____.

3. 三阶行列式 $D = \begin{vmatrix} 1+a_1 & 2k+5a_1 & 3+4a_1 \\ 1+a_2 & 2k+5a_2 & 3+4a_2 \\ 1+a_3 & 2k+5a_3 & 3+4a_3 \end{vmatrix} = $ _____.

4. 线性方程组 $\begin{cases} \lambda x_1 + x_2 + x_3 = 0, \\ x_1 + \lambda x_2 + x_3 = 0, \\ x_1 + x_2 + \lambda x_3 = 0, \end{cases}$ 有非零解，则 $\lambda = $ _____.

5. 若 $B = \begin{pmatrix} 1 & 1 & 2 \\ 1 & 0 & 3 \end{pmatrix}, C = \begin{pmatrix} 1 & 4 \\ -3 & 5 \\ 1 & 6 \end{pmatrix}$，则 $BC = \begin{pmatrix} & \\ & \end{pmatrix}$.

6. 设矩阵 $A = \begin{pmatrix} 1 & \dfrac{1}{2} & \dfrac{1}{3} \end{pmatrix}, B = \begin{pmatrix} 1 \\ 2 \\ 3 \end{pmatrix}$，则 $AB = $ _____，$BA = $ _____.

7. 设 $A = \begin{pmatrix} 4 & 0 & 0 \\ 0 & 5 & 0 \\ 0 & 0 & 3 \end{pmatrix}$，则 $(A - 2E)^{-1} = $ _____.

三、计算题

1. 求行列式 $\begin{vmatrix} 1 & 0 & -2 & 4 \\ -3 & 7 & 2 & 1 \\ 2 & 1 & -5 & -3 \\ 0 & -4 & 11 & 12 \end{vmatrix}$.

2. 求行列式 $D = \begin{vmatrix} 1 & x & y & z \\ x & 1 & 0 & 0 \\ y & 0 & 1 & 0 \\ z & 0 & 0 & 1 \end{vmatrix}$.

3. 计算 n 阶行列式 $\begin{vmatrix} 1 & 2 & 2 & \cdots & 2 \\ 2 & 2 & 2 & \cdots & 2 \\ 2 & 2 & 3 & \cdots & 2 \\ \vdots & \vdots & \vdots & & \vdots \\ 2 & 2 & 2 & \cdots & n \end{vmatrix}$.

4. 设 $A = \begin{pmatrix} 1 & 0 & 1 \\ 2 & -1 & 3 \end{pmatrix}$, $B = \begin{pmatrix} 2 & -1 & 0 \\ 3 & 2 & 5 \end{pmatrix}$，求 $2A - 3B$.

5. 求矩阵 X，使 $X + A = B$ 其中

$$A = \begin{pmatrix} 3 & -2 & 0 \\ 1 & 1 & 2 \\ 2 & 3 & -1 \end{pmatrix}, B = \begin{pmatrix} 1 & 2 & -1 \\ 1 & 3 & -4 \\ -2 & -1 & 1 \end{pmatrix}.$$

6. 求下列矩阵.

(1) $\begin{pmatrix} 1 & 2 \\ 2 & 1 \end{pmatrix} \begin{pmatrix} 2 & -3 \\ 3 & 1 \end{pmatrix}$;

(2) $\begin{pmatrix} 3 & 4 \\ 5 & 4 \\ 2 & 7 \end{pmatrix} \begin{pmatrix} 1 & 1 & 2 \\ 1 & -1 & 0 \end{pmatrix}$;

(3) $\begin{pmatrix} 1 & 1 & 2 \\ 1 & -1 & 0 \end{pmatrix} \begin{pmatrix} 3 & 4 & 2 \\ 5 & 4 & 6 \\ 2 & 2 & 1 \end{pmatrix}$;

(4) $(3 \quad 2 \quad 1) \begin{pmatrix} 1 \\ -1 \\ 1 \end{pmatrix}$;

(5) $\begin{pmatrix} 1 \\ -1 \\ 1 \end{pmatrix} (3 \quad 2 \quad 1)$.

7. 已知 $A = \begin{pmatrix} 1 & 0 & 3 \\ 0 & 2 & 1 \\ 0 & 0 & 1 \end{pmatrix}, B = \begin{pmatrix} 1 & 0 & 0 \\ 0 & 2 & 1 \\ 3 & 0 & 1 \end{pmatrix}$，验证 $A^2 - B^2 \neq (A + B)(A - B)$.

8.（1）设 $A = \begin{pmatrix} 3 & 1 & -1 \\ 3 & 1 & 0 \\ 0 & 1 & 2 \end{pmatrix}$，求 A^2；

（2）$A = \begin{pmatrix} 1 & -1 \\ -1 & 1 \end{pmatrix}$，求 A^n.

9. 求下列矩阵的逆矩阵.

（1）$\begin{pmatrix} 1 & 2 \\ 2 & 5 \end{pmatrix}$；

（2）$\begin{pmatrix} \cos\theta & -\sin\theta \\ \sin\theta & \cos\theta \end{pmatrix}$；

（3）$\begin{pmatrix} 1 & 2 & -1 \\ 3 & 5 & -2 \\ 5 & 8 & -2 \end{pmatrix}$；

（4）$\begin{pmatrix} 1 & 1 & 2 \\ 1 & 2 & 4 \\ 2 & -1 & -1 \end{pmatrix}$.

10. $A = \begin{pmatrix} 2 & 0 & -1 \\ 1 & 3 & 2 \end{pmatrix}$，$B = \begin{pmatrix} 1 & 7 & -1 \\ 4 & 2 & 3 \\ 2 & 0 & 1 \end{pmatrix}$，求 $(AB)^T$.

11. 求解下列线性方程组的解：

（1）$\begin{cases} x_1 - x_2 - x_3 = 2, \\ 2x_1 - x_2 - 3x_3 = 1, \\ 3x_1 + 2x_2 - 5x_3 = 0; \end{cases}$

（2）$\begin{cases} x_1 - 2x_2 + 3x_3 - 4x_4 = 4, \\ x_2 - x_3 + x_4 = -3, \\ x_1 + 3x_2 + x_4 = 1, \\ -7x_2 + 3x_3 + x_4 = -3; \end{cases}$

（3）$\begin{cases} 3x_1 + 4x_2 - 5x_3 + 7x_4 = 0, \\ 2x_1 - 3x_2 + 3x_3 - 2x_4 = 0, \\ 4x_1 + 11x_2 - 13x_3 + 16x_4 = 0, \\ 7x_1 - 2x_2 + x_3 + 3x_4 = -0; \end{cases}$

（4）$\begin{cases} -3x_1 + 2x_2 - 8x_3 = 17, \\ 2x_1 - 5x_2 + 3x_3 = 3, \\ x_1 + 7x_2 - 5x_3 = 2. \end{cases}$

第九章 概率论基础

1. 理解随机事件、随机变量、概率的古典定义、条件概率、事件的独立性、随机变量的分布、数学期望、方差等概念;
2. 会求简单古典概型的概率;能利用概率的加法和乘法公式以及全概率公式求概率;
3. 掌握常见的离散型、连续型随机变量的概率分布;
4. 能利用查表的方法求正态分布的概率,了解正态分布在工程中的应用;
5. 会求常用的离散型和连续型随机变量的数学期望和方差;熟悉数学期望和方差的性质.

概率论是研究随机现象规律性的一个数学分支,而随机现象广泛存在于自然界和人类社会中. 比如,交通土建工程中进行桥涵孔径设计时,必须根据实测的水文资料(如水位、流量、降水量等)确定适合的设计水位或设计流量. 其中,水文现象相当于"随机现象",对某断面水文特征值的长期重复观测,相当于做重复的"随机试验",一系列水文现象的特征值(如流量或水位的实测数值)相当于"随机事件",其中某一数值的水位在资料中的个数则相当于随机事件发生的"频数". 概率论就是通过对随机现象的研究来揭示其规律性. 本章将简要介绍随机事件及其概率、随机变量及其分布以及随机变量的数字特征等有关概率论的基础知识.

第一节 随机事件与概率

一、随机事件

1. 随机试验与随机事件

自然界和人类社会中存在着两类现象:

一类是**确定性的现象**. 即在一定条件下必然发生或必然不发生的现象. 如大量雨水汇入河流必然会引起河水猛涨;上抛物体必然落下;又如没有空气和水,种子必不会发芽等.

另一类是**随机现象**. 即在一定条件下,具有多种可能的结果,但事先不能确定会出现哪种结果,结果的出现呈现偶然性. 例如,抛掷一枚质地均匀的硬币,可能出现正面向上,也可能出现反面向上;同一仪器多次测量同一物体的重量,所得的结果彼此总是略有差异等.

随机现象具有不确定性,但在相同的条件下,通过大量重复试验,所呈现出的固有规律性称为**统计规律性**.概率论正是研究和揭示随机现象的统计规律性的一门数学学科.由于随机现象的普遍性使得这门学科在实际应用中具有重要作用.

为了对随机现象的统计规律性进行研究,就需要对随机现象进行重复观察,我们把对随机现象的观察称为**随机试验**,简称试验,用字母 E 表示.随机试验具有以下特征:

(1)**重复性** 试验在相同条件下可重复进行;

(2)**确定性** 试验前,全部可能的结果是明确的;

(3)**随机性** 每次试验前,无法预知会出现哪一种结果.

例 9-1 掷一颗质地均匀的骰子,观察出现的点数.显然,试验的所有可能结果有 6 个:"出现 1 点""出现 2 点""出现 3 点""出现 4 点""出现 5 点""出现 6 点".

例 9-2 观察某网站在单位时间内被点击的次数,该试验的所有可能结果应是可列个:"被点击 0 次""被点击 1 次""被点击 2 次"……

随机试验 E 所有可能发生的每一个结果称为**基本事件（样本点）**,记为 ω;所有基本事件的集合称为随机试验 E 的**样本空间**,记为 Ω.

显然,例 9-1 中有 6 个基本事件,若以 $1,2,3,4,5,6$ 分别表示掷一颗骰子所出现的点数,则样本空间 $\Omega=\{1,2,3,4,5,6\}$.上述例 9-2 有可列个基本事件,若以 $0,1,2\cdots$ 分别表示网站被点击的次数,则样本空间 $\Omega=\{0,1,2\cdots\}$.

由随机试验 E 的样本空间 Ω 中的若干个基本事件组成的集合（即 Ω 的子集）称为随机试验 E 的**随机事件**,简称为事件,常用大写字母 $A,B,C,\cdots$ 表示.

例 9-3 在 $1,2,3,\cdots,9$ 这九个数字中任意选取一个,可有九种不同的结果:A_i 表示"取得的数是 i",$(i=1,2,\cdots,9)$.还有其他的可能结果,例如,B 表示"取得的数是偶数",C 表示"取得的数大于 5",D 表示"取得的数是 3 的倍数",B,C,D,$A_i(i=1,2,\cdots,9)$ 都是随机事件.

显然,任何随机试验的每一个基本事件也都是随机事件.

在随机试验中必然发生的事件称为必然事件,用 Ω 表示.在随机试验中必然不发生的事件称为不可能事件,用 $\varnothing$ 表示.必然事件和不可能事件都属于确定性现象,但为了研究方便,仍然把它们看作随机事件,常作为随机事件的两个特例.

2.事件间的关系和运算

在实际问题中,往往要在一个随机试验下同时研究几个事件及它们之间的联系.例如,在检测某件产品时,要考虑"产品合格""产品不合格""长度合格而直径不合格"等事件,显然,这些事件相互之间是有联系的.从集合论的观点看,样本空间 Ω 相当于全集,事件 A 是 Ω 的子集,因而事件间的关系与运算可按集合之间的关系和运算来处理.下面我们通过利用集合的方法讨论事件之间的关系.

(1)**包含关系**

若事件 A 发生必然导致事件 B 发生,则称事件 A 包含于事件 B,或事件 B 包含事件 A,记为 $A\subset B$ 或 $B\supset A$.

显然有如下性质:

①**自返性**:$A\subset A$;

②**传递性**:若 $A\subset B,B\subset C$,则 $A\subset C$;

③$\varnothing\subset A\subset\Omega$.

（2）**相等关系**

若事件 A 包含于事件 B，且事件 B 包含于事件 A，即 $A \subset B$ 且 $B \supset A$，则称事件 A 与事件 B 相等，记为 $A = B$. 例9-3 中，设 A 表示"取到的数字是奇数"，B 表示"取到的数字是 $1,3,5,7,9$ 中的一个". 显然，有 $A = B$.

（3）**事件的和（并）**

由事件 A 与事件 B 至少有一个发生构成的事件称为事件 A 与事件 B 的和或并，记为 $A+B$ 或 $A \cup B$. 例9-3 中，若设 A 表示"取到的数字是偶数"，B 表示"取到的数字是 $1,2,3,4,5$ 中的一个"，则 $A+B$ 就表示"取到的数字是 $1,2,3,4,5,6,8$ 中的一个".

类似地，n 个事件 $A_1, A_2, \cdots, A_n$ 至少有一个发生的事件称为这 n 个事件的和（并），记为 $A_1 \cup A_2 \cup \cdots \cup A_n$ 或 $\bigcup\limits_{i=1}^{n} A_i$.

（4）**事件的积（交）**

由事件 A 与事件 B 同时发生构成的事件，称为事件 A 与事件 B 的积或交，记为 AB 或 $A \cap B$. 例9-3 中，若设 A 表示"取到的数字是奇数"，B 表示"取到的数字小于或等于 6"，则 $A \cap B$ 表示"取到的数字是 $1,3,5$ 中的一个".

类似地，n 个事件 $A_1, A_2, \cdots, A_n$ 同时发生的事件称为事件 $A_1, A_2, \cdots, A_n$ 的积（交），记作 $A_1 \cap A_2 \cap \cdots \cap A_n$ 或 $\bigcap\limits_{i=1}^{n} A_i$.

（5）**互斥事件（互不相容事件）**

若事件 A 与事件 B 不可能同时发生，即 $AB = \varnothing$，则称事件 A 与事件 B 互斥或互不相容.

例9-3 中，设 A 表示"取到的数字是偶数"，B 表示"取到的数字是 $1,3,5$ 中的一个"，即 A 与 B 不能同时发生，说明它们是互不相容事件.

任意事件 A 与不可能事件 $\varnothing$ 互不相容.

（6）**对立事件（互逆事件）**

若事件 A 不发生，即 $\Omega - A$，则称该事件为 A 的对立事件或逆事件，记为 $\bar{A}$，即 $\bar{A} = \Omega - A$. 例9-3中，设 A 表示"取到的数字是奇数"，B 表示"取到的数字是偶数"，则 B 是 A 的对立事件. 对立事件具有如下性质：

① $\bar{\Omega} = \varnothing$；

② $\bar{\varnothing} = \Omega$；

③ $\bar{\bar{A}} = A$.

显然，事件 A、B 是互斥事件可表示为 $A \cap B = \varnothing$；事件 A、B 是对立事件可表示为 $A \cup B = \Omega$，$AB = \varnothing$.

注意：对立与互斥是两个不同的概念，对立必互斥，但互斥未必对立.

（7）**事件的差**

由事件 A 发生而事件 B 不发生的事件，称为事件 A 与事件 B 的差，记为 $A-B$. 例9-3 中，设 A 表示"取到的数字是奇数"，B 表示"取到的数字大于或等于 6"，则 $A-B$ 表示"取到的数字是 $1,3,5$ 中的一个"；$B-A$ 表示"取到的数字是 $6,8$ 中的一个".

事件的运算律和集合的运算律是完全相似的.

交换律 $A\cup B=B\cup A,A\cap B=B\cap A$；

结合律 $A\cup(B\cup C)=(A\cup B)\cup C,A\cap(B\cap C)=(A\cap B)\cap C$；

分配律 $A\cap(B\cup C)=(A\cap B)\cup(A\cap C),A\cup(B\cap C)=(A\cup B)\cap(A\cup C)$；

对偶律 $\overline{A\cup B}=\overline{A}\cap\overline{B},\overline{A\cap B}=\overline{A}\cup\overline{B}$.

例 9-4 设 A,B,C 分别表示三个事件,试以 A,B,C 的运算表示下列事件：

(1)A 发生而 B 与 C 都不发生；

(2)A 与 B 都发生而 C 不发生；

(3)A,B,C 都不发生；

(4)A,B,C 中恰有一个发生；

(5)A,B,C 中至少有一个发生.

解 (1)可表示为 $A\overline{B}\overline{C}$ 或 $A-B-C$ 或 $A-(B\cup C)$；

(2)可表示为 $AB\overline{C}$ 或 $AB-C$ 或 $AB-ABC$；

(3)可表示为 $\overline{A}\overline{B}\overline{C}$；

(4)可表示为 $A\overline{B}\overline{C}+\overline{A}B\overline{C}+\overline{A}\overline{B}C$；

(5)可表示为 $A+B+C$ 或 $A\overline{B}\overline{C}+\overline{A}B\overline{C}+\overline{A}\overline{B}C+AB\overline{C}+\overline{A}BC+A\overline{B}C+ABC$.

二、随机事件的概率

随机事件,除必然事件和不可能事件外,它在一次试验中可能发生,也可能不发生,这是我们不能预先确定的.然而,在相同的条件下进行大量的试验,又会呈现出它内在的规律性,即随机事件发生的可能性的大小是可以"度量"的.随机事件的概率就是用来刻画随机事件发生的可能性大小的一个数量.它是概率论中最基本的概念之一.

1. 概率的统计定义

定义 9.1 在相同的条件下进行 n 次试验,如果事件 A 发生了 m 次,则称比值 $\dfrac{m}{n}$ 为事件 A 发生的频率,记为 $f_n(A)$,即

$$f_n(A)=\frac{m}{n}. \tag{9-1}$$

为研究事件频率的规律性,历史上有许多人做过抛掷一枚均匀硬币的试验,设 A 表示出现正面向上的事件,表 9-1 记录了几个人的试验结果.

抛 硬 币 试 验

表 9-1

试 验 者	n	m	$f_n(A)$
D·Mogen	2048	1061	0.5181
Buffon	4040	2048	0.5069
K·Pearson	12000	6091	0.5016
K·Pearson	24000	12012	0.5005

由表 9-1 可以看出,事件 A 在 n 次试验中发生的频率 $f_n(A)$ 随着 n 的逐渐增大,$f_n(A)$ 逐渐

稳定于固定值 0.5,反映出事件的频率具有一定的稳定性.

定义 9.2　若重复进行大量试验,随机事件 A 发生的频率 $f_n(A)$ 会逐渐稳定地趋于某个常数 p,则称该常数 p 为事件 A 的概率,记为 $P(A)=p$.

随机事件的概率是对该**事件发生可能性大小的一种度量**,它是事件本身固有的**客观属性**,是从事件本身的结构得出来的.

频率是一个试验值,具有偶然性,它近似反映了事件发生可能性的大小. 频率的稳定性是随机事件概率的经验基础,可以认为频率是概率的实践表现.

从概率的统计定义可以得出概率具有以下性质:

(1)**非负性**　$0 \leq P(A) \leq 1$;

(2)**规律性**　必然事件的概率为 1,即 $P(\Omega)=1$;不可能事件的概率为 0,即 $P(\varnothing)=0$;任意事件 A 发生的概率介于 0 与 1 之间,即 $0 \leq P(A) \leq 1$.

(3)**可比性**　若 $A \subseteq B$,则 $P(A) \leq P(B)$.

2. 概率的古典定义

定义 9.3　设 E 是一个随机试验,若它满足以下两个条件:

(1)**有限性**　基本事件总数有限;

(2)**等可能性**　每个基本事件发生是等可能的,则称 E 为**古典概型的试验**,简称**古典概型**.古典概型在概率论中占有相当重要的地位. 一方面,由于它简单,对它的讨论有助于直观地理解概率论的许多基本概念;另一方面,古典概型概率的计算在产品质量抽样检查等实际问题中有着重要的作用.

在古典概型中,设样本空间所含的基本事件总数为 n,随机事件 A 包含的基本事件数为 m,则事件 A 的**概率**为 $\dfrac{m}{n}$,记为 $P(A)$,即

$$P(A) = \frac{A \text{ 中所含的基本事件数}}{\Omega \text{ 中所含的基本事件总数}} = \frac{m}{n}. \tag{9-2}$$

根据公式(9-2),要计算古典概型中事件 A 的概率,必须计算样本空间中基本事件的总数和事件 A 所包含的基本事件数. 因此,求概率的问题就转化为一个计数的问题,在计数计算中,经常要用到一些排列与组合的公式.

(1)排列公式

从 n 个不同元素中不放回任取 k 个($1 \leq k \leq n$)元素进行排列,其排列总数为 p_n^k(或写成 A_n^k):

$$p_n^k = n(n-1)(n-2)\cdots(n-k+1) = \frac{n!}{(n-k)!}.$$

特别地,当 $k=n$ 时,称为全排列,其总数为 $p_n^n = n!$.

例如:$p_5^3 = \dfrac{5!}{(5-3)!} = \dfrac{5 \times 4 \times 3 \times 2 \times 1}{2 \times 1} = 5 \times 4 \times 3 = 60$;

$$p_5^5 = 5! = 5 \times 4 \times 3 \times 2 \times 1 = 120.$$

(2)组合公式

从 n 个不同元素中任取 k 个($1 \leq k \leq n$)元素而不考虑其顺序,称为组合,其总数为:

$$C_n^k = \frac{p_n^k}{k!} = \frac{n!}{(n-k)! \, k!} = C_n^{n-k}.$$

例如：$C_5^3 = \frac{p_5^3}{3!} = \frac{5 \times 4 \times 3}{1 \times 2 \times 3} = 10 = C_5^2$.

例 9-5 同时掷两枚质地均匀的硬币，求一枚正面向上，一枚反面向上的概率.

解 这是古典概型. 掷两枚硬币，可能出现的所有结果是（正，正），（正，反），（反，正），（反，反），即基本事件总数 $n = 4$.

设 A 表示"出现一正一反"这一事件，显然 A 包含基本事件（正，反）和（反，正），即 $m = 2$，于是，$P(A) = \frac{m}{n} = \frac{2}{4} = \frac{1}{2}$.

例 9-6 一套五卷的选集随机地放到书架上，求各卷自左向右或自右向左恰成 1,2,3,4,5 顺序的概率.

解 设 A 表示各卷自左向右或自右向左恰成 1,2,3,4,5 顺序.

把五卷的选集随机地放到书架上，相当于 5 个元素不重复的全排列，共有 $p_5^5 = 5! = 120$ 种放法，而且这 120 种方法是等可能的，即共有 120 个基本事件. 这是一个古典概型，$\Omega = \{\omega_1, \omega_2, \cdots, \omega_{120}\}$，而事件 A 所包含的基本事件只有两个：卷号的排列为 1,2,3,4,5 或为 5,4,3,2,1，所以

$$P(A) = \frac{m_A}{n} = \frac{2}{120} = \frac{1}{60}.$$

例 9-7 10 根水管中有 3 根是次品，将这 10 根水管任意连接起来，求 3 根次品相邻连接在一起的概率.

解 设 $A = \{3$ 根次品相邻连接在一起$\}$. 基本事件总数为 $10!$，事件 A 包含的基本事件数为 $3! \cdot 8!$，所以

$$P(A) = \frac{3! \cdot 8!}{10!} = \frac{1}{15} = 0.0667.$$

例 9-8 一个袋子中有 10 个大小相同的球，其中 3 个黑球，7 个白球，从中任取两个球，求下列随机事件的概率：(1) $A = \{$恰有一个黑球$\}$；(2) $B = \{$两个白球$\}$.

解 (1) 由题意知样本空间包含的基本事件总数 $n = C_{10}^2$，事件 A 所包含的基本事件数为 $m_A = C_3^1 C_7^1$，所以

$$P(A) = \frac{C_3^1 C_7^1}{C_{10}^2} \approx 0.4667.$$

(2) 事件 B 所包含的基本事件数为 $m_B = C_7^2$，则有

$$P(B) = \frac{C_7^2}{C_{10}^2} \approx 0.4667.$$

例 9-9 设有 10 件产品，其中有 6 件一等品，3 件二等品，1 件三等品. 从中一次随机地抽取两件，求恰好抽到 m 件一等品的概率.

解 设事件 $A = $"两件中恰好抽到 m 件一等品"（$m = 0,1,2$），则基本事件种数为 C_{10}^2 个，A_m 的基本事件数为 $C_6^m C_4^{2-m}$ 个. 因此：

$$P(A_0) = \frac{C_4^2}{C_{10}^2} = \frac{2}{15}, \quad P(A_1) = \frac{C_6^1 C_4^1}{C_{10}^2} = \frac{8}{15}, \quad P(A_2) = \frac{C_6^2}{C_{10}^2} = \frac{1}{3}.$$

例 9-10 某钢材公司发出 17 条钢材,其中一等 10 条、二等 4 条,三等 3 条. 在搬运中标签脱落,交货人随意将这些标签重新贴,一个客户订货 4 条一等、3 条二等和 2 条三等钢材,问该客户如数得到所订货的概率是多少?

解 设所求事件为 A

在 17 条中任取 9 条的取法有 C_{17}^9 种,且每种取法等可能.

取得 4 条一等、3 条二等和 2 条三等的取法有 $C_{10}^4 \times C_4^3 \times C_3^2$,故

$$P(A) = \frac{C_{10}^4 \times C_4^3 \times C_3^2}{C_{17}^9} = \frac{252}{2431}.$$

一般地,利用概率的古典定义计算概率时,必须注意以下三点:

(1)所讨论的试验是否属于古典概率;

(2)等可能的基本事件的总数 n;

(3)事件 A 所含的基本事件数 m.

习题 9.1

1. 写出下列随机试验的样本空间.

(1)将一枚匀称的硬币抛掷 3 次,观察出现正反面的情况;

(2)对一目标进行射击,直到击中 5 次为止,记录射击的次数;

(3)从分别标有号码 1,2,…,10 的十个球中任意取两球,记录球的号码.

2. 某人向靶子射击 3 次,设 A_i 表示"第 i 次射击中靶"($i = 1,2,3$),试用语言描述下列事件.

(1)$\overline{A_1} \cup A_2 \cup A_3$;(2)$\overline{A_1 \cup A_2}$;(3)$(A_1 A_2 \overline{A_3}) \cup (\overline{A_1} A_2 A_3)$

3. 指出下列各组事件之间的包含关系:

(1)$G = \{$亚洲人$\}$,$H = \{$中国人$\}$;

(2)$A = \{$天晴$\}$,$B = \{$天不下雨$\}$.

4. 设 A、B、C 表示三个事件,利用 A、B、C 表示下列事件:

(1)A 发生,B、C 都不发生;

(2)A、B 发生,C 不发生;

(3)所有三个事件都发生;

(4)三个事件中至少有一个发生;

(5)三个事件都不发生;

(6)不多于一个事件发生;

(7)不多于两个事件发生;

(8)三个事件中至少有两个发生.

5. 一个袋内有 5 个红球,3 个白球,2 个黑球,任取 3 个球,求恰为一红、一白、一黑的概率.

6. 将 5 种价格不同的商品随机地放到货架上,求从左至右恰好按价格从大到小的顺序排列的概率.

7. 10 把钥匙中有 3 把能打开门,今任取两把,求能打开门的概率.

8. 一俱乐部有 5 名一年级学生,2 名二年级学生,3 名三年级学生,2 名四年级学生.

(1)在其中任选 4 名学生,求一、二、三、四年级的学生各一名的概率;

(2)在其中任选 5 名学生,求一、二、三、四年级的学生均包含在内的概率.

9. 将 3 名学生随即编入 4 个班级,求:

(1)3 名学生分别编入不同班级的概率;(2)恰有 2 名学生编在同一个班级的概率.

10. 口袋里有 4 个黑球与 3 个白球,任取 3 个球,求:

(1)恰有 1 个黑球的概率;(2)至少有 2 个黑球的概率.

第二节　概率的基本公式

一、概率的加法公式

某城市有 50% 住户订日报,有 65% 住户订晚报,有 30% 住户同时订这两种报纸. 问至少订其中一种报的住户的概率是多少?

设 A,B 分别表示"住户订日报"和"住户订晚报",则 AB 表示"住户同时订阅两种报纸", $A+B$ 表示"住户至少订阅报中的一种". 问题是:在已知 $P(A)=0.5,P(B)=0.65,P(AB)=0.3$ 的条件下,求 $P(A+B)$.

对于这类问题,下面我们给出加法公式.

定理 9.1(概率的加法公式)　若 A,B 是任意两个随机事件,则

$$P(A+B)=P(A)+P(B)-P(AB).\tag{9-3}$$

设随机试验的基本事件总数为 n,A,B 包含的基本事件数分别为 m_A,m_B,AB 包含的基本事件数为 m_{AB},于是,$A+B$ 包含的基本事件数为 $m_A+m_B-m_{AB}$,由古典概率定义得

$$P(A+B)=\frac{m_A+m_B-m_{AB}}{n}=\frac{m_A}{n}-\frac{m_B}{n}-\frac{m_{AB}}{n}=P(A)+P(B)-P(AB).$$

由公式(9-3)知,引例的答案是:

$$P(A+B)=P(A)+P(B)-P(AB)=0.5+0.65-0.3=0.85.$$

概率的加法公式,推广到任意三个事件的情形是:

$$P(A+B+C)=P(A)+P(B)+P(C)-P(AB)-P(AC)-P(BC)+P(ABC).\tag{9-4}$$

推论 1 (互斥事件的概率加法公式)　若事件 A 与 B 互斥,即 $AB=\varnothing$,则

$$P(A+B)=P(A)+P(B).\tag{9-5}$$

若 n 个事件 $A_1,A_2,\cdots,A_n$ 两两互斥,则

$$P(A_1\cup A_2\cup\cdots\cup A_n)=P(A_1)+P(A_2)+\cdots+P(A_n),即\ P\left(\bigcup_{i=1}^{n}A_i\right)=\sum_{i=1}^{n}P(A_i).\tag{9-6}$$

推论 2 (对立事件的概率加法公式)　若事件 A 与 B 对立,即 $A\cup B=\Omega,AB=\varnothing$,则有

$$P(A)+P(B)=P(A\cup B)=1,即\ P(A)=1-P(\bar{A}).\tag{9-7}$$

例 9-11　一副扑克牌(52 张),从中任取 13 张,求至少有 1 张"A"的概率.

解　设 $A=\{$任取的 13 张中至少有一张是"A"$\}$,样本空间中样本点总数为 C_{52}^{13}. 直接计算 A 中所含的样本点数较困难,但 $\bar{A}=\{$任取的 13 张中,无一张是"A"$\}$,而 $\bar{A}$ 中的样本点数为 C_{48}^{13}. 由逆事件的概率计算公式可知

$$P(A)=1-P(\bar{A})=1-\frac{C_{48}^{13}}{C_{52}^{13}}\approx 0.696.$$

例 9-12 设有彩票 20 张,其中一等奖 3 张,二等奖 5 张.现从中任意抽取两张,求下列事件的概率:

(1)两张彩票都是一等奖或都是二等奖;

(2)两张中至少有一张是中奖彩票.

解 基本事件总数 $n = C_{20}^2 = 190$.

(1)设 A, B 分别表示"两张彩票都是一等奖"和"两张彩票都是二等奖",则所求概率为 $P(A+B)$. A 包含的基本事件数 $m_A = C_3^2 = 3$,B 包含的基本事件数 $m_B = C_5^2 = 10$.

因为事件 A 与 B 互斥,由互斥事件的概率加法公式(9-5)得:

$$P(A+B) = P(A) + P(B) = \frac{3}{190} + \frac{10}{190} = \frac{13}{190}.$$

(2)"两张中至少有一张是中奖彩票"与"两张均不是中奖彩票"是对立事件.设 C 表示"至少有一张是中奖彩票",则 $\bar{C}$ 包含的基本事件数 $m = C_{12}^2 = 66$.由对立事件的概率加法公式(9-7)得:

$$P(A) = 1 - P(\bar{A}) = 1 - \frac{66}{190} = \frac{62}{95}.$$

说明:求用"至少"表述的事件的概率时,求其对立事件的概率往往比较简便.

例 9-13 在 $1 \sim 100$ 的整数中随机地取一个数,求取到的整数能被 3 或 4 整除的概率.

解 设 $A = $ "取到的数能被 3 整除",$B = $ "取到的数能被 4 整除",则 $A \cup B = $ "取到的数能被 3 或 4 整除",$AB = $ "取到的数能被 3 和 4 同时整除,即能被 12 整除".

由于 $33 < \frac{100}{3} < 34$,所以 $P(A) = \frac{33}{100}$;由于 $\frac{100}{4} = 25$,所以 $P(B) = \frac{25}{100}$;由于 $8 < \frac{100}{12} < 9$,所以 $P(AB) = \frac{8}{100}$,则所求概率为

$$P(A \cup B) = P(A) + P(B) - P(AB) = \frac{33}{100} + \frac{25}{100} - \frac{8}{100} = 0.5.$$

例 9-14 甲乙二人射击同一目标,已知甲击中目标的概率是 0.7,乙击中目标的概率是 0.6,目标被击中的概率是 0.8,求两人都击中目标的概率.

解 设 $A = $ "甲击中目标",$B = $ "乙击中目标",则 $A \cup B = $ "目标被击中",$AB = $ "两人都击中目标",由已知得 $P(A) = 0.7$,$P(B) = 0.6$,$P(A \cup B) = 0.8$,由加法公式得所求的概率为

$$P(AB) = P(A) + P(B) - P(A \cup B) = 0.7 + 0.6 - 0.8 = 0.5.$$

例 9-15 某人外出旅游两天,据天气预报,第一天不下雨的概率为 0.6,第二天不下雨的概率为 0.3,两天都不下雨的概率为 0.1,求至少有一天不下雨的概率.

解 设 $A = \{$第一天不下雨$\}$,$B = \{$第二天不下雨$\}$,$C = \{$至少有一天不下雨$\}$,则 $C = A \cup B$.

已知 $P(A) = 0.6$,$P(B) = 0.3$,$P(AB) = 0.1$.

根据题意,$P(C) = P(A \cup B) = P(A) + P(B) - P(AB) = 0.6 + 0.3 - 0.1 = 0.8$.

即至少有一天不下雨的概率为 0.8.

例 9-16 某建筑工地购进 300 根钢筋,其中有 20 根为次品,浇注混凝土梁时,每根梁用 5

根钢筋作受力筋.试求:(1)梁中至少有 4 根受力筋为次品的概率;(2)梁中至少有 1 根受力筋为次品的概率.

解 (1)设 $A = \{$梁中至少有 4 根受力筋为次品$\}$,$A_i = \{$梁中恰有 i 根受力筋为次品$\}$,$i = 4,5.$ 则 A_4 与 A_5 互不相容,且 $A = A_4 + A_5$,由概率加法公式,得

$$P(A) = P(A_4 + A_5) = P(A_4) + P(A_5)$$

$$= \frac{C_{20}^4 C_{280}^1}{C_{300}^5} + \frac{C_{20}^5}{C_{300}^5} = 0.00007.$$

(2)设 $B = \{$梁中至少有 1 根受力筋为次品$\}$,则 $\overline{B} = \{$梁中的受力筋都不为 次品$\}$,由于

$$P(\overline{B}) = \frac{C_{280}^5}{C_{300}^5} = 0.7065.$$

则

$$P(B) = 1 - P(\overline{B}) = 0.2935.$$

例 9-17 据统计资料表明,某市居民拥有电视机、电冰箱、洗衣机的情况是:有电视机的占居民户数的 90%,有电冰箱的占 60%,有洗衣机的占 70%,有电视机又有电冰箱的占 50%,有电视机又有洗衣机的占 60%,有电冰箱又有洗衣机的占 40%,三样都有的占 20%.若从该市居民中任选一户发现这三种家用电器都没有的概率是多少?

解 设 A 表示"有电视机",B 表示"有电冰箱",C 表示"有洗衣机",则 $A + B + C$ 表示"至少有这三种中的一种家用电器",$\overline{A + B + C}$ 表示"这三种家用电器都没有".

由题意有

$$P(A) = 0.9, \quad P(B) = 0.6, \quad P(C) = 0.7, \quad P(AB) = 0.5,$$
$$P(AC) = 0.6, \quad P(BC) = 0.4, \quad P(ABC) = 0.3.$$

由三个事件的概率加法公式

$$P(A + B + C) = P(A) + P(B) + P(C) - P(AB) - P(AC) - P(BC) + P(ABC)$$
$$= 0.9 + 0.6 + 0.7 - 0.5 - 0.6 - 0.4 + 0.2 = 0.9,$$
$$P(\overline{A + B + C}) = 1 - P(A + B + C) = 1 - 0.9 = 0.1.$$

因此,从该市居民中任选一户发现这三种家用电器都没有的概率为 0.1.

二、概率的乘法公式

引例:某班级有学生 40 人,其中有共青团员 15 人,将全班分成四个小组,第一小组有学生 10 人,其中共青团员 4 人,如果要在班里任选一人当学生代表,那么该代表恰好在第一小组的概率是多少? 现在要在班级任选一个共青团员当团员代表,问这个代表恰好在第一组内的概率是多少?

分析:如果设

$$A = \{$在班内任选一个学生,该学生属于第一组$\},$$
$$B = \{$在班内任选一个学生,该学生是共青团员$\}.$$

可以看到,在第一个问题里求得的是 $P(A)$,而在第二个问题里,是在"已知事件 B 发生"的附加条件下,求 A 发生的概率,并且记作 $P(A \mid B)$.于是有

$$P(A \mid B) = \frac{4}{15} = \frac{4/40}{15/40} = \frac{P(AB)}{P(B)}.$$

1. 条件概率

在实际问题中,有时会遇到事件 B 已经发生的条件下,求事件 A 的概率. 由于有了附加条件"事件 B 已经发生",因此称这种概率为事件 A 在事件 B 已经发生的条件下的**条件概率**,记为 $P(A \mid B)$,相应地,$P(A)$ 称为无条件概率.

下面讨论条件概率和无条件概率之间的关系式.

对任意事件 A 与 B,

若 $\qquad P(A) > 0$,则 $P(B \mid A) = \dfrac{P(AB)}{P(A)}$; 若 $P(B) > 0$,则 $P(A \mid B) = \dfrac{P(AB)}{P(B)}$. (9-8)

注意:要求 $P(A) > 0$ 和 $P(B) > 0$,是表明事件 A,B 不应是不可能事件.

2. 概率的乘法公式

由条件概率和无条件概率之间的关系式(9-8),可得到概率的乘法公式.

定理9.2(概率的乘法公式)　若 A,B 是任意两个随机事件,则

$$P(AB) = P(A)P(B \mid A), P(A) > 0;$$

或

$$P(AB) = P(B)P(A \mid B), P(B) > 0.$$ (9-9)

概率的乘法公式推广到有限多个事件的情形是:

$$P(A_1 A_2 \cdots A_n) = P(A_1)P(A_2 \mid A_1) \cdots P(A_n \mid A_1 A_2 \cdots A_{n-1})$$ (9-10)

注意:根据乘法公式在计算 $P(AB)$ 时,显然有两种选择,即选 A 还是选 B 为条件,这应视计算的方便而定. 一般要以已发生的事件为条件事件.

例9-18　已知某种水泥的强度能达到52.5级的概率为0.9,能达到62.5级的概率为0.5,现取一水泥试块进行强度试验,已达到52.5级标准而未被破坏,求其能达到62.5级的概率.

解　设 $A = \{$试块强度达到52.5级$\}$,$B = \{$试块强度达到62.5级$\}$,则 $B \subset A, AB = B$. 则所求概率为

$$P(B \mid A) = \frac{P(AB)}{P(A)} = \frac{P(B)}{P(A)} = \frac{0.5}{0.9} = \frac{5}{9}.$$

例9-19　袋中有 3 个白球 7 个黑球,从中依次取出 2 个,求取出的两个都是白球的概率.

解　设 $A_i = \{$第 i 次取得白球$\}$ $(i = 1,2)$,则 $A_1 A_2$ 表示两次都取得白球,由题意可知

$$P(A_1) = \frac{3}{10}, \quad P(A_2 \mid A_1) = \frac{2}{9},$$

则

$$P(A_1 A_2) = P(A_1)P(A_2 \mid A_1) = \frac{3}{10} \cdot \frac{2}{9} = \frac{1}{15}.$$

例9-20　一盒子内有 10 只晶体,其中 4 只是坏的,6 只是好的,从中无放回地取两次晶体,每次取一只,当发现第一次取的是好的晶体时,第二次取的也是好的晶体的概率为多少?

解　令 $A = \{$第一次取的是好的晶体$\}$,$B = \{$第二次取的是好的晶体$\}$. 按条件概率的定义需先计算

$$P(A) = \frac{6}{10} = \frac{3}{5}, P(AB) = \frac{6}{10} \times \frac{5}{9} = \frac{1}{3};$$

于是

$$P(B|A) = \frac{P(AB)}{P(A)} = \frac{5}{9}.$$

例 9-21 100 根钢筋中有 10% 的次品，从中不放回地抽取 3 次，每次取一根，求第三次才取到次品的概率.

解 设 $A_i = \{$第 i 次取到合格品$\}$，$i = 1, 2, 3$，则所求概率为

$$P(A_1 A_2 \overline{A_3}) = P(A_1)P(A_2|A_1)P(\overline{A_3}|A_1A_2)$$

$$= \frac{90}{100} \cdot \frac{89}{99} \cdot \frac{10}{98} = 0.0825.$$

三、全概率公式

1. 全概率公式

实际问题中，当计算比较复杂的事件的概率时，往往必须同时利用概率的加法公式和乘法公式.

如果事件 $B_1, B_2, \cdots, B_n$ 互不相容，且 $P(B_i) > 0 (i = 1, 2, \cdots, n)$，又 $B_1 \cup B_2 \cup \cdots \cup B_n = \Omega$，则称 $B_1, B_2, \cdots, B_n$ 为一个**完备事件组**.

若 $P(B_i) > 0$，则对样本空间 Ω 中任一事件 A 都有

$$A = A\Omega = A(B_1 \cup B_2 \cup \cdots \cup B_n) = AB_1 \cup AB_2 \cup \cdots \cup AB_n.$$

由于 $B_1, B_2, \cdots, B_n$ 互不相容，因而 $AB_1, AB_2, \cdots, AB_n$ 也不相容.

由概率的加法公式得

$$P(A) = P(AB_1) + P(AB_2) + \cdots P(AB_n)$$

$$= P(B_1)P(A|B_1) + P(B_2)P(A|B_2) + \cdots P(B_n)P(A|B_n)$$

$$= \sum_{i=1}^{n} P(B_i)P(A|B_i).$$

定理 9.3（全概率公式） 设 n 个事件 $B_1, B_2, \cdots, B_n$ 构成完备事件组，A 为任一事件，则

$$P(A) = \sum_{i=1}^{n} P(AB_i) = \sum_{i=1}^{n} P(B_i)P(A|B_i). \tag{9-11}$$

全概率公式是概率论的一个基本公式，有着很重要的应用. 它的实质是将一个较复杂事件的概率，分解为若干个较简单且互斥事件的概率.

例 9-22 某混凝土制品厂共有三条生产预应力空心板的生产线，各条生产线的产量分别占全厂的 30%，20%，50%，次品率分别为 3%，2%，2%，求全厂生产的预应力空心板的次品率.

解 从该厂任取一块空心板，$A = \{$取得的产品为次品$\}$，$B_i = \{$取得的产品为第 i 条生产线生产的$\}(i = 1, 2, 3)$.

显然，B_1, B_2, B_3 两两互不相容，且 $B_1 + B_2 + B_3 = \Omega$. 由全概率公式得

$$P(A) = P(B_1)P(A|B_1) + P(B_2)P(A|B_2) + P(B_3)P(A|B_3)$$

$$= \frac{30}{100} \cdot \frac{3}{100} + \frac{20}{100} \cdot \frac{2}{100} + \frac{50}{100} \cdot \frac{2}{100} = 0.023,$$

即全厂生产的预应力空心板的次品率为 2.3%.

例 9-23 有两箱同种类型的零件. 第一箱装 50 只,其中 10 只一等品;第二箱 30 只,其中 18 只一等品. 今从两箱中任挑出一箱,然后从该箱中取零件两次,每次任取一只,做不放回抽样. 试求第一次取到的零件是一等品的概率.

解 设 B_i 表示"第 i 次取到一等品"($i = 1, 2$),A_j 表示"第 j 箱产品"($j = 1, 2$),显然 $A_1 \cup A_2 = \Omega, A_1 A_2 = \varnothing$.

$$P(B_1) = \frac{1}{2} \cdot \frac{10}{50} + \frac{1}{2} \cdot \frac{18}{30} = \frac{2}{5} = 0.4 \ (B_1 = A_1 B + A_2 B \ \text{由全概率公式解}).$$

例 9-24 10 张奖券中只有 3 张是中奖券,现由 10 个人依次抽取,每个人抽一张,求:

(1)第一个抽取者中奖的概率;(2)第二个抽取者中奖的概率.

解 设 A 表示"第一人中奖",B 表示"第二人中奖".

(1)由古典概型公式可知

$$P(A) = \frac{C_3^1}{C_{10}^1} = \frac{3}{10};$$

(2)事件 B 能且只能伴随下面两个事件之一发生而发生:

设 A 表示"第一人中奖",$\bar{A}$ 表示"第一人未中奖",事件组 $A, \bar{A}$ 是一个完备事件组,根据全概率公式得

$$P(B) = P(A)P(B|A) + P(\bar{A})P(B|\bar{A}).$$

依题意得

$$P(A) = \frac{3}{10}, \quad P(\bar{A}) = \frac{7}{10}, \quad P(B|A) = \frac{C_2^1}{C_9^1} = \frac{2}{9}, \quad P(B|\bar{A}) = \frac{C_3^1}{C_9^1} = \frac{3}{9}.$$

所以,第二个中奖的概率为

$$P(B) = \frac{3}{10} \times \frac{2}{9} + \frac{7}{10} \times \frac{3}{9} = \frac{3}{10}.$$

类似地,可以计算出第 3 个到第 10 个人抽中奖的概率都是 $\frac{3}{10}$,与抽奖先后顺序无关,这可作为一般抽签或抓阄问题的结论.

例 9-25 某工厂生产的产品以 100 件为一批,假定每批产品中的次品数不超过 4,且具有如下概率:

一批产品中的次品数	0	1	2	3	4
概率	0.1	0.2	0.4	0.2	0.1

现进行抽样检验,从每批中任取 10 件来检验,若发现其中有次品,则认为该批产品不合格,求一批次品中通过检验的概率.

解 设 $B = \{$一批产品通过检验$\}$,$A_i = \{$一批产品中含有 i 个次品$\}$($i = 0, 1, 2, 3, 4$).

显然 A_0, A_1, A_2, A_3, A_4 两两互不相容,且 $A_0 + A_1 + A_2 + A_3 + A_4 = \Omega$.

由于 $P(A_0) = 0.1, P(B|A_0) = 1, \quad P(A_1) = 0.2, \quad P(B|A_1) = \frac{C_{99}^{10}}{C_{100}^{10}} = 0.900,$

$$P(A_2) = 0.4, P(B|A_2) = \frac{C_{98}^{10}}{C_{100}^{10}} = 0.809, P(A_3) = 0.2, P(B|A_3) = \frac{C_{97}^{10}}{C_{100}^{10}} = 0.727,$$

$$P(A_4) = 0.1, P(B|A_4) = \frac{C_{96}^{10}}{C_{100}^{10}} = 0.652,$$

根据全概率公式得

$$P(B) = \sum_{i=1}^{4} P(A_i)P(B|A_i) = 0.1 \times 1 + 0.2 \times 0.900 + 0.4 \times 0.809 + 0.2 \times 0.727 + 0.1 \times 0.652$$
$$= 0.814.$$

*2. 贝叶斯公式（逆概公式）

对于完备事件组 $A_1, A_2, \cdots, A_n$，当诸 $P(A_i)$ 和 $P(B|A_i)$ 都容易计算时，可利用全概率公式计算某个事件 B 的概率. 但我们也常常会遇到另一类问题.

若事件 B 已经发生，假设已知引起事件 B 发生的可能"原因"事件共有 n 个: $A_1, A_2, \cdots, A_n$，且它们构成完备事件组，则求某一个原因"事件"的概率，就是求 $P(A_i|B)$.

计算这类问题，有如下的逆概率公式，也称贝叶斯公式.

定理 9.4（贝叶斯公式）　设 n 个事件 $A_1, A_2, \cdots, A_n$ 构成一个完备事件组，B 为任一概率不为零的事件，则在 B 发生的条件下 A_k 发生的概率为

$$P(A_k|B) = \frac{P(A_k)P(B|A_k)}{\sum_{i=1}^{n} P(A_i)P(B|A_i)} \quad (k = 1, 2, \cdots, n). \tag{9-12}$$

贝叶斯公式是概率论中的一个著名公式，它是将概率乘法公式和全概率公式用于条件概率的计算中，它在概率论和数理统计中有着十分重要的意义. 如果将事件 B 看成"结果"，把事件 $A_1, A_2, \cdots, A_n$ 看成导致该结果的"原因"；现在"结果" B 发生了，是"原因" A_k 导致该结果发生的概率即 $P(A_k|B)$.

例 9-26　某种病菌在人群中带菌者的概率为 0.03，进行检查时，由于技术和操作的不完善以及种种原因，使带菌者未必呈阳性反应，而不带菌者也可能呈阳性反应. 假定带菌者检查结果呈阳性反应的概率为 0.99，不带菌者检查结果呈阳性反应的概率为 0.05. 现设某人检查结果呈阳性，问他确是带菌者的概率是多少？

解　设 A 表示"检查结果呈阳性"，B 表示"此人是带菌者"，由已知条件有

$$P(A|B) = 0.99, \quad P(A|\bar{B}) = 0.05, \quad P(B) = 0.03,$$

所求概率为 $P(B|A)$，根据贝叶斯公式

$$P(B|A) = \frac{P(B)P(A|B)}{P(B)P(A|B) + P(\bar{B})P(A|\bar{B})} = \frac{0.03 \times 0.99}{0.03 \times 0.99 + 0.97 \times 0.05} = 0.380.$$

例 9-27　在例 9.25 中，如果某批产品通过了检验，求该批产品中恰有 2 个次品的概率.

解　仍采用例 9.25 中的记号，现要计算条件概率 $P(A_2|B)$.

根据贝叶斯公式

$$P(A_2|B) = \frac{P(A_2)P(B|A_2)}{P(B)} = \frac{0.4 \times 0.809}{0.814} = 0.398.$$

例 9-28　某工厂有四条流水线生产同一种产品，该四条流水线分别占总产量的 15%、

20%、30%和35%,又这四条流水线的不合格率依次为0.05、0.04、0.03和0.02.现在从出厂产品中任取一件,问恰好抽到不合格品的概率为多少? 若该厂规定,出了不合格品要追究有关流水线的经济责任,现在在出厂产品中任取一件,结果为不合格品,但标志已脱落.问第四条流水应承担多大责任?

解　令

$$A = \{任取一件,恰好抽到不合格品\},$$

$$B_i = \{任取一件,恰好抽到第 i 条流水线的产品\}(i=1,2,3,4).$$

由全概率公式可得

$$P(A) = \sum_{i=1}^{4} P(B_i)P(A\mid B_i)$$

$$= 0.15 \times 0.05 + 0.20 \times 0.04 + 0.30 \times 0.03 + 0.35 \times 0.02$$

$$= 0.0325 = 3.25\%;$$

$$P(B_4 \mid A) = \frac{P(B_4)P(A\mid B_4)}{\sum_{i=1}^{4} P(B_i)P(A\mid B_i)} = \frac{0.35 \times 0.02}{0.0325} = \frac{14}{65} \approx 0.215.$$

例 9-29　某单位职工上班,乘公交车、自驾汽车、骑自行车和步行的概率各为0.40,0.45, 0.05和0.10;下雪天他们迟到的概率分别为0.20,0.10,0和0.05.今有一名职工迟到了,问该职工乘公交车、自驾汽车、骑自行车和步行上班者的概率.

解　设 B 表示"一名职工上班迟到",A_1,A_2,A_3,A_4 分别表示"乘公交车上班""自驾汽车上班""骑自行车上班"和"步行上班".本例要求的是,在 B 已经发生时,事件 A_1,A_2,A_3,A_4 发生的条件概率,即要求 $P(A_i\mid B),i=1,2,3,4.$ 由题意可知

$$P(A_1) = 0.40, \quad P(A_2) = 0.45, \quad P(A_3) = 0.05, \quad P(A_4) = 0.10,$$

$$P(B\mid A_1) = 0.20, \quad P(B\mid A_2) = 0.10, \quad P(B\mid A_3) = 0, \quad P(B\mid A_4) = 0.05.$$

由全概率公式得

$$P(B) = \sum_{i=1}^{4} P(A_i)P(B\mid A_i)$$

$$= 0.40 \times 0.20 + 0.45 \times 0.10 + 0.05 \times 0 + 0.10 \times 0.05 = 0.13.$$

于是

$$P(A_1\mid B) = \frac{P(A_1)P(B\mid A_1)}{P(B)} = \frac{0.40 \times 0.20}{0.13} \approx 0.6154,$$

$$P(A_2\mid B) = \frac{P(A_2)P(B\mid A_2)}{P(B)} = \frac{0.45 \times 0.10}{0.13} \approx 0.3462,$$

$$P(A_3\mid B) = \frac{P(A_3)P(B\mid A_3)}{P(B)} = \frac{0.05 \times 0}{0.13} = 0,$$

$$P(A_4\mid B) = \frac{P(A_4)P(B\mid A_4)}{P(B)} = \frac{0.10 \times 0.05}{0.13} \approx 0.0385.$$

习题9.2

1.一批产品中,一、二、三等品率分别为0.8,0.16,0.04,若规定一、二等品为合格品,求产品的合格率.

2.某地有甲、乙、丙三种报纸,该地成人中有20%读甲报,16%读乙报,14%读丙报,兼读甲乙两报的有

8%，兼读甲丙两报的有 5%，兼读乙丙两报的有 4%，三种报纸都读的有 2%．问该地成人中有百分之几的人至少读一种报纸．

3．某旅店从服务员那里拿来一串钥匙共 5 把，其中只有一把能打开门锁．今逐把试开，求三次内能打开门锁的概率．

4．由长期统计资料得知，某一地区在 4 月份下雨(记作事件 A)的概率为 4/15，刮风(用 B 表示)的概率为 7/15，既刮风又下雨的概率为 1/10，求 $P(A \mid B)$，$P(B \mid A)$，$P(A+B)$．

5．100 根钢筋中有 10% 的次品，从中不放回地抽取 3 次，每次一根，求第 3 次才取到正品的概率．

6．某厂生产的灯泡能用 1000h 的概率为 0.8，能用 1500h 的概率为 0.4，求已用 1000h 的灯泡能用到 1500h 的概率．

7．某种计算机软件能使用 10 年以上的概率为 0.7，能用到 15 年以上的概率为 0.3，如果现在有一个已经用了 10 年的这种软件，问它能用到 15 年以上的概率是多少？

8．为防止意外，在矿内同时设有两种报警系统 A 与 B，每种系统单独使用时，系统 A 有效的概率为 0.92，系统 B 为 0.93；在 A 失灵的条件下，B 有效的概率为 0.85，求：

(1)发生意外时，这两个报警系统至少有一个有效的概率；

(2)B 失灵的条件下，A 有效的概率．

9．某仓库中有 10 箱同样规格的产品，其中有甲厂生产的 5 箱，乙厂生产的 3 箱，丙厂生产的 2 箱．甲、乙、丙三厂生产的产品中次品率分别为 $\frac{1}{10}$，$\frac{1}{15}$，$\frac{1}{20}$．从这 10 箱产品中任取一箱并任取其中一件产品，求取出的这件产品是正品的概率．

10．学生中优等生占 25%，中等生占 50%，较差生占 25%，已知优等生通过一项测验的概率为 0.8，中等生通过这项测验的概率为 0.6，而较差生通过测验的概率为 0.3．现从学生中随机挑选一名进行测验，他通过了测验，求他是优等生的概率和他是较差生的概率．

11．已知某产品的合格率是 96%．现用某种方法检验，这种方法把合格品误判为次品的概率是 2%，而把次品误判为合格品的概率是 5%．求下列事件的概率：

(1)被检验的一件产品认为是合格品；

(2)检验的一件产品是合格品，它确实是合格品．

12．甲、乙两部机器制造同一种机器零件，甲机器制造出的零件废品率为 1%，乙机器制造出的废品率为 2%．现两机器共同制造一批零件，乙机器的产量比甲机器的产量大一倍．今从该批零件中任意取出一件，经检查恰好是废品，求它是甲机器制造的概率．

第三节　事件的独立性与贝努里概型

一、事件的独立性

如果两个事件 A 和 B，其中任何一个是否发生，都不影响另一个发生的可能性，则称事件 A 和事件 B 相互独立．

定义 9.4　若事件 A，B 满足等式

$$P(AB) = P(A)P(B),$$ (9-13)

则称事件 A，B 相互独立，简称 A，B 独立．

定义 9.5　若三个事件 A，B，C，如果满足四个等式，

$$\begin{cases} P(AB) = P(A)P(B), \\ P(BC) = P(B)P(C), \\ P(CA) = P(C)P(A), \\ P(ABC) = P(A)P(B)P(C). \end{cases}$$

则称 A, B, C 相互独立.

一般地,事件的独立性的概念可以推广到有限多个事件.

定义 9.6　如果事件 $A_1, A_2, \cdots, A_n$ 中的任一事件 $A_i(1, 2, \cdots, n)$ 的发生与否都不受其他 $n-1$ 个事件发生的影响,即对于 $1 \leqslant i \leqslant j \leqslant k \leqslant \cdots \leqslant n$,

$$\begin{cases} P(A_iA_j) = P(A_i)P(A_j), \\ P(A_iA_jA_k) = P(A_i)P(A_j)P(A_k), \\ \qquad\qquad\vdots \\ P(A_1A_2\cdots A_n) = P(A_1)P(A_2)\cdots P(A_n) \end{cases}$$

都成立,则称事件 $A_1, A_2, \cdots, A_n$ 相互独立.

由事件的独立性定义可知,独立性具有下列性质.

性质 1　若 $P(A) > 0, P(B) > 0$,则 $P(AB) = P(A)P(B)$ 与 $P(A \mid B) = P(A)$ 或 $P(B \mid A) = P(B)$ 等价.

性质 2　若四对事件 A 与 $B, \overline{A}$ 与 B, A 与 $\overline{B}, \overline{A}$ 与 $\overline{B}$ 中有一对是相互独立的,则另外三对也是相互独立的.

性质 3　若事件 A 与事件 B 相互独立,则 $P(A \cup B) = P(A) + P(B) - P(A)P(B)$.

性质 4　若事件 $A_1, A_2, \cdots, A_n$ 相互独立,则

$$P(A_1A_2\cdots A_n) = P(A_1)P(A_2)\cdots P(A_n); \tag{9-14}$$

$$P(A_1 \cup A_2 \cup \cdots \cup A_n) = 1 - P(\overline{A_1})P(\overline{A_2})\cdots P(\overline{A_n}). \tag{9-15}$$

性质 5　设 $P(A) > 0, P(B) > 0$,若事件 A 与事件 B 相互独立,则事件 A 与事件 B 必相容;若事件 A 与事件 B 互不相容,则事件 A 与事件 B 必不独立.

在实际问题中,两个事件是否相互独立,一般是根据问题的实际意义来判断. 例如两人同时向同一目标射击、有放回地取样等都可以看作是相互独立的.

例 9-30　两门高射炮向同一敌机射击,已知第一门炮的命中率为 0.55,第二门炮的命中率为 0.65,求目标被击中的概率.

解　设 $A = \{$第一门高射炮击中敌机$\}, B = \{$第二门高射炮击中敌机$\}, A \cup B = \{$敌机被击中$\}$.

因为 A, B 相互独立,所以

$$\begin{aligned} P(A \cup B) &= P(A) + P(B) - P(A)P(B) \\ &= 0.55 + 0.65 - 0.55 \times 0.65 = 0.8425. \end{aligned}$$

还可以用如下方法计算:

$$P(A + B) = 1 - P(\overline{A})P(\overline{B}) = 1 - (1 - 0.55)(1 - 0.65) = 0.8425.$$

例 9-31　预制钢筋混凝土构件的生产,分为四个彼此无关的工序,即捆扎钢筋、支模板、搅拌混凝土、浇筑混凝土. 若四个工序施工质量不合格的概率分别为 0.02, 0.018, 0.025, 0.028,

求生产的构件不合格的概率.

解　设

$$A_i = \{第 i 道工序不合格\}, i = 1,2,3,4;$$
$$B = \{生产的构件不合格\},$$

则

$$B = A_1 \cup A_2 \cup A_3 \cup A_4, \bar{B} = \bar{A_1}\bar{A_2}\bar{A_3}\bar{A_4}, 且 A_1, A_2, A_3, A_4 相互独立, 于是$$
$$P(\bar{B}) = P(\bar{A_1}\bar{A_2}\bar{A_3}\bar{A_4}) = P(\bar{A_1})P(\bar{A_2})P(\bar{A_3})P(\bar{A_4})$$
$$= (1 - 0.02)(1 - 0.018)(1 - 0.025)(1 - 0.028) = 0.912,$$

故

$$p(B) = 1 - P(\bar{B}) = 0.088.$$

例 9-32　设每门炮射击命中率为 0.6, 现要保证以 0.99 的概率击中敌军目标, 问至少应配备几门炮?

解　设至少应配备 n 门炮, 且 A_i 表示"第 i 门炮击中目标", 则 $\bar{A_i}$ 表示"第 i 门炮未击中目标"$(i = 1,2,\cdots,n)$. $A = \{击中目标\} = A_1 \cup A_2 \cup \cdots \cup A_n$.

由题意可知 $P(A_i) = 0.6, P(\bar{A_i}) = 0.4(i = 1,2,\cdots,n)$. 由于每门炮射击是独立的, 故事件 $A_1, A_2, \cdots, A_n$ 是相互独立的.

因此, 敌军目标未被击中的概率为

$$P(\bar{A_1}\bar{A_2}\cdots\bar{A_n}) = P(\bar{A_1})P(\bar{A_2})\cdots P(\bar{A_n}) = 0.4^n,$$

敌军目标被击中的概率为 $1 - 0.4^n$, 又由题意得

$$P(A) = 1 - 0.4^n = 0.99.$$

解得 $n \approx 5.026$.

因此, 至少应配备 6 门炮才能以 0.99 的概率击中敌军目标.

二、贝努里概型

在概率论中, 把在相同条件下重复进行试验的数学模型称为**独立试验序列概型**.

定义 9.7　在相同条件下重复进行 n 次试验, 若任何一次试验中各结果发生的可能性都不受其他各次试验结果发生情况的影响, 则称这 n 次试验为 **n 次重复独立试验**.

例如, 从一批产品中逐件抽取 5 件产品进行检查, 如果每次取出后立即放回再抽下一件, 那么, 可以把每取一件产品看作是一次试验. 由于每次取出后立即放回, 所以各次取得的结果都不影响其余各次抽取的是正品还是次品. 所以可以看作是 5 次的重复独立试验.

定义 9.8　在 n 次重复独立试验中, 如果每次试验只有两个相互对立的结果 A 与 $\bar{A}$, 并设 $P(A) = p(0 < p < 1), P(\bar{A}) = 1 - p = q$, 则称这种试验为 **$n$ 重贝努里试验**. 这种数学模型称为**贝努里概型**. 它在产品的质量检验、交通工程等诸多领域都有着广泛的应用.

定理 9.5(贝努里定理)　设一次试验中事件 A 发生的概率为 $P(A) = p(0 < p < 1)$, 则在 n 重贝努里试验中, 事件 A 恰好发生 k 次$(0 \leqslant k \leqslant n)$的概率 $P_n(k)$ 为

$$P_n(k) = C_n^k p^k q^{n-k}(k = 0,1,\cdots,n),$$ (9-16)

其中，$q = 1 - p$.

由于 $C_n^k p^k q^{n-k}$ 恰好是 $(p + q)^n$ 按二项公式展开的各项，所以上述公式也称为二项概率公式.

例 9-33 设某厂电子管的一级品率为 0.6，现从出厂的一批产品任意取 10 个检验，求至少有 2 个一级品的概率.

解 设 $A = \{至少有 2 个一级品\}$，每一个电子管可能是一级品也可能不是一级品，各个电子管是否是一级品是相互独立的. 由式(9-16)，有

$$P(A) = \sum_{k=2}^{10} P_{10}(k) = 1 - P_{10}(0) - P_{10}(1)$$
$$= 1 - 0.4^{10} - C_{10}^1 \times 0.6 \times 0.4^9 \approx 0.998.$$

例 9-34 一个工人负责维修 10 台同类型的车床，在一段时间内每台机床发生故障需要维修的概率为 0.3，求：

(1) 在这段时间内有 2～4 台机床需要维修的概率；

(2) 在这段时间内至少有 1 台机床需要维修的概率.

解 各台机床是否需要维修是相互独立的，已知 $n = 10, p = 0.3, q = 0.7$.

(1) $P(2 \leqslant k \leqslant 4) = P_{10}(2) + P_{10}(3) + P_{10}(4)$
$$= C_{10}^2 \times 0.3^2 \times 0.7^8 + C_{10}^3 \times 0.3^3 \times 0.7^7 + C_{10}^4 \times 0.3^4 \times 0.7^6 \approx 0.7004$$

(2) $P(k \geqslant 1) = 1 - 0.7^{10} \approx 0.9718$.

例 9-35 某大学的校羽毛球队与道工系羽毛球队举行抗赛. 校队的实力较系队为强，当一个校队运动员与一个系对运动员比赛时，校队运动员获胜的概率为 0.6. 现在校、系双方商量对抗赛的方式，提了三种方案：

(1) 双方各出 3 人；

(2) 双方各出 5 人；

(3) 双方各出 7 人.

三种方案中均以比赛中得胜人数多的一方为胜利. 问：对系队来说，哪一种方案有利？

解 设系队得胜人数为 ξ，则在上述三种方案中，系队胜利的概率为

(1) $P(\xi \geqslant 2) = \sum_{k=2}^{3} \binom{3}{k} (0.4)^k (0.6)^{3-k} \approx 0.352$.

(2) $P(\xi \geqslant 3) = \sum_{k=3}^{5} \binom{5}{k} (0.4)^k (0.6)^{5-k} \approx 0.317$.

(3) $P(\xi \geqslant 4) = \sum_{k=4}^{7} \binom{7}{k} (0.4)^k (0.6)^{7-k} \approx 0.290$.

由此可知，第一种方案对系队最为有利（当然，对校队最为不利）. 这在直觉上也是容易理解的.

习题 9.3

1. 三个人独立地破译一个密码，他们译出的概率分别为 $\frac{1}{5}, \frac{1}{3}, \frac{1}{4}$，求能将此密码译出的概率.

2. 从宿舍楼外打电话给这个宿舍楼的某个学生寝室需要由总机接转，若打通总机的概率为 0.6，寝室分机占线的概率为 0.3，假定二者是独立的，求从宿舍楼外向该寝室打电话能接通的概率.

3. 某射手的命中率为 0.2, 要使至少击中一次的概率不小于 0.9, 必须进行多少次独立射击?

4. 某水厂由甲、乙两个互不影响的泵站供水, 两泵站因故停机的概率分别为 0.015, 0.02, 问两泵站至少有一个因故停机的概率为多少?

5. 某种电子元件使用寿命在 1000h 以上的概率为 0.3, 求 3 个该种电子元件在使用 1000h 后, 最多只有一个坏了的概率.

6. 某机构有一个由 9 人组成的顾问小组, 若每个顾问贡献正确意见的百分比是 0.7, 现在该机构对某个项目可行与否个别征求各位顾问意见, 并按大多数人意见作出决策, 求作出正确决策的概率.

第四节　离散型随机变量及其分布

一、随机变量的概念

随机事件是描述随机试验结果出现与否的一种"定性"的概念. 为了全面研究随机试验的结果, 揭示随机现象的统计规律性, 还需将随机试验的结果数量化, 引进一种"定量"的概念, 即把随机试验的结果与实数对应起来.

有些随机试验的结果本身就是由数量来表示. 例如, 在抛一颗骰子, 观察其结果发生的点数的试验中, 试验的结果就可分别由数字 1, 2, 3, 4, 5, 6 来表示. 在另外一些试验中, 试验结果看起来与数量无关, 但可以指定一个数量来表示. 例如, 射击试验中, 若规定"击中"对应数字 1, "没击中"对应数字 0, 则该试验的每一种结果, 都有唯一确定的实数与之对应.

定义 9.9　设 E 是随机试验, 对于随机试验中的每一个基本事件 ω, 都唯一地对应着一个实数 $\xi(\omega)$, $\xi(\omega)$ 是随着试验结果不同而变化的一个变量, 则称变量 $\xi = \xi(\omega)$ 为一个**随机变量**, 简记为 ξ. 通常用希腊字母 ξ, η, ζ 或大写英文字母 X, Y, Z 表示, 而用小写字母 x, y, z 表示随机变量可能取的值.

显然, 随机变量 ξ 实质上是定义在试验的样本空间 Ω 上的一个函数, 函数 $\xi(\omega)$ 的定义域就是样本空间 Ω.

引入随机变量以后, 随机事件可以用随机变量的取值来表示. 随机变量是建立在随机事件基础上的一个概念, 由于事件发生的可能性对应于一定的概率, 那么, 随机变量也以相应的概率取值.

例 9-36　在投掷骰子试验中, $\{X = 4\}$ 表示抛掷 $\{$出现 4 点$\}$ 这一随机事件, 并且 $P\{X = 4\} = 1/6$.

例 9-37　观察某工程队所承包的某项工程能否按期完工, 有四种可能结果发生, 即提前完工、按期完工、延期完工和误期完工. 我们通过定义变量, 用 X 取不同数值表示所发生的不同结果. 如定义

$$X = \begin{cases} 0, & \text{误期完工,} \\ 1, & \text{延期完工,} \\ 2, & \text{按期完工,} \\ 3, & \text{提前完工.} \end{cases}$$

如果我们通过查阅和分析该工程队的技术档案资料而得到了概率

$$P(误期完工) = 0.03, \quad P(延期完工) = 0.2,$$
$$P(按期完工) = 0.67, \quad P(提前完工) = 0.1,$$

则有

$$P\{X=0\} = 0.03, \quad P\{X=1\} = 0.2,$$
$$P\{X=2\} = 0.67, \quad P\{X=3\} = 0.1.$$

随机变量具有以下两个特征：

(1)随机性：任何随机试验，不管随机试验结果是否是数量，都可以用一个变量 X 所取的数值来表示. 随机试验的结果具有不确定性；它的取值依赖于随机试验的结果.

(2)统计规律性：由于随机变量 X 的取值由试验结果唯一确定，而试验结果的发生对应一定的概率，所以，随机变量 X 也以一定的概率取各种可能的值，具有统计规律性.

按随机变量的取值情况，一般可以分为两大类：

(1)离散型随机变量

若随机变量只取有限个或无限可列个值，则称它为**离散型随机变量**.

(2)非离散型随机变量

若随机变量所有可能取值不能一一列举，在某一个或若干个有限或无限区间上取所有的值，则称它为**非离散型随机变量**. 例如测量误差、候车时间、电子元件的寿命等. 非离散型随机变量中最重要的是连续型随机变量.

二、离散型随机变量的分布列

只取有限个或无限可列个值的随机变量，称为离散型随机变量. 它的所有可能取值，一般地，以 $x_1, x_2, \cdots, x_k, \cdots$ 表示. 完整地描述离散型随机变量 ξ 的所有可能取值及其相应的概率的关系式称为 ξ 的概率分布，如下定义.

定义 9.10 设 ξ 为离散型随机变量，它的所有可能取值为 $x_1, x_2, \cdots, x_k, \cdots$，其相应的概率为 $p_1, p_2, \cdots, p_k, \cdots$，记为

$$P\{\xi = x_k\} = p_k \quad (k=1,2\cdots). \tag{9-17}$$

式(9-17)称为随机变量 ξ 的**概率函数**(或**概率分布**)，也称离散型随机变量 ξ 的分布列.

随机变量 ξ 的概率函数也可用表格形式表示：

ξ	x_1	x_2	$\cdots$	x_k	$\cdots$
P	p_1	p_2	$\cdots$	p_k	$\cdots$

这称为 ξ 的**概率函数表**或**概率分布表**.

由于随机事件 $\xi = x_1, \xi = x_2, \cdots, \xi = x_k, \cdots$ 构成一个完备事件组，因此，离散型随机变量 ξ 的概率函数具有以下性质：

(1)**非负性**

$$p_k \geq 0 \quad (k=1,2\cdots). \tag{9-18}$$

(2)**归一性**

$$\sum_k p_k = 1. \tag{9-19}$$

注意：凡满足上述两个性质的有限个或可列个数 $p_1, p_2, \cdots, p_k, \cdots$，都可以作为某个离散型

随机变量的概率分布.

例9-38 掷一颗均匀骰子,若用随机变量 ξ 表示出现的点数,求:

(1) ξ 的取值范围;(2)写出 ξ 的概率分布;(3)求 $P\{\xi \leqslant 4\}$ 和 $P\{3 \leqslant \xi < 5\}$.

解

(1) ξ 所有可能取值为 1,2,3,4,5,6.

(2) ξ 的概率分布为

ξ	1	2	3	4	5	6
P	$\frac{1}{6}$	$\frac{1}{6}$	$\frac{1}{6}$	$\frac{1}{6}$	$\frac{1}{6}$	$\frac{1}{6}$

$$(3)\, P\{\xi \leqslant 4\} = P\{\xi = 1\} + P\{\xi = 2\} + P\{\xi = 3\} + P\{\xi = 4\}$$

$$= \frac{1}{6} + \frac{1}{6} + \frac{1}{6} + \frac{1}{6} = \frac{2}{3}.$$

$$P\{3 \leqslant \xi < 5\} = P\{\xi = 3\} + P\{\xi = 4\} = \frac{1}{6} + \frac{1}{6} = \frac{1}{3}.$$

例9-39 设离散型随机变量 ξ 的概率分布为

$$P\{\xi = k\} = \frac{\lambda}{k} \quad (k = 1,2,3,4;\text{其中 } \lambda \text{ 是待定常数}).$$

(1)求 λ 的值,并写出概率分布表;

(2)求 $P\{\xi \leqslant 3\}$,$P\{\xi > 3\}$,$P\{1 < \xi < 4\}$,$P\{\xi < 1\}$,$P\{\xi \geqslant 4\}$.

解

(1)由概率分布的性质知

$$\sum_{k=1}^{4} \frac{\lambda}{k} = \lambda + \frac{\lambda}{2} + \frac{\lambda}{3} + \frac{\lambda}{4} = 1,$$

即

$$\frac{25}{12}\lambda = 1, \quad \lambda = \frac{12}{25}.$$

于是,随机变量 ξ 的概率分布表为

ξ	1	2	3	4
P	$\frac{12}{25}$	$\frac{6}{25}$	$\frac{4}{25}$	$\frac{3}{25}$

$$(2)\, P\{\xi \leqslant 3\} = P\{\xi = 1\} + P\{\xi = 2\} + P\{\xi = 3\} = \frac{12}{25} + \frac{6}{25} + \frac{4}{25} = \frac{22}{25},$$

$$P\{\xi > 3\} = P\{\xi = 4\} = \frac{3}{25},$$

$$P\{1 < \xi < 4\} = P\{\xi = 2\} + P\{\xi = 3\} = \frac{10}{25} = \frac{2}{5},$$

$$P\{\xi < 1\} = 0, P\{\xi \geqslant 4\} = P\{\xi = 4\} = \frac{3}{25}.$$

例9-40 设离散型随机变量 X 的概率分布如下:

X	-1	1	3
P	0.2	0.3	k

求:(1)k 值;(2)概率 $P\{X>0\}$.

解

(1)由概率分布的性质知

$0.2+0.3+k=1$,所以,$k=0.5$.

(2)$P\{X>0\}=P\{X=1\}+P\{X=3\}=0.3+0.5=0.8$.

三、常见离散型随机变量的概率分布

1. 两点分布

一般地,只取两个可能值 x_1,x_2 的随机变量 ξ,其概率分布可写为

$$P\{\xi=x_k\}=p_k \quad (k=0,1).$$

称 ξ 服从**两点分布**.特别地,若 $x_1=0,x_2=1$,这时称 ξ 服从 0-1 分布,记为 $\xi\sim(0,1)$.

0-1 分布描述只有两个可能结果的随机试验,0-1 分布的概率分布写为

$$P\{\xi=k\}=p^k(1-p)^{1-k} \quad (k=0,1;0<p<1). \tag{9-20}$$

它的分布列为

ξ	0	1
P	$1-p$	p

两点分布虽然很简单,但应用十分广泛,一次试验只有两个可能结果的概率分布都可以用两点分布来描述.如,一次试车成功与否;一次射击命中与否;抽样检验一个产品是否合格等随机试验的结果都服从两点分布.

2. 二项分布

在 n 重伯努利试验中,若每次试验中事件 A 发生的概率为 P,记随机变量 ξ 为 n 次试验中事件 A 发生的次数.由二项概率公式(9-16)可得 ξ 的分布列为

$$P\{\xi=k\}=C_n^k p^k q^{n-k} \quad (k=0,1,2,\cdots,n). \tag{9-21}$$

其中,$0<p<1,q=1-p$.我们把分布列(9-21)的随机变量 ξ 称为服从参数为 n,p 的二项分布或贝努里分布,记为 $\xi\sim B(n,p)$.

显然,当 $n=1$ 时,二项分布就是两点分布.二项分布在产品抽样检验、交通工程、遗传学等方面都有重要应用.

例 9-41　某人连续投掷一枚均匀硬币 5 次,求正面向上 2 次的概率.

解　这是 5 重贝努里试验,即 $\xi\sim B(5,0.5)$,则 ξ 的概率分布为

$$P\{\xi=2\}=C_5^2(0.5)^2(0.5)^3=\frac{5}{16}.$$

例 9-42　某人对一目标连续射击 4 次,每次击中的概率都是 0.25.设各次射击彼此独立,求击中目标次数 ξ 的概率分布.

解　这是 4 重贝努里试验,即 $\xi\sim B(4,0.25)$,则 ξ 的概率分布为

$$P\{\xi = k\} = C_4^k (0.25)^k (0.75)^{n-k} \quad (k = 0,1,2,3,4).$$

由二项分布公式可算出

$$P\{\xi = 0\} = (0.75)^4 = 0.3164, \quad P\{\xi = 1\} = C_4^1 0.25 \cdot (0.75)^3 = 0.4219,$$

$$P\{\xi = 2\} = C_4^2 (0.25)^2 (0.75)^2 = 0.2109, \quad P\{\xi = 3\} = C_4^3 (0.25)^3 \cdot 0.75 = 0.0469,$$

$$P\{\xi = 4\} = C_4^4 (0.25)^4 = 0.0039.$$

于是 ξ 的概率分布为

ξ	0	1	2	3	4
P	0.3164	0.4219	0.2109	0.0469	0.0039

例 9-43 设有 50 台电脑感染了某种计算机病毒,已知此种病毒的发作率为 2/3,求病毒发作电脑数的概率分布列.

解 把观察一台电脑病毒是否发作为一次试验,发作率 $p = \dfrac{2}{3}$,不发作率 $q = \dfrac{1}{3}$,由于对 50 台感染病毒的电脑来说是否发病,可以近似看作相互独立,所以将它作为 50 次重复独立试验,设 50 台电脑中病毒发作数为 X,则 $X \sim B\left(50, \dfrac{2}{3}\right)$, X 的分布列为

$$P\{X = k\} = C_{50}^k \left(\frac{2}{3}\right)^k \left(\frac{1}{3}\right)^{50-k} \quad (k = 0,1,2,\cdots,50).$$

3. 泊松分布

若随机变量 ξ 的概率分布为

$$P\{\xi = k\} = \frac{\lambda^k}{k!} e^{-\lambda} \quad (k = 0,1,2\cdots), \tag{9-22}$$

其中 $\lambda > 0$,则称 ξ 服从参数为 λ 的**泊松分布**,记为 $\xi \sim P(\lambda)$.

泊松分布有广泛而重要的应用.一方面,实际问题中有许多随机变量服从泊松分布.例如,在任意给定的一段时间内,来到某公共设施要求得到服务的人数;电话交换台接到呼唤的次数;到某公共汽车站候车的人数;打字员打错字数;一个大工厂发生重大公害事故的次数;一页书上排版的错字数;一定长度的布上的疵点数等.另一方面,泊松分布可作为二项分布的近似分布,这不仅在理论上,而且在实际应用中都有重大意义.

当 n 很大,按二项分布公式计算概率是比较困难的.可以证明,在二项分布中,当 n 很大,p 很小时,取 $\lambda = np$,可用泊松分布近似计算二项分布,即有近似公式

$$C_n^k p^k (1-p)^{n-k} \approx \frac{\lambda^k}{k!} e^{-\lambda}. \tag{9-23}$$

在实际问题中,当 $n \geq 10, p \leq 0.1, \lambda = np \leq 5$,且精度要求不太高时,可应用该近似公式计算.

由于泊松分布应用广泛,为避免重复计算,一般可通过查表(泊松概率分布表)得到结果.

例 9-44 电话交换台每分钟接到的呼唤次数 ξ 服从参数为 3 的泊松分布,求下列事件的概率:

(1)在 1min 内恰好接到 6 次呼唤;

(2)在 1min 内呼唤次数不超过 5 次;

（3）在 1 min 内呼唤次数超过 5 次.

解 因 $\xi \sim P(3)$，故

$$P\{\xi = k\} = \frac{3^k}{k!}e^{-3} \quad (k = 0,1,2\cdots).$$

于是查附表一可得：

（1）$P\{\xi = 6\} = \dfrac{3^6}{6!}e^{-3} = 0.050409$；

（2）$P\{\xi \leqslant 5\} = \displaystyle\sum_{k=0}^{5} P\{\xi = k\} = \sum_{k=0}^{5} \frac{3^k}{k!}e^{-3}$

$\qquad = 0.049787 + 0.149361 + 0.224042 + 0.224042 + 0.168031 + 0.100819$

$\qquad = 0.916082$；

（3）$P\{\xi > 5\} = 1 - P\{\xi \leqslant 5\} = 1 - 0.916082 = 0.083918$.

下面介绍泊松分布在交通工程中的一个简单应用.

公路车辆的到达具有随机性. 我们称源源不断地、随机地到达的车辆构成一随机车辆流，简称为 **交通流**. 在设计新的公路交通设施或确定新的交通管理方案时，需要先进行交通流的预测.

在 **车流密度**（单位长度公路上分布的车辆数）不大，车辆间相互影响微弱，其他外界干扰因素可以忽略的条件下，在一定的时间间隔内到达的车辆数，或在一定长度的路段上分布的车辆数，是一个随机变量 ξ，且服从泊松分布，$\lambda = \rho t$，表示计数时间间隔或计数长度间隔内平均到达的车辆数；其中 ρ 是平均到车率，它表示单位时间内到达或单位长度段上分布的车辆数（辆/s 或辆/m）；t 表示计数间隔持续的时间或路段长度（s 或 m）. 其分布律为

$$P\{\xi = k\} = \frac{(\rho t)^k}{k!}e^{-\rho t} \quad (k = 0,1,2\cdots). \tag{9-24}$$

例 9-45 设 50 辆汽车随机分布在 4 km 长的一段公路上，求任意 400 m 路段上有 4 辆汽车的概率.

解 设任意 400 m 路段上分布的车辆数为 $X \sim P(\lambda)$，$\lambda = \rho t$.

已知 $t = 400$，$\rho = \dfrac{50}{4000} = \dfrac{1}{80}$（辆/m），$\lambda = \rho t = \dfrac{400}{80} = 5$，根据式（9-24）则

$$P\{X = k\} = \frac{(5)^k}{k!}e^{-5} \quad (k = 0,1,2\cdots).$$

所以

$$P\{X = 4\} = \frac{(5)^4}{4!}e^{-5} \xrightarrow{（查表）} 0.175467.$$

习题 9.4

1. 如果 ξ 服从 0 – 1 分布，又知 ξ 取 1 的概率为它取 0 的概率的两倍，写出 ξ 的分布律.

2. 设离散型随机变量 X 的概率分布如下：

X	-2	0	1
P	k	0.4	k

求：(1)k 值；(2)概率 $P\{X > -1\}$.

3. 一批产品中有 10% 是次品，现从该批产品中抽取 5 件，且抽取是独立的，试求所取出的产品中次品数的分布列，并计算次品数不少于 2 的概率.

4. 在 10 件产品中有 2 个次品，连续抽三次，每次抽一个，求：

(1)不放回抽样时，抽到次品数 X 的分布列；

(2)放回抽样时，抽到次品数 Y 的分布列.

5. 一批零件中有 9 个合格品和 3 个废品，安装机器时，从这批零件中依次抽取，若每次取出的废品不再放回去，直到取出合格品为止，求在取得合格品之前已取出的废品数的概率分布.

6. 某类灯泡使用时数在 1000h 以上的概率为 0.2，现有 3 个这类灯泡，求：

(1)在使用 1000h 以后坏了的个数 ξ 的概率分布；

(2)在使用 1000h 以后，最多坏一个的概率.

7. 已知某本书一页上印刷错误的个数 ξ 服从参数为 0.5 的泊松分布.

(1)试写出 ξ 的概率分布；

(2)求一页上印刷错误不多于 1 个的概率.

8. 设随机变量 ξ 服从参数为 λ 的泊松分布，且 $P\{\xi = 1\} = P\{\xi = 2\}$，求 $P\{\xi = 4\}$.

第五节　连续型随机变量及其分布

离散型随机变量所有可能的值是有限个或可列无穷多个，它取值的统计规律可用分布律完整地描述出来. 但是，对于非离散型随机变量，它的取值可能充满某个区间，不能一一列举. 所以，我们要讨论它们落在某个区间上的概率.

一、分布密度与分布函数

1. 分布密度

定义 9.11　对于随机变量 ξ，若存在一个非负可积函数 $f(x)$，$x \in (-\infty, +\infty)$，使得对任意的实数 $a, b (a < b)$，有

$$P\{a < \xi \leqslant b\} = \int_a^b f(x)\,\mathrm{d}x, \tag{9-25}$$

则称 ξ 为**连续型随机变量**，称 $f(x)$ 为 ξ 的**概率分布密度函数**，简称**分布密度**或**概率密度**.

在直角坐标系下，分布密度函数的图形称为随机变量 ξ 的密度曲线. 由定积分的几何意义可知，ξ 在区间 $(a, b]$ 上取值的概率 $P\{a < \xi \leqslant b\}$ 正是在该区间上以分布密度曲线为曲边的曲边梯形的面积(图 9-1). 因此，要计算连续型随机变量 ξ 落在区间 $(a, b]$ 上的概率，可转化为计算分布密度 $f(x)$ 在 $(a, b]$ 上的定积分.

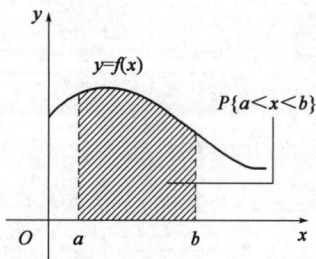

图　9-1

与离散型随机变量的分布列类似，连续型随机变量的分布密度也有如下性质：

性质 1　非负性 $f(x) \geqslant 0$；

性质 2　规范性 $\int_{-\infty}^{+\infty} f(x)\,\mathrm{d}x = 1$.

注意:

(1)连续型随机变量ξ取区间内的任一值的概率为零,即$P\{\xi=a\}=0$.

(2)连续型随机变量ξ在任一区间上的取值的概率与是否包含端点无关,即

$$P\{a\leqslant\xi<b\}=P\{a\leqslant\xi\leqslant b\}=P\{a<\xi\leqslant b\}=P\{a<\xi<b\}=\int_a^b f(x)\mathrm{d}x.$$

$$(9\text{-}26)$$

(3)分布密度函数在某一处取值,并不表示ξ在此点处的概率,而表示ξ在此点处概率分布的密集程度.

(4)$P\{\xi\leqslant C\}=\int_{\infty}^C f(x)\mathrm{d}x$,$P\{\xi>C\}=\int_C^{+\infty}f(x)\mathrm{d}x=1-P\{\xi\leqslant C\}$.

例 9-46　判断下列函数是不是连续型随机变量的密度函数?

$$(1)f(x)=\begin{cases}\dfrac{1}{2\sqrt{x}},& x\in(0,1),\\ 0,& \text{其他};\end{cases}\qquad (2)f(x)=\begin{cases}\sin x,& x\in[0,\pi],\\ 0,& \text{其他}.\end{cases}$$

解　(1)因$f(x)\geqslant0$,且

$$\int_{-\infty}^{+\infty}f(x)\mathrm{d}x=\int_{-\infty}^0 f(x)\mathrm{d}x+\int_0^1 f(x)\mathrm{d}x+\int_1^{+\infty}f(x)\mathrm{d}x$$
$$=\int_{-\infty}^0 0\cdot\mathrm{d}x+\int_0^1\frac{1}{2\sqrt{x}}\mathrm{d}x+\int_1^{+\infty}0\cdot\mathrm{d}x=1.$$

所以,它是密度函数.

(2)虽然$f(x)\geqslant0$,但

$$\int_{-\infty}^{+\infty}f(x)\mathrm{d}x=\int_{-\infty}^0 f(x)\mathrm{d}x+\int_0^\pi f(x)\mathrm{d}x+\int_\pi^{+\infty}f(x)\mathrm{d}x$$
$$=\int_{-\infty}^0 0\cdot\mathrm{d}x+\int_0^\pi\sin x\mathrm{d}x+\int_\pi^{+\infty}0\cdot\mathrm{d}x=2.$$

所以,它不是密度函数.

例 9-47　设ξ的密度函数为

$$f(x)=\begin{cases}ax^2,& 0<x<1,\\ 0,& \text{其他}.\end{cases}$$

(1)确定常数a;(2)求$P\{-1<\xi<0.2\}$.

解　(1)由密度函数的性质$\int_{-\infty}^{+\infty}f(x)\mathrm{d}x=1$,即

$$\int_{-\infty}^{+\infty}f(x)\mathrm{d}x=\int_{-\infty}^0 0\cdot\mathrm{d}x+\int_0^1 ax^2\mathrm{d}x+\int_1^{+\infty}0\cdot\mathrm{d}x=1,$$

解得$a=3$.

(2)$P\{-1<\xi<0.2\}=\int_{-1}^{0.2}f(x)\mathrm{d}x=\int_{-1}^0 0\cdot\mathrm{d}x+\int_0^{0.2}3x^2\mathrm{d}x=0.008.$

2.分布函数

对离散型随机变量和连续型随机变量的概率分布,我们可以分别用分布列和分布密度来描述.实际上,还有一个描述各类随机变量概率分布的统一方式,这就是随机变量的分布函数.

定义 9.12　设ξ为随机变量(离散的或连续的),对任意实数x,设

$$F(x) = P\{\xi \leqslant x\} \qquad (-\infty < x < +\infty) \tag{9-27}$$

则称 $F(x)$ 为随机变量 ξ 的概率分布函数,简称**分布函数**.

分布函数 $F(x)$ 的值含义就是 ξ 落在 $(-\infty, x]$ 内的概率.

对于离散型随机变量,其分布函数 $F(x) = P\{\xi \leqslant x\} = \sum\limits_{x_k \leqslant x} P\{\xi = x_k\}$ \tag{9-28}

对于连续型随机变量,其分布函数 $F(x) = P\{\xi \leqslant x\} = \int_{-\infty}^{x} f(t)\,\mathrm{d}t$ \tag{9-29}

分布函数具有下列性质:

性质1 对一切 $x \in (-\infty, +\infty)$,有 $0 \leqslant F(x) \leqslant 1$.

性质2 $F(x)$ 是单调不减函数,即当 $x_1 < x_2$ 时,$F(x_1) \leqslant F(x_2)$.

性质3 $F(-\infty) = \lim\limits_{x \to -\infty} F(x) = 0, F(+\infty) = \lim\limits_{x \to +\infty} F(x) = 1$.

性质4 $F(x)$ 右连续,即 $F(x+0) = F(x)$. 若 ξ 为连续性随机变量,则 $F(x)$ 处处连续.

性质5 $P\{a < \xi \leqslant b\} = P\{\xi \leqslant b\} - P\{\xi \leqslant a\} = F(b) - F(a)$.

特别地,$P\{\xi > a\} = 1 - P\{\xi \leqslant a\} = 1 - F(a)$.

对于连续型随机变量,还有:$F'(x) = f(x)$.

例9-48 离散型随机变量 X 的分布律为

X	1	2
P	0.25	0.75

求 X 的分布函数,并求 $P\{X > 1\}$.

解 X 所取的值1与2将 $(-\infty, +\infty)$ 分成三个部分,就 x 的不同范围讨论如下:

(1)当 $x < 1$ 时,$F(x) = P\{X \leqslant x\} = 0$;

(2)当 $1 \leqslant x < 2$ 时,$F(x) = P\{X \leqslant x\} = P\{X = 1\} = 0.25$;

(3)当 $x \geqslant 2$ 时,$F(x) = P\{X \leqslant x\} = 1$.

即分布函数为

$$F(x) = \begin{cases} 0, & x < 1, \\ 0.25, & 1 \leqslant x < 2, \\ 1, & x \geqslant 2. \end{cases}$$

$$P\{X > 1\} = 1 - P\{X \leqslant 1\} = 1 - 0.25 = 0.75.$$

例9-49 离散型随机变量 X 的分布律为

X	-1	0	2
P	0.2	0.5	0.3

求 X 的分布函数,并求 $P\{X > 0\}$.

解 就 x 的不同范围讨论如下:

(1)当 $x < -1$ 时,$F(x) = P\{X \leqslant x\} = 0$;

(2)当 $-1 \leqslant x < 0$ 时,$F(x) = P\{X \leqslant x\} = P\{X = -1\} = 0.2$;

(3)当 $0 \leqslant x < 2$ 时,$F(x) = P\{X \leqslant x\} = P\{X = -1\} + P\{X = 0\} = 0.7$.

(4)当 $x \geqslant 2$ 时,$F(x) = P\{X \leqslant x\} = 1$.

即分布函数为

$$F(x) = \begin{cases} 0, & x < -1, \\ 0.2, & -1 \leq x < 0, \\ 0.7, & 0 \leq x < 2, \\ 1, & x \geq 2. \end{cases}$$

$$P\{X > 0\} = 1 - P\{X \leq 0\} = P\{X = 2\} = 1 - 0.7 = 0.3.$$

例 9-50 已知连续型随机变量 X 的密度函数 $\varphi(x) = \begin{cases} \dfrac{1}{2\sqrt{x}}, & 0 < x < 1, \\ 0, & \text{其他.} \end{cases}$ 求 X 的分布函数 $F(x)$.

解

（1）当 $x < 0$ 时，$F(x) = 0$；

（2）当 $0 \leq x < 1$ 时，$F(x) = \int_{-\infty}^{x} \varphi(t)\,\mathrm{d}t = \int_{-\infty}^{0} 0\,\mathrm{d}t + \int_{0}^{x} \dfrac{1}{2\sqrt{t}}\mathrm{d}t = \sqrt{t}\,\Big|_{0}^{x} = \sqrt{x}$；

（3）当 $x \geq 1$ 时，$F(x) = 1$.

即分布函数为

$$F(x) = \begin{cases} 0, & x < 0, \\ \sqrt{x}, & 0 \leq x < 1, \\ 1, & x \geq 1. \end{cases}$$

二、常用的连续型随机变量的分布

1. 均匀分布

若随机变量 ξ 的密度函数为

$$f(x) = \begin{cases} \dfrac{1}{b-a}, & a \leq x \leq b, \\ 0, & \text{其他,} \end{cases} \tag{9-30}$$

则称 ξ 在区间 $[a,b]$ 上服从均匀分布，记为 $\xi \sim U[a,b]$.

对任一区间 $[c,d] \subset [a,b]$，有 $P\{c < X \leq d\} = \int_{c}^{d} \dfrac{1}{b-a}\mathrm{d}x = \dfrac{d-c}{b-a}$，这说明 ξ 落在 $[a,b]$ 中任一小区间的概率与区间的长度有关，而与小区间在 $[a,b]$ 内的位置无关. 例如，在每隔一定时间有一辆公共汽车通过的汽车停车站上，乘客候车的时间 X 就是服从均匀分布的.

例 9-51 某品牌计算机硬盘，其寿命服从区间为 2～10 年的均匀分布. 假设该公司对所有计算机硬盘保证期为 5 年，在购买后 5 年内可以更换新的硬盘. 求：

（1）在保证期内，更换新的硬盘的概率；

（2）对于任何一个计算机硬盘，其寿命在 3～7 年之间的概率.

解 设 X 表示计算机硬盘的寿命的随机变量，由 X 服从 2～10 年的均匀分布，知：概率密度为

$$f(x) = \begin{cases} \dfrac{1}{8}, & 2 \leq x \leq 10, \\ 0, & \text{其他,} \end{cases}$$

所以

（1）$P\{x \leqslant 5\} = \int_2^5 \frac{1}{8}\mathrm{d}x = \frac{1}{8}x\Big|_2^5 = \frac{3}{8}.$

（2）$P\{3 \leqslant x \leqslant 7\} = \int_3^7 \frac{1}{8}\mathrm{d}x = \frac{1}{8}x\Big|_3^7 = \frac{1}{2}.$

例 9-52 某公交汽车从上午 7:00 起，每 15min 一班车，即 7:00,7:15,7:30,7:45 等时刻到达车站. 如果乘客到达车站时间 ξ 是 7:00 到 7:30 之间的均匀随机变量，试求他候车时间少于 5min 的概率.

解 以 7:00 为起点 0，以分为单位，依题意，$\xi \sim U(0,30)$，则

$$f(x) = \begin{cases} \dfrac{1}{30}, & 0 < x < 30, \\ 0, & \text{其他.} \end{cases}$$

为了使候车时间 ξ 少于 5min，乘客必须在 7:10 到 7:15 之间到或在 7:25 到 7:30 之间到达车站，即所求的概率为 $P\{10 < \xi < 15\} + P\{25 < \xi < 30\} = \int_{10}^{15} \frac{1}{30}\mathrm{d}x + \int_{25}^{30} \frac{1}{30}\mathrm{d}x = \frac{1}{3}.$

所以，乘客候车时间少于 5min 的概率是 $\frac{1}{3}$.

2. 指数分布

若随机变量 ξ 的密度函数为

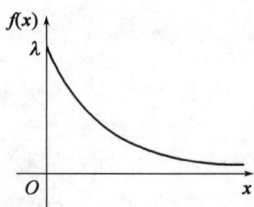

图 9-2

$$f(x) = \begin{cases} \lambda \mathrm{e}^{-\lambda x}, & x \geqslant 0, \\ 0, & x < 0. \end{cases} \tag{9-31}$$

其中 $\lambda > 0$，则称 ξ 服从参数为 λ 的**指数分布**，记为 $\xi \sim E(\lambda)$. 指数分布的密度曲线如图 9-2 所示.

指数分布常用来作为各种"寿命"分布的近似. 在实际应用中，动物的寿命、电子元件的寿命可靠性理论以及计算机中的排队论等都有着广泛的应用.

例 9-53 某计算机的使用寿命 X（单位:星期）服从参数为 $\frac{1}{100}$ 的指数分布，求此计算机能工作 100 个星期以上的概率.

解 $P\{X > 100\} = \frac{1}{100}\int_{100}^{+\infty} \mathrm{e}^{-\frac{x}{100}}\mathrm{d}x = -\int_{100}^{+\infty} \mathrm{e}^{-\frac{x}{100}}\mathrm{d}\left(-\frac{x}{100}\right) = \frac{1}{\mathrm{e}}.$

例 9-54 某居民在银行站点的等待服务时间服从参数为 $\lambda = \frac{1}{10}$（以 min 计）的指数分布，求 10min 内该居民能进入银行得到服务的概率.

解 依题意 $X \sim E\left(\frac{1}{10}\right)$，即 X 的概率密度为

$$f(x) = \begin{cases} \dfrac{1}{10}\mathrm{e}^{-\frac{x}{10}}, & x \geqslant 0, \\ 0, & x < 0. \end{cases}$$

所求概率:

$$P\{0 \le X < 10\} = \int_0^{10} \frac{1}{10} e^{-\frac{x}{10}} dx = 1 - e^{-1} = 0.6321.$$

3. 正态分布

正态分布是最重要且最常见的一种连续型分布. 它反映了随机变量服从"正常状态"分布的客观规律. 在自然界与工程技术中广泛存在着具有这种分布的随机变量. 例如, 混凝土的强度, 随机误差, 产品的长度、直径, 材料的疲劳应力等, 它们都服从或近似服从正态分布. 正态分布在误差理论, 产品检查等领域有着广泛的应用.

(1) 正态分布及其性质

若随机变量 ξ 的分布密度为

$$f(x) = \frac{1}{\sqrt{2\pi}\sigma} e^{-\frac{(x-\mu)^2}{2\sigma^2}} \quad (-\infty < x < +\infty) \tag{9-32}$$

其中, μ, σ 是常数, 且 $\sigma > 0$, 则称 ξ 服从参数为 μ, σ 的**正态分布**, 记为 $\xi \sim N(\mu, \sigma^2)$, 其分布函数为

$$F(x) = \frac{1}{\sqrt{2\pi}\sigma} \int_{-\infty}^{x} e^{-\frac{(t-\mu)^2}{2\sigma^2}} dt \quad (-\infty < x < +\infty). \tag{9-33}$$

正态分布密度函数 $f(x)$ 的图形称为正态曲线 (图 9-3). 正态分布中的参数 μ 决定曲线的位置. 正态曲线关于直线 $x = \mu$ 对称, 且以 x 轴为水平渐近线. 参数 σ 决定曲线的形状. 当 μ 不变, σ 越大时, 曲线越平缓, σ 越小时, 曲线越陡峭, 如图 9-4 所示.

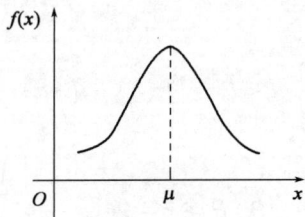

图 9-3

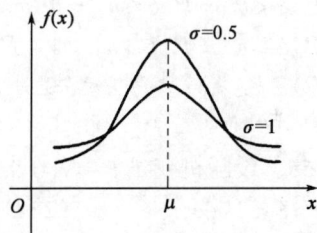

图 9-4

正态分布的密度函数具有以下的性质:

性质 1　$f(x) > 0$;

性质 2　$\int_{-\infty}^{+\infty} \frac{1}{\sqrt{2\pi}\sigma} e^{-\frac{(x-\mu)^2}{2\sigma^2}} dx = 1$;

性质 3　曲线关于直线 $x = \mu$ 对称, 当 $x = \mu$ 时, $f(x)$ 取得最大值 $\frac{1}{\sqrt{2\pi}\sigma}$;

性质 4　以 x 轴为水平渐近线;

性质 5　曲线有两拐点 $\left((\mu \pm \sigma), \frac{1}{\sqrt{2\pi}\sigma} e^{-\frac{1}{2}} \right)$.

特别地, 当参数 $\mu = 0, \sigma = 1$ 时, 即随机变量 ξ 的密度函数是

$$\varphi(x) = \frac{1}{\sqrt{2\pi}} e^{-\frac{x^2}{2}} \quad (-\infty < x < +\infty). \tag{9-34}$$

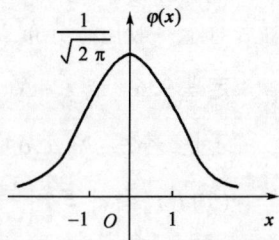

图 9-5

则称 ξ 服从**标准正态分布**, 记为 $\xi \sim N(0,1)$. 标准正态分布的密度函数 $\varphi(x)$ 的图形如图 9-5 所示. 其分布函数为

$$\Phi(x) = \frac{1}{\sqrt{2\pi}} \int_{-\infty}^{x} e^{-\frac{t^2}{2}} dt \quad (-\infty < x < +\infty). \tag{9-35}$$

（2）正态分布的概率计算

首先，我们研究标准正态分布的概率计算. $\Phi(x)$ 表示服从标准正态分布的随机变量 ξ 在区间 $(-\infty, x]$ 内取值的概率，但 $\Phi(x)$ 不能用初等函数表示. 为了便于计算，书中附表二（标准正态分布表）已给出了 $x \geq 0$ 时 $\Phi(x)$ 的值，其几何意义是图 9-6 中阴影部分的面积.

设 $\xi \sim N(0,1)$, $a \geq 0$, 且 $a < b$, 用标准正态分布表计算概率时，有以下各种情况：

（1）因表中 x 的取值范围为 $[0, 3.09)$, 因此，当 $x \in [0, 3.09)$ 时，可直接查表；对于 $x \geq 3.09$, 取 $\Phi(x) \approx 1$.

（2）对 $-x(x>0)$, 可用公式 $\Phi(-x) = 1 - \Phi(x)$ 来确定其值. 该公式的意义可由图 9-7 直观地看出.

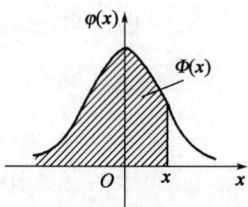

图 9-6

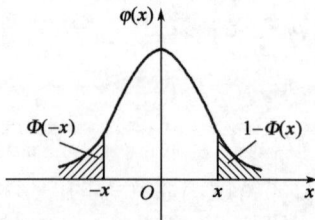

图 9-7

（3）$P\{\xi < b\} = P\{\xi \leq b\} = \Phi(b)$.

（4）$P\{\xi \geq a\} = P\{\xi > a\} = 1 - P\{\xi \leq a\} = 1 - \Phi(a)$.

（5）$P\{a < \xi < b\} = P\{a \leq \xi \leq b\} = P\{a \leq \xi < b\} = P\{a < \xi \leq b\} = \Phi(b) - \Phi(a)$.

（6）$P\{|\xi| < b\} = P\{|\xi| \leq b\} = \Phi(b) - \Phi(-b) = 2\Phi(b) - 1$.

例 9-55 设随机变量 $\xi \sim N(0,1)$, 查标准正态分布表求：

（1）$P\{\xi < 2\}$；　　　　　　（2）$P\{\xi > 2.12\}$；　　　　　　（3）$P\{\xi < -2\}$；

（4）$P\{\xi \geq -0.09\}$；　　　（5）$P\{1.32 < \xi < 2.12\}$；　　　（6）$P\{|\xi| < 1.65\}$.

解 查附表二并用前述各式得：

（1）$P\{\xi < 2\} = \Phi(2) = 0.97725$；

（2）$P\{\xi > 2.12\} = 1 - P\{\xi \leq 2.12\} = 1 - \Phi(2.12) = 1 - 0.9830 = 0.0170$；

（3）$P\{\xi < -2\} = \Phi(-2) = 1 - \Phi(2) = 1 - 0.97725 = 0.02275$；

（4）$P\{\xi \geq -0.09\} = 1 - \Phi(-0.09) = \Phi(0.09) = 0.5359$；

（5）$P\{1.32 < \xi \leq 2.12\} = \Phi(2.12) - \Phi(1.32) = 0.9830 - 0.90658 = 0.07642$；

（6）$P\{|\xi| < 1.65\} = 2\Phi(1.65) - 1 = 2 \times 0.95053 - 1 = 0.90106$.

对于一般正态分布 $N(\mu, \sigma^2)$ 的概率的计算可化为标准正态分布 $N(0,1)$ 概率的计算.

定理 9.6 若 $\xi \sim N(\mu, \sigma^2)$, 则 $Y = \dfrac{\xi - \mu}{\sigma} \sim N(0,1)$.

于是，若 $\xi \sim N(\mu, \sigma^2)$, 则

（1）$P\{\xi \leq x\} = \Phi\left(\dfrac{x - \mu}{\sigma}\right)$；

（2）$P\{\xi > x\} = 1 - P\{\xi \leq x\} = 1 - \Phi\left(\dfrac{x - \mu}{\sigma}\right)$；

$(3)P\{a<\xi\leqslant b\}=\varPhi\left(\dfrac{b-\mu}{\sigma}\right)-\varPhi\left(\dfrac{a-\mu}{\sigma}\right).$

例 9-56 设 $\xi\sim N(-2,4^2)$,求 $P\{\xi\leqslant-4.2\}$,$P\{3<\xi<5\}$,$P\{|\xi|>1.5\}$.

解 依题意可知,$\mu=-2,\sigma=4.$

$(1)P\{\xi\leqslant-4.2\}=\varPhi\left(\dfrac{-4.2-(-2)}{4}\right)=\varPhi(-0.55)=1-\varPhi(0.55)$

$\qquad\qquad\qquad=1-0.7088=0.2912.$

$(2)P\{3<\xi<5\}=\varPhi\left(\dfrac{5-(-2)}{4}\right)-\varPhi\left(\dfrac{3-(-2)}{4}\right)=\varPhi(1.75)-\varPhi(1.25)$

$\qquad\qquad\qquad=0.95994-0.8944=0.06554.$

$(3)P\{|\xi|>1.5\}=1-P\{|\xi|\leqslant1.5\}=1-\left[\varPhi\left(\dfrac{1.5-(-2)}{4}\right)-\varPhi\left(\dfrac{-1.5-(-2)}{4}\right)\right]$

$\qquad\qquad\qquad=1-\varPhi(0.875)+\varPhi(0.125)$

$\qquad\qquad\qquad=1-0.8092+0.54975=0.74055.$

例 9-57 设连续型随机变量 $\xi\sim N(0,1)$,且 $P\{\xi\leqslant x\}=0.9591.$ 求 x 的值.

解 查附表二,$\varPhi(1.74)=P\{\xi\leqslant1.74\}=0.9591.$ 所以 $x=1.74.$

例 9-58 设连续型随机变量 $\xi\sim N(40,5^2)$,若 $P\{\xi\leqslant a\}=0.9850.$ 求 a 的值.

解 由已知条件可得:$\varPhi\left(\dfrac{a-40}{5}\right)=0.9850.$

查附表二,$\varPhi(2.17)=0.9850.$ 所以 $\dfrac{a-40}{5}=2.17,a=50.85.$

例 9-59 设随机变量 $\xi\sim N(\mu,\sigma^2)$,求随机变量 ξ 落在区间 $(\mu-\sigma,\mu+\sigma)$,$(\mu-2\sigma,\mu+2\sigma)$ 和 $(\mu-3\sigma,\mu+3\sigma)$ 的概率.

解 $P\{\mu-k\sigma<\xi<\mu+k\sigma\}=\varPhi\left(\dfrac{\mu+k\sigma-\mu}{\sigma}\right)-\varPhi\left(\dfrac{\mu-k\sigma-\mu}{\sigma}\right)$

$\qquad\qquad\qquad\qquad=\varPhi(k)-\varPhi(-k)=2\varPhi(k)-1.$

(1)当 $k=1$ 时,$P\{\mu-\sigma<\xi<\mu+\sigma\}=2\varPhi(1)-1=2\times0.8413-1=0.6826;$

(2)当 $k=2$ 时,$P\{\mu-2\sigma<\xi<\mu+2\sigma\}=2\varPhi(2)-1=2\times0.97725-1=0.9545;$

(3)当 $k=3$ 时,$P\{\mu-3\sigma<\xi<\mu+3\sigma\}=2\varPhi(3)-1=2\times0.99865-1=0.9973.$

可见,ξ 的取值几乎全部落在区间 $(\mu-3\sigma,\mu+3\sigma)$ 范围内(约 99.73%).这在统计学上称作"3σ 原则".显然事件 $\{|\xi-\mu|\geqslant3\sigma\}$ 的概率是很小的,只有 0.27%,不到千分之三.

例 9-60 在大陆和某小岛之间修建一座跨海大桥,需在桥墩位置的外围先修建一座围图,以使桥墩能在干燥的条件下施工.围图的高度应使现场在施工期间有 95%的可靠度不被水浪漫淹.假设平均海平面以上的月最大浪高 $X\sim N(5,2^2)$,且每个月的海平面以单行最大浪高独立同分布.如果施工期为 4 个月,则围图的设计高度(即超过平均海平面的高度)应是多少?

解 设围图的设计高度为 H,第 i 个月的最大浪高为 x_i;则 $X_i\sim N(5,2^2),i=1,2,3,4.$
由题意得方程

$$P\{\bigcap_{i=1}^{4}\{X_i<H\}\}=0.95,$$

因为 X_1, X_2, X_3, X_4 独立同分布,所以

$$左边 = \prod_{i=1}^{4} P\{X_i < H\} = [P\{X_I < H\}]^4,$$

于是

$$[P\{X_I < H\}]^4 = 0,95$$

$$P\{X_I < H\} = \sqrt[4]{0.95},$$

即

$$\Phi\left(\frac{H-5}{2}\right) = 0.9873,$$

反查 $\Phi(x)$ 值表得

$$\frac{H-5}{2} \approx 2.237,$$

故

$$H \approx 9.474\text{m} \approx 9.48\text{m}.$$

即施工期为 4 个月时,围图的设计高度应为超过平均海平面约 9.48m.

习题9.5

1.设函数 $f(x) = \begin{cases} \cos x, & x \in D, \\ 0, & \text{其他}. \end{cases}$ 其中 D 为下列指定区间,此时 $f(x)$ 能否是随机变量的密度函数:

$(1)\left[0, \frac{\pi}{2}\right]; (2)\left[-\frac{\pi}{2}, \frac{\pi}{2}\right]; (3)[0, \pi].$

2.已知随机变量 X 的概率密度为

$$f(x) = \begin{cases} kx, & 0 \leqslant x < 1, \\ 2-x, & 1 \leqslant x < 2, \\ 0, & \text{其他}. \end{cases}$$

求:(1)确定常数 k;(2)$P\{0.5 < X < 1.5\}$;(3)$P\{X > 1.5\}$.

3.设随机变量 ξ 的密度函数为

$$f(x) = \begin{cases} ax^2, & 0 \leqslant x \leqslant 3, \\ 0, & \text{其他}. \end{cases}$$

求:(1)确定常数 a;(2)$P\{2 < \xi < 3\}$.

4.已知随机变量 ξ 的密度函数为

$$f(x) = \begin{cases} ax + b, & 0 < x < 2, \\ 0, & \text{其他}, \end{cases}$$

且 $P\{1 < \xi < 3\} = 0.25$.求:(1)确定常数 a 和 b;(2)$P\{\xi > 1.5\}$.

5.将一枚均匀硬币连续抛两次,试写出现正面次数 ξ 的分布函数以及概率 $P\{0 < \xi \leqslant 1\}$,$P\{1 < \xi \leqslant 2\}$.

6.已知随机变量 ξ 分布列为

ξ	1	2	3
P	$\frac{1}{6}$	$\frac{1}{2}$	$\frac{1}{3}$

求:(1)分布函数 $F(x)$;(2)$P\{1 < \xi \leqslant 2\}$.

7. 已知 $\xi \sim \varphi(x) = \begin{cases} 2x, & 0 < x < 1 \\ 0, & \text{其他}. \end{cases}$ 求：(1)分布函数 $F(x)$；(2) $P\{\xi \leqslant 0.5\}$.

8. 某公共汽车的起点站上每隔 8min 发出一辆汽车,一个乘客在任一时刻到达车站是等可能的.
(1)求此乘客候车时间 ξ 的概率密度函数；(2)求此乘客候车时间超过 5min 的概率.

9. 设随机变量 ξ 服从均匀分布,其密度函数为

$$f(x) = \begin{cases} \dfrac{1}{10}, & 0 \leqslant x \leqslant 10, \\ 0, & \text{其他}. \end{cases}$$

求 $P\{\xi = 3\}, P\{\xi < 3\}, P\{\xi \geqslant 6\}, P\{3 < \xi \leqslant 8\}$.

10. 设 X 在 $[-a, a]$ 上服从均匀分布,其中 $a > 0$,试分别确定满足下列关系的常数 a：
(1) $P\{X > 1\} = \dfrac{1}{3}$；
(2) $P\{|X| < 1\} = P\{|X| > 1\}$.

11. 设顾客在某银行的窗口等待服务的时间 X(以 min 计)服从指数分布,其概率密度为

$$f(x) = \begin{cases} \dfrac{1}{5}\mathrm{e}^{-\frac{x}{5}}, & x > 0 \\ 0, & x \leqslant 0. \end{cases}$$

某顾客在窗口等待服务,若超过 10min,他就离开.他一个月要到银行 5 次,以 Y 表示一个月内他未等到服务而离开窗口的次数,写出 Y 的分布律,并求 $P\{Y \geqslant 1\}$.

12. 某电子元件的寿命 ξ(单位:h)的密度函数为

$$f(x) = \begin{cases} \dfrac{1}{800}\mathrm{e}^{-\frac{x}{800}}, & x \geqslant 0, \\ 0, & x < 0. \end{cases}$$

求元件的寿命超过 400h 的概率.

13. 某种型号的电池,其寿命 X(年)服从参数 $\lambda = 0.5$ 的指数分布,求下列事件的概率
(1)一节电池的寿命大于 4 年；
(2)一节电池的寿命大于 1 年且小于 3 年；
(3)5 节电池中至少有 2 只其寿命大于 4 年.

14. 设随机变量 $\xi \sim N(0, 1)$,求：
(1) $P\{\xi < 0\}$；(2) $P\{\xi \geqslant 0\}$；(3) $P\{\xi < -1\}$；(4) $P\{\xi > 1.5\}$；
(5) $P\{-1 \leqslant \xi \leqslant 1.5\}$；(6) $P\{|\xi| < 3\}$；(7) $P\{|\xi| < 5\}$.

15. 设随机变量 $\xi \sim N(-1, 5^2)$,求：
(1) $P\{\xi < -2.8\}$；(2) $P\{-1.5 \leqslant \xi \leqslant 2.4\}$；
(3) $P\{|\xi| \leqslant 4\}$；(4) $P\{|\xi| > 1\}$.

16. 某产品的长度(单位:mm)ξ 服从参数 $\mu = 10.05, \sigma = 0.06$ 的正态分布,若规定长度在 (10.05 ± 0.12)mm 之间为合格品,求合格品的概率.

17. 设成年男子身高(单位:cm)$\xi \sim N(170, 36)$,某种公交车车门的高度是按成年男子碰头的概率在 1% 以下设计的,问车门的高度最少应多高?

18. 某商店的日销售额 ξ(单位:万元)服从参数 $\mu = 100, \sigma = 20$ 的正态分布.问日销售额在 90 万 ~ 100 万元之间的概率是多少?

第六节　随机变量的数字特征

随机变量的概率分布能对随机现象进行较完整的描述,然而在实际问题中,要确定一个随

机变量的概率分布往往是很困难的,在某些情况下,并不需要完全确定随机变量的概率分布,只需知道反映随机变量特征的某些数值就够了.

例如,要比较两个灯泡厂生产的灯泡的质量,首先要比较灯泡寿命长短,但寿命长短不能一个一个地进行比较,而是用它们寿命的平均值来比较;其次,要比较各个灯泡与该厂灯泡寿命的平均值的偏离程度,偏离大,说明质量不稳定.偏离小,说明质量较稳定.所谓随机变量的数字特征就是描述随机变量"平均值""偏离程度"等特征的数值.本节讨论最常用的两种数字特征数学期望(均值)和方差.

一、数学期望

1.离散型随机变量的数学期望

在许多问题中,常常需要计算平均值.例如,为了检查一批钢筋的抗拉强度,从中抽检 10 根,显然被抽检的钢筋抗拉强度 ξ 是一个随机变量,检测结果如下:

抗拉强度	230	240	246	248	250
根数	1	4	3	1	1

10 根钢筋的平均抗拉强度为:

$$\frac{1}{10}(1 \times 230 + 4 \times 240 + 3 \times 246 + 1 \times 248 + 1 \times 250)$$

$$= 230 \times \frac{1}{10} + 240 \times \frac{4}{10} + 246 \times \frac{3}{10} + 248 \times \frac{1}{10} + 250 \times \frac{1}{10}$$

$$= 242.6(\text{MPa})$$

因为钢筋的抗拉强度是一个随机变量,上面所求得的平均数是随机变量的平均值,它是随机变量所有的取值与对应的频率乘积之和.对于不同的试验,随机变量取值的频率往往不一样,也就是说,如果另外抽检 10 根钢筋会得到不同的平均值,这主要是由频率的波动性引起的,为了消除这种波动性,我们用概率代替频率,从而可以得到真正反映钢筋抗拉强度的平均数. ξ 的所有可能值与其相应的概率乘积之和,它是以其概率为权的加权平均,在概率论中称其为随机变量的**数学期望**.

将这种计算平均值的方法一般化,便有如下定义.

定义 9.13 离散型随机变量 ξ 的所有可能取值 x_k 与其相应的概率 p_k 的乘积之和,称为随机变量 ξ 的**数学期望**,简称为**期望**或**均值**,记为 $E(\xi)$. 即

若 $P\{\xi = x_k\} = p_k(k = 1, 2, \cdots, n)$,则

$$E(\xi) = \sum_{k=1}^{n} x_k p_k. \tag{9-36}$$

说明:当离散型随机变量 ξ 的所有可能值为可列个时,$E(\xi)$ 是随机变量 ξ 的所有可能取值 $x_k(k = 1, 2 \cdots)$ 与其相对应的概率 $p_k(k = 1, 2 \cdots)$ 乘积之和,它是无穷多个数的和,这是无穷级数问题,按数学期望的定义,这时要求无穷级数 $\sum_{k=1}^{\infty} x_k p_k$ 绝对收敛.

例 9-61 根据长期的统计,甲、乙两人在一天生产中出现废品的概率分布是(两人的日产量相等):

工人	甲				乙			
废品	0	1	2	3	0	1	2	3
概率	0.4	0.3	0.2	0.1	0.3	0.5	0.2	0

问谁的技术比较好?

解　只从分布列来看,很难作出判断,现求两者废品数的数学期望

甲工人:$E(X) = 0 \times 0.4 + 1 \times 0.3 + 2 \times 0.2 + 3 \times 0.1 = 1$;

乙工人:$E(Y) = 0 \times 0.3 + 1 \times 0.5 + 2 \times 0.2 + 3 \times 0 = 0.9$.

故可以判定乙的技术较好.

例 9-62　已知离散型随机变量 X 的分布列

X	1	2	3
P	0.3	0.5	c

求 c 和 $E(X)$.

解　$c = 1 - 0.3 - 0.5 = 0.2$;

$$E(X) = 1 \times 0.3 + 2 \times 0.5 + 3 \times 0.2 = 1.9.$$

例 9-63　设随机变量 ξ 服从两点分布,求 $E(\xi)$.

解　ξ 的概率分布为

$$P\{\xi = 0\} = 1 - p, \quad P\{\xi = 1\} = p.$$

于是

$$E(\xi) = 0 \cdot (1 - p) + 1 \cdot p = p.$$

2. 连续型随机变量的数学期望

如果连续型随机变量 X 的分布密度为 $f(x)$,若 $\int_{-\infty}^{+\infty} xf(x)\,\mathrm{d}x$ 绝对收敛,则称该积分值为 X 的数学期望或均值,记为 $E(X)$,即

$$E(X) = \int_{-\infty}^{+\infty} xf(x)\,\mathrm{d}x. \tag{9-37}$$

例 9-64　设 X 在 $[a, b]$ 上服从均匀分布,求 $E(X)$.

解　X 的分布密度为

$$f(x) = \begin{cases} \dfrac{1}{b-a}, & a \leqslant x \leqslant b, \\ 0, & 其他. \end{cases}$$

$$E(X) = \int_{-\infty}^{+\infty} xf(x) = \int_{a}^{b} \frac{1}{b-a}\,\mathrm{d}x = \frac{1}{2}(a + b).$$

例 9-65　已知随机变量 ξ 的密度函数为

$$f(x) = \begin{cases} 2x, & 0 \leqslant x \leqslant 1, \\ 0, & 其他. \end{cases}$$

求 ξ 的数学期望 $E(\xi)$.

解　按连续型随机变量数学期望的定义,

$$E(\xi) = \int_{-\infty}^{+\infty} xf(x)\,\mathrm{d}x = \int_0^1 x \cdot 2x\,\mathrm{d}x = \frac{2}{3}.$$

例 9-66 设随机变量 X 的分布密度为 $f(x) = \begin{cases} a + bx^3, & 0 \leqslant x \leqslant 1, \\ 0, & \text{其他,} \end{cases}$ 且 $E(X) = \frac{3}{5}$，试确定系数 a 和 b.

解
$$\int_{-\infty}^{+\infty} f(x)\,\mathrm{d}x = 1 = \int_0^1 (a + bx^3)\,\mathrm{d}x = a + \frac{b}{4};$$

$$E(X) = \int_{-\infty}^{+\infty} xf(x)\,\mathrm{d}x = \int_0^1 x(a + bx^3)\,\mathrm{d}x = \frac{a}{2} - \frac{b}{5} = \frac{3}{5}.$$

求解得 $a = \frac{2}{3}, b = \frac{4}{3}$.

例 9-67 设连续型随机变量 X 的概率密度为

$$f(x) = \begin{cases} 3\mathrm{e}^{-3x}, & x \geqslant 0, \\ 0, & x < 0. \end{cases}$$

求 X 的数学期望 $E(X)$.

解 按连续型随机变量数学期望的定义，

$$E(X) = \int_{-\infty}^{+\infty} xf(x)\,\mathrm{d}x = \int_0^{+\infty} x \cdot 3\mathrm{e}^{-3x}\,\mathrm{d}x$$

$$= -x\mathrm{e}^{-3x}\Big|_0^{+\infty} + \int_0^{+\infty} \mathrm{e}^{-3x}\,\mathrm{d}x$$

$$= \frac{1}{3}.$$

例 9-68 一种无线电元件的使用寿命 ξ 是一个随机变量，其密度函数为

$$f(x) = \begin{cases} \lambda\mathrm{e}^{-\lambda x}, & x \geqslant 0, \\ 0, & x < 0, \end{cases}$$

其中 $\lambda > 0$. 求这种元件的平均使用寿命.

解 显然，随机变量 ξ 服从参数为 λ 的指数分布. 平均使用寿命就是随机变量 ξ 的数学期望. 于是

$$E(\xi) = \int_{-\infty}^{+\infty} xf(x)\,\mathrm{d}x = \int_0^{+\infty} x \cdot \lambda\mathrm{e}^{-\lambda x}\,\mathrm{d}x$$

$$= -x\mathrm{e}^{-\lambda x}\Big|_0^{+\infty} + \int_0^{+\infty} \mathrm{e}^{-\lambda x}\,\mathrm{d}x = \frac{1}{\lambda}.$$

该例说明，服从参数为 λ 的指数分布的随机变量 ξ 的数学期望是其参数 λ 的倒数.

3. 数学期望的性质

性质 1 若 C 为常数，则 $E(C) = C$;

性质 2 若 a, b 为常数，则 $E(aX + b) = aE(X) + b$;

性质 3 设 X, Y 为两个随机变量，则 $E(X + Y) = E(X) + E(Y)$;

性质 4 设 X, Y 为两个相互独立的随机变量，则 $E(XY) = E(X)E(Y)$.

注：性质 4 可以推广到任意有限个相互独立的随机变量之积的情况.

定理 9.7 设 Y 是随机变量 X 的函数：$Y = g(X)$（g 是连续函数）.

（1）如果 X 是离散型随机变量，它的分布律为 $P\{X = x_k\} = p_k(k = 1,2\cdots)$，若 $\sum\limits_{k=1}^{\infty} g(x_k)p_k$ 绝对收敛，则有 $E(Y) = E[g(X)] = \sum\limits_{k=1}^{\infty} g(x_k)p_k$.

（2）如果 X 是连续型随机变量，它的概率密度为 $f(x)$，若 $\int_{-\infty}^{+\infty} g(x)f(x)\mathrm{d}x$ 绝对收敛，则有

$$E(Y) = E[g(X)] = \int_{-\infty}^{+\infty} g(x)f(x)\mathrm{d}x.$$

例 9-69 已知随机变量 X 的分布列如下

X	-1	1	2
P	0.2	0.5	0.3

求：（1）$Y = X^2$ 的数学期望；（2）$Z = 3X + 2$ 的数学期望.

解 数学期望 $E(X) = (-1) \times 0.2 + 1 \times 0.5 + 2 \times 0.3 = 0.9$；

（1）$E(Y) = E(X^2) = \sum\limits_{i=1}^{3} x_i^2 p_i = (-1)^2 \times 0.2 + 1^2 \times 0.5 + 2^2 \times 0.3 = 1.9$；

（2）$E(Z) = E(3X + 2) = E(3X) + E(2) = 3E(X) + 2 = 3 \times 0.9 + 2 = 4.7$.

二、方差

1. 方差的定义

在实际问题中，只知道随机变量的数学期望是不够的，还要考虑随机变量取值的分散程度（波动状况）.

有两批相同型号的灯泡，每批各抽 10 只，测得它们的寿命（h）数据如下：

第一批 960　1034　960　987　1000　1036　992　1023　1025　983；

第二批 930　1220　655　1342　654　942　680　1176　1352　1051.

两批灯泡的平均寿命都是 1000h，但是第一批灯泡的寿命与平均寿命偏差较小，质量比较稳定. 第二批灯泡的寿命与平均寿命偏差较大，质量不够稳定. 由此可见，在实际问题中，除了了解随机变量的数学期望以外，一般还要知道随机变量取值与其数学期望的偏离程度，常用 $[X - E(X)]^2$ 的期望来衡量其分散程度.

一般地，设 X 为随机变量，如果 $E[X - E(X)]^2$ 存在，则称它为 X 的方差，记为 $D(X)$，即

$$D(X) = E[X - E(X)]^2. \tag{9-38}$$

方差的算术平方根 $\sqrt{D(X)}$ 称为随机变量 X 的均方差，或标准差，记为 $\sigma(X)$，即

$$\sigma(X) = \sqrt{D(X)}.$$

对于离散型随机变量 X，若 X 的分布律 $P\{X = x_i\} = p_i, n = 1,2\cdots$，则

$$D(X) = \sum_i [x_i - E(X)]^2 p_i. \tag{9-39}$$

对于连续型随机变量 X，若 X 的概率密度为 $f(x)$，则

$$D(X) = \int_{-\infty}^{+\infty} [x - E(X)]^2 f(x)\mathrm{d}x. \tag{9-40}$$

方差也可以使用如下公式计算

$$D(X) = E(X^2) - [E(X)]^2. \tag{9-41}$$

因为

$$D(X) = E[X - E(X)]^2 = E\{X^2 - 2XE(X) + [E(X)]^2\}$$
$$= E(X)^2 - 2E(X)E(X) + [E(X)]^2 = E(X^2) - [E(X)]^2.$$

例 9-70 设随机变量 X 的分布列为

X	-3	1	3
P	0.1	0.2	0.7

求方差 $D(X)$.

解 随机变量 X 的数学期望为

$$E(X) = 1 \times 0.2 + 3 \times 0.7 + (-3) \times 0.1 = 2.0.$$

随机变量 X 的方差

$$D(X) = E(X^2) - E^2(X) = 7.4 - 2^2 = 3.4.$$

例 9-71 设随机变量 ξ 服从两点分布，求 $D(\xi)$.

解 已经知道 $E(\xi) = p(0 < p < 1)$，故由方差的计算公式 (9-39)

$$D(\xi) = \sum_{k=1}^{2} [x_k - E(\xi)]^2 p_k = \sum_{k=1}^{2} (x_k - p)^2$$
$$= (0 - p)^2 \times (1 - p) + (1 - p)^2 \times p$$
$$= p(1 - p).$$

例 9-72 设随机变量 ξ 服从均匀分布，其密度函数为

$$f(x) = \begin{cases} \dfrac{1}{b-a}, & a \leqslant x \leqslant b, \\ 0, & \text{其他}. \end{cases}$$

求 $D(\xi)$.

解 已经知道 $E(\xi) = \dfrac{1}{2}(a + b)$.

因

$$E(\xi^2) = \int_{-\infty}^{+\infty} x^2 f(x) \,dx = \int_a^b \frac{x^2}{b-a} \,dx = \frac{1}{3}(b^2 + ab + a^2),$$

于是

$$D(\xi) = E(\xi^2) - [E(\xi)]^2 = \frac{1}{12}(b - a)^2.$$

2. 方差的性质

性质 1 若 C 为常数，则 $D(C) = 0$；

性质 2 若 k 为常数，则 $D(kX) = k^2 D(X)$；

性质 3 若 a, b 为常数，则 $D(aX + b) = a^2 D(X)$；

性质 4 若 X 与 Y 相互独立，则 $D(X + Y) = D(X) + D(Y)$.

例 9-73 设连续型随机变量 X 的密度函数为 $f(x) = \begin{cases} kx, & 0 \leqslant x \leqslant 1, \\ 0, & \text{其他}. \end{cases}$

求:

$(1)k;(2)P\left\{0<X<\dfrac{1}{2}\right\};(3)E(X);(4)E(2X-1);(5)D(2x+1).$

解　(1) 因为 $\displaystyle\int_{-\infty}^{+\infty}f(x)\mathrm{d}x=\int_0^1 kx\mathrm{d}x=\dfrac{k}{2}=1$,所以 $k=2$;

$(2)\ P\left\{0<\xi<\dfrac{1}{2}\right\}=\displaystyle\int_0^{\frac{1}{2}}2x\mathrm{d}x=x^2\Big|_0^{\frac{1}{2}}=\dfrac{1}{4};$

$(3)\ E(X)=\displaystyle\int_{-\infty}^{+\infty}xf(x)\mathrm{d}x=\int_0^1 x\cdot 2x\mathrm{d}x=\dfrac{2}{3}x^3\Big|_0^1=\dfrac{2}{3};$

$(4)\,E(2X-1)=2E(X)-1=\dfrac{1}{3};$

$(5)\ E(X^2)=\displaystyle\int_{-\infty}^{+\infty}x^2f(x)\mathrm{d}x=\int_0^1 x^2\cdot 2x\mathrm{d}x=\dfrac{1}{2}x^4\Big|_0^1=\dfrac{1}{2};$

$$D(X)=E(X^2)-E^2(X)=\dfrac{1}{2}-\left(\dfrac{2}{3}\right)^2=\dfrac{1}{18};$$

$$D(2X+1)=4D(X)=\dfrac{2}{9}.$$

数学期望和方差在概率统计中经常要用到,下面是常用分布的数学期望和方差(表9-2).

常用分布的数学期望和方差　　　　　　　　　表9-2

分 布 名 称	概 率 分 布	数 学 期 望	方　差
0-1分布 $X\sim(0,1)$	$P\{X=1\}=p,P\{X=0\}=q$ $(0<p<1;p+q=1)$	p	pq
二项分布 $X\sim B(n,p)$	$P\{X=k\}=C_n^k p^k q^{n-k}$ $(k=0,1,2,\cdots,n;0<p<1;p+q=1)$	np	npq
泊松分布 $X\sim P(\lambda)$	$P\{X=k\}=\dfrac{\lambda^k}{k!}e^{-\lambda}\ (\lambda>0)$ $(k=0,1,\cdots,n)$	λ	λ
均匀分布 $X\sim U[a,b]$	$p(x)=\begin{cases}\dfrac{1}{b-a},&a\leqslant x\leqslant b\\[2mm]0,&\text{其他}\end{cases}$	$\dfrac{a+b}{2}$	$\dfrac{(b-a)^2}{12}$
指数分布 $X\sim E(\lambda)$	$P(x)=\begin{cases}\lambda e^{-\lambda x},&x>0\\0,&x\leqslant 0\end{cases}\ (\lambda>0)$	$\dfrac{1}{\lambda}$	$\dfrac{1}{\lambda^2}$
正态分布 $X\sim N(\mu,\sigma^2)$	$P(x)=\dfrac{1}{\sqrt{2\pi}\sigma}e^{-\frac{(x-\mu)^2}{2\sigma^2}}$ μ,σ 为常数,且 $\sigma>0\,(-\infty<x<+\infty)$	μ	σ^2

习题9.6

1.设随机变量 ξ 的概率分布为

ξ	-1	0	1
p	$\dfrac{1}{2}$	$\dfrac{1}{4}$	$\dfrac{1}{4}$

求：$(1)E(\xi);(2)E(2\xi-1)$.

2.设随机变量 ξ 的概率分布为

ξ	0	1	2
p	$\frac{1}{2}$	c	c

求：$(1)c;(2)E(\xi);(3)E(2\xi+1);(4)E(\xi^2)$ $(5)D(\xi);(6)D(2\xi-1)$.

3.设随机变量 ξ 的密度函数为

$$f(x)=\begin{cases}\dfrac{1}{\pi}\dfrac{1}{\sqrt{1-x^2}}, & |x|<\dfrac{1}{2},\\ 0, & 其他.\end{cases}$$

求：$(1)E(\xi);(2)E(2-4\xi)$.

4.设随机变量 ξ 的概率分布为

ξ	1	2	3
p	0.2	0.3	0.5

求 $E(\xi),D(\xi)$.

5.设随机变量 ξ 的密度函数为

$$f(x)=\begin{cases}\dfrac{x}{2}, & 0\leqslant x\leqslant 2,\\ 0, & 其他.\end{cases}$$

求 $E(\xi),D(\xi)$.

6.某元件的使用寿命 ξ 服从指数分布，其平均使用寿命为 1000h，求该元件使用 1000h 没有坏的概率.

7.设随机变量 ξ 的密度函数为

$$f(x)=\begin{cases}x+1, & -1\leqslant x\leqslant 0,\\ 1-x, & 0\leqslant x\leqslant 1,\\ 0, & 其他.\end{cases}$$

求 $D(\xi),D(1-2\xi),D(2\xi-1)$.

8.已知随机变量 $\xi\sim B(n,p)$，且 $E(\xi)=6,D(\xi)=4.2$，求二项分布的参数 n 和 p.

9.某种电子仪器的使用寿命 ξ（单位：h）是连续型随机变量，其密度函数为

$$f(x)=\begin{cases}\dfrac{1}{800}e^{-\frac{x}{800}}, & x\geqslant 0,\\ 0, & x<0.\end{cases}$$

试确定电子仪器的数学期望、方差和标准差.

实验八　概率的有关计算

一、概率密度函数

［命令］pdf（'name'，x，参数表列）　或 namepdf（x，参数表列），得到相应的概率密度函数值.

其中 name 可以为以下值

bino　　　二项分布；

poiss　　　泊松分布；

exp　　　指数分布；

norm　　　正态分布；

unif　　　均匀分布；

beta　　　BATA 分布；

gam　　　伽马分布；

chi2　　　卡方分布；

t　　　t 分布；

f　　　F 分布.

例 9-74　绘制正态分布 $N(3,2^2)$ 密度函数的图像.

x = −2:0.1:8;

y = normpdf(x,3,2);

plot(x,y,' + ')

见图 9-8.

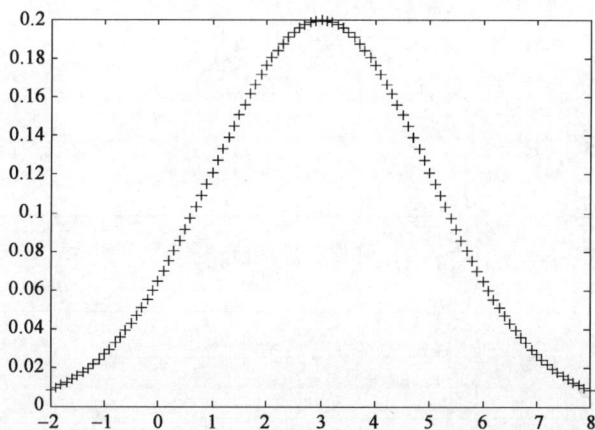

图　9-8

二、概率值计算

［命令］p = namecdf(x，参数表列)，得到相应的分布函数值 $F(x) = P(X \leq x)$.

其中函数名 name 的含义同前.

例 9-75　设 $X \sim N(3,2^2)$，求 $P(2 < X < 5)$，$P(|X| > 2)$.

P1 = normcdf(5,3,2) − normcdf(2,3,2)

P2 = 1 − normcdf(2,3,2) + normcdf(−2,3,2)

ans：

P1　= 0.5328

P2　= 0.6977

例9-76 求服从标准正态分布的随机变量落在区间$[-2,2]$上的概率.

\> \> P = normcdf（$[-2,2]$）

ans = 0.0228 0.9772

\> \> P（2）− P（1）

ans = 0.9545

三、期望和方差

［命令］ $[M,V]$ = namestat（参数表列），得到相应分布的期望和方差.
其中函数名 name 的含义同前.

例9-77 求二项分布$B(20,0.2)$和泊松分布$P(6)$的期望和方差.

$[M,V]$ = binostat（20,0.2）

M = 4

V = 3.2000

$[M,V]$ = poisstat（6）

M = 6

V = 6

本 章 小 结

★ 知识结构与知识点

概率论初步	概率	古典定义	$P(A)=\dfrac{\text{事件}A\text{包含的基本事件数}}{\text{基本事件的总数}}=\dfrac{m}{n}$
		性质	(1)非负性：$P(A)\geqslant 0$； (2)规律性：$0\leqslant P(A)\leqslant 1$
	概率的运算法则	加法公式	$P(A+B)=P(A)+P(B)-P(AB)$
		乘法公式	$P(AB)=P(A)P(B\mid A)$； 或 $P(AB)=P(B)P(A\mid B)$
		独立性	若$P(AB)=P(A)P(B)$，则A,B独立
		全概率公式	$P(B)=\sum_{i=1}^{n}P(A_i)P(B\mid A_i)$
		贝叶斯公式	$P(A_k\mid B)=\dfrac{P(A_k)P(B\mid A_k)}{\sum_{i=1}^{n}P(A_i)P(B\mid A_i)}$

续上表

概率论初步	随机变量	定义	随机变量 ξ 是定义在试验的样本空间 Ω 上的一个函数,其定义域为 Ω
		分类	离散型和连续型随机变量
		概率分布	离散型随机变量的概率分布: $P\{\xi=x_k\}=p_k(k=1,2\cdots)$
			连续型随机变量的概率分布: $P\{a<\xi\leqslant b\}=\int_a^b f(x)\,\mathrm{d}x$
	随机变量的数字特征	数学期望	离散型:$E(\xi)=\sum\limits_{k=1}^{\infty}x_k p_k$
			连续型:$E(\xi)=\int_{-\infty}^{+\infty}xf(x)\,\mathrm{d}x$
		方差	离散型:$D(\xi)=\sum\limits_{k=1}^{\infty}[x_k-E(\xi)]^2 p_k$
			连续型:$D(\xi)=\int_{-\infty}^{+\infty}[x-E(\xi)]^2 f(x)\,\mathrm{d}x$

复习题(九)

一、选择题

1.若事件 A,B 有 $A\subset B$,则正确的是( ).

　A. B 发生, A 必发生;　　　B. $B=\overline{A}+AB$;　　　C. $B=A+A\overline{B}$;　　　D. $B=A+\overline{A}B$.

2.下列不等式中,正确的是( ).

　A. $P(A)\leqslant P(AB)\leqslant P(A+B)\leqslant P(A)+P(B)$;

　B. $P(A)\leqslant P(AB)\leqslant P(A)+P(B)\leqslant P(A+B)$;

　C. $P(AB)\leqslant P(A)\leqslant P(A+B)\leqslant P(A)+P(B)$;

　D. $P(AB)\leqslant P(A)\leqslant P(A)+P(B)\leqslant P(A+B)$.

3.若 $P(A)>0$,且 $P(B|A)=P(B)$,则正确的是( ).

　A. $AB=\varnothing$;　　　　　　　　　　　　　　B. $P(\overline{AB})=P(\overline{A})P(\overline{B})$;

　C. A 与 B 对立;　　　　　　　　　　　　　D. $P(\overline{A}B)=P(\overline{A})P(B)$.

4.设离散型随机变量 ξ 的概率分布为

$$P(\xi=k)=a\sin\frac{k\pi}{6}\quad(k=1,5,13,17),$$

则常数 a 等于( ).

　A.1;　　　　　　　　B.2;　　　　　　　　C.$\dfrac{1}{2}$;　　　　　　　　D.$\dfrac{1}{4}$.

5.设每次试验的成功率为 0.7,重复试验 5 次,若失败次数记为 ξ,则下列描述错误的是

（　　）．

A. $\xi \sim B(5,0.7)$；　　　　　　　　B. $\xi \sim B(5,0.3)$；

C. $P\{\xi=0\}=(0.7)^5$；　　　　　　D. $P\{\xi=5\}=(0.3)^5$．

6. 设随机变量 $\xi \sim N(0,1)$，其密度函数为 $\varphi(x)$，

$$\Phi(x)=\int_{-\infty}^{x}\frac{1}{\sqrt{2\pi}}e^{-\frac{t^2}{2}}dt \quad (-\infty<x<+\infty),$$

则不正确的是（　　）．

A. 若 $x\neq 0$，$\varphi(0)>\varphi(x)$；　　　　B. $\varphi(-x)=\varphi(x)$；

C. $\Phi(-x)=\Phi(x)$；　　　　　　D. $\Phi(x)=1-\Phi(-x)$．

7. 设随机变量 ξ,η 服从区间 $[0,2]$ 上的均匀分布，则 $E(\xi+\eta)$ 等于（　　）．

A. 0.5；　　　　　B. 1；　　　　　C. 1.5；　　　　　D. 2．

8. 设 ξ 与 η 为随机变量，C 为常数，则下列各式中正确的是（　　）．

A. $E(C)=0$；　　　　　　　　　B. $E(C\xi)=C^2E(\xi)$；

C. $E(\xi+C\eta)=E(\xi)+CE(\eta)$；　　D. $E(\xi\eta)=E(\xi)E(\eta)$．

9. 设 ξ 与 η 为随机变量，C 为常数，则下列各式中正确的是（　　）．

A. $D(C)=C$；　　　　　　　　　B. $D(C\xi)=C^2D(\xi)$；

C. $D(\xi+\eta)=D(\xi)+D(\eta)$；　　D. $D(\xi+C)=D(\xi)+C$．

10. 设 $\xi \sim N(\mu,\sigma^2)$，$\eta \sim N(\mu,\sigma^2)$ 且 ξ 与 η 相互独立，则下列各式中正确的是（　　）．

A. $E(\xi-\eta)=\mu$；　　　　　　B. $E(\xi-\eta)=2\mu$；

C. $D(2\xi-\eta)=\sigma^2$；　　　　D. $D(\xi-\eta)=2\sigma^2$．

二、填空题

1. 设 A,B 为两个随机事件，则事件 $\overline{A}B+A\overline{B}$ 的对立事件是_____．

2. 设 $P(A)=\dfrac{1}{2}$，$P(B)=\dfrac{1}{3}$：

(1) A 与 B 互斥时，$P(A+B)=$_____，$P(AB)=$_____；

(2) A 与 B 相互独立时，$P(A+B)=$_____，$P(AB)=$_____；

(3) 当 $B\subset A$ 时，$P(A+B)=$_____，$P(AB)=$_____．

3. 设离散型随机变量 $\xi \sim B(2,p)$，且 $P\{\xi\geq 1\}=\dfrac{5}{9}$，则 $P\{\xi=2\}=$_____．

4. 若 $f(x)=\dfrac{a}{1+x^2}$，$x\in(-\infty,+\infty)$ 为连续型随机变量的密度函数，则 $a=$_____．

5. 设连续型随机变量 ξ 服从参数为 λ 的指数分布，其密度函数为 $f(x)$，则 $P\left\{\xi>\dfrac{1}{\lambda}\right\}=$_____．

6. 设连续型随机变量 ξ 的密度函数 $f(x)=\dfrac{1}{\sqrt{8\pi}}e^{-\frac{x^2+6x+9}{8}}$，若

$$\int_{-\infty}^{a}f(x)dx=\int_{a}^{+\infty}f(x)dx,$$

则 $a =$ _____.

7. 设随机变量 $\xi \sim B(n, p)$ 且 $E(\xi) = 3, D(\xi) = 2$, 则 ξ 的全部可能取值是_____.

8. 设随机变量 $\xi \sim P(\lambda)$ 且 $E(\xi) = 4$, 则 $D(\xi) =$ _____, $P\{\xi = 1\} =$ _____.

9. 设连续型随机变量 ξ 的密度函数

$$f(x) = \frac{1}{2\sqrt{2\pi}} e^{-\frac{(x-3)^2}{8}} \quad (-\infty < x < +\infty),$$

则 $E(\xi) =$ _____, $D(\xi) =$ _____.

三、计算题

1. 某单位共有 50 名职工,其中会英语的有 35 名,会日语的有 25 名,既会英语又会日语的有 18 名. 现从该单位中任意选出 1 名职工,求他既不会英语,也不会日语的概率.

2. 5 位同龄的健康成年人,他们每人将活 30 年的概率为 $\dfrac{2}{3}$,他们买了人寿保险,期限为 30 年,求保险公司至少要给两个人偿付保险金的概率.

3. 设离散型随机变量 ξ 的概率分布为

$$P\{\xi = k\} = a(2 + k)^{-1} \quad (k = 0, 1, 2, 3).$$

(1) 确定常数 a;

(2) 写出 ξ 的概率分布表;

(3) 求 $P\{\xi < 1\}, P\{\xi \leq 1\}, P\{\xi > 2\}, P\{1.5 \leq \xi \leq 3\}, P\{\xi \leq 3\}$.

4. 设连续型随机变量 X 的概率密度为

$$f(x) = \begin{cases} 2(1 - x), & 0 < x < 1, \\ 0, & \text{其他}. \end{cases}$$

求: (1) $E(X)$; (2) $E(2X - 1)$; (3) $D(X)$; (4) $D(2X + 3)$.

5. 设连续型随机变量 ξ 的密度函数为

$$f(x) = a e^{-|x|} \quad x \in (-\infty, +\infty).$$

(1) 确定常数 a; (2) 求 ξ 落在区间 $(0, 1)$ 内的概率.

6. 设 ξ 是离散型随机变量,若

$$P\{\xi = x_1\} = \frac{3}{5}, \quad P\{\xi = x_2\} = \frac{2}{5},$$

且 $x_1 < x_2$,又知 $E(\xi) = \dfrac{7}{5}, D(\xi) = \dfrac{6}{25}$. 求 ξ 的概率分布.

7. 设随机变量 ξ 的密度函数为

$$f(x) = \begin{cases} \dfrac{1}{2} e^x, & x < 0, \\ \dfrac{1}{4}, & 0 \leq x < 2, \\ 0, & x \geq 2. \end{cases}$$

求: (1) $E(3\xi + 2)$; (2) $D(\xi), D(3 - 3\xi)$.

第十章　数理统计及工程应用

📖 学习目标

1. 理解数理统计中总体、个体、样本的概念;
2. 了解计量值数据、计数值数据的概念;
3. 理解数据的统计特征量中正态分布、U 分布的基本知识;
4. 会进行简单问题的总体参数估计;
5. 能够应用工程中常用的数理统计方法,包括直方图法、回归分析法等对工程中的具体问题进行分析;
6. 了解假设检验的基本思想,掌握 U 检验法,了解 t 检验法、χ^2 检验法等检验方法.

第一节　数理统计基础

一、总体、个体与样本

在数理统计中,常把所研究对象的全体称为**总体**,如电子元件的使用寿命、材料抗弯强度等,用随机变量 X 表示,因此总体就是研究随机变量取值的所有可能.组成总体的每一个研究对象称为**个体**,用 $X_1, X_2, \cdots, X_n$ 表示.总体中所含个体的数量称为**总体容量**,容量有限的称为有限总体,容量无限的称为无限总体.从总体中抽取 n 个相互独立,且与总体 X 同分布的个体 $X_1, X_2, \cdots, X_n$ 称为总体 X 的一个样本.样本所含个体的数目 n 称为样本容量,样本 $X_1, X_2, \cdots, X_n$ 的 n 个观测值 $x_1, x_2, \cdots, x_n$ 称为**样本值**.全体样本组成的集合称为样本空间.

定义 10.1　若样本的选取满足:

(1)代表性:每一个个体 $X_i(i=1,2\cdots)$ 都与总体 X 同分布;

(2)独立性:$X_1, X_2, \cdots, X_n$ 是相互独立的随机变量;

则称 $(X_1, X_2, \cdots, X_n)$ 是取自总体 X 的**简单随机样本**或简称为**样本**.

以后若无特别说明,本书所提到的样本均指简单随机样本.

例如,从每一桶沥青中取两个试样,一批沥青有 1000 桶,抽查了 200 个试样做试验,则这 200 个试样就是样本.而组成样本的每一个个体,即为样品.例如,上述 200 个试样中的某一个,就是该样本中的一个样品、200 是样本中所含样品的数量(有时也称样本数),通常用 n 表示样本容量.上例中样本容量 $n=200$.样本容量的大小,直接关系到判断结果的可靠性,一般来说,样本容量愈大,可靠性愈好,但检验所耗费的工作量亦愈大,成本也就愈高.样本容量与总体中所含个体的量相等时,是一种极限情况.

在工程质量检验中,对无限总体的个体,如果采用全部逐个检查的方法考察其某个质量特征,不但费时费工、不合算,而且是不可能的;即使在有限总体中,虽然所含个体数量不大,但质量检验方法通常具有破坏性,采用全数考察的方法同样不可取.因此,除特殊项目外,在工程质量检验中通常采用抽样检查的方法,即通过抽取总体中的一小部分个体加以考察,以便了解和分析总体质量状况.

*二、质量数据

在工程中,反映某项质量特性指标的原始数据称为质量特性数据,简称为**质量数据**.如一批沥青的针入度数据、含蜡量数据、延度数据等,都可以被称为质量数据.质量数据是质量信息的重要组成部分,工程质量控制、评价是以数据为依据,质量控制中常说的"一切用数据说话",就是要求用数据来反映工序质量状况及判断质量效果.只有通过质量数据的收集、处理、分析、才可以达到对生产施工过程的了解、掌握以致控制和管理.因此,质量数据的作用是十分重要的.

质量数据的来源,主要是工程建设过程中各种检验,即材料检验、工序检验、竣工验收检验,当然也包括使用过程中的必要检验.可以说质量检验为质量控制提供了全面的、大量的质量数据,依据它才能正常开展质量控制及质量管理活动.

1.质量数据的分类

质量数据就其本身的特性来说,可以分为计量值数据和计数值数据.

(1)计量值数据

计量值数据是可以连续取值的数据,表现形式是连续型的.如长度、厚度、直径、强度、化学成分等质量特征,一般都是可以使用检测工具或仪器等测量(或试验),类似这些质量特征的测量数据,一般都带有小数,如长度为1.15m、1.18m等.在工程质量检验中得出的原始检验数据大部分是计量值数据.

(2)计数值数据

计数值数据是指不能连续取值,只能计算个数的数值.如不合格品数、不合格的构件数、缺陷的点数等,都是计数值,它们的每一次取值只可能是零或自然数.计数值的特点是非连续性,并只能出现0、1、2等非负的整数,在任何两个计数值之间不可能插入无穷多个数位,不可能有小数,否则将出现不能表达原意义的数值.如非计划停工次数1(次)与4(次)之间,最多只能插入2(次)和3(次)两个数值,再想插入任何不同于2和3的数值如2.5,则不能表达停工次数的含义,因为停工次数不可能为2.5次.一般来说,以判定方法得出的数据和以感觉性检验方法得出的数据大多属于计数值数据.

计数值数据有两种表达方法:一种是直接用计数出来的次数、点数来表示(称P_n数据);一种是把P_n数据与总检查次或点数相比,用百分数表示(称P数据).P数据在工程检验中是经常使用的,如某分项工程的质量合格率为90%,即表示经检查为合格的点或次数与总检验点或次数的比值为90%.但也应注意,不是所有的百分数表示的数据都是计数值数据,因为当分子为计量值数据时,则计算出来的百分数也应是计量值数据.可以这样说,在用百分数表示数据时,当分子、分母为计量值数据时,分数值为计量值数据;当分子、分母为计数值数据时,分数值为计数值数据.

2. 质量数据的特征

表现工程质量的统计数据有两个基本特性:一是统计数据的差异性;二是统计数据的规律性.

(1)差异性

实践证明,任何一个生产施工过程,不论客观条件多么稳定、设备多么精确、操作水平多么高,其生产施工出来的工程都不会完全相同,也就是工程质量不可能绝对一样,或多或少总会有差异,这就是所谓的工程质量波动性,因此反映工程质量的统计数据的重要特性就是它的差异性.

(2)规律性

虽然通过质量检验获取的质量数据千变万化、各不相同,但并非杂乱无章,总是存在一定的规律性,即变化是有一定范围或局限,其中多数向某一数值集中,同时又分散在这个数值的两旁,因此质量数据既分散又集中,既有差异性又有规律性.

质量控制中,就是要应用数理统计方法从反映工程质量的数据的差异性中寻找其规律性,从而预测和控制工程质量.

3. 质量数据的修约

质量数据获得后,还涉及数据的定位问题,也就是出现了在规定精确程度范围之外的数字,如何取舍的问题.在统计中一般常用的数值修约规则如下:

(1)拟舍去的数字中,其最左面的第一位数字小于5时,则舍去,留下的数字不变.

(2)拟舍去的数字中,其最左面的第一位数字大于5时,则进1,即所留下的末位数字加1.

(3)拟舍去的数字中,其最左面的第一位数字等于5时,而后面的数字并非全部为0时,则进1,即所留下的末位数字加1.

(4)拟舍去的数字中,其最左面的第一位数字大于5时,而后面的无数字或全部为0时,所保留的数字末位数为奇数(1、3、5、7、9)则进1,如为偶数(0、2、4、6、8)则舍去.

如下列数据修约到小数点后的第一位:

18.2432→18.2(拟舍去的数字中最左面的第一位数字是4,故舍去);

26.4843→26.5(拟舍去的数字中最左面的第一位数字是8,故应进1);

1.0501→1.1(拟舍去的数字中最左面的第一位数字是5,5后面的数字还有01,故应进1);

0.05→0.0(其拟舍去的数字中最左面的第一位数字是5,5后面无数字,因所未留末位数为"0"是偶数,故舍去);

0.15→0.2(其拟舍去的数字中最左面的第一位数字是5,5后面无数字,因所未留末位数为"1"是奇数,故进1);

0.25→0.2(其拟舍去的数字中最左面的第一位数字是5,5后面无数字,因所未留末位数为"2"是偶数,故舍去);

实行数据修约时,应在确定修约位数后一次完成,即对于拟舍去的数字并非单独的一个数字时不得对该数值连续进行修约,应按拟舍去的数字最左面的第一位数字的大小,照上述各条一次修约完成. 例如,将 15.4546 修约成整数时,不应按 $15.4546 \rightarrow 15.455 \rightarrow 15.46 \rightarrow 15.5 \rightarrow 16$ 进行,而应按 $15.4546 \rightarrow 15$ 进行修约.

上述数值修约规则(有时称为"奇升偶舍法")与以往惯用的"四舍五入法"区别在于,用"四舍五入法"对数值进行修约,从很多修约后的数据中得到的均值偏大. 用上述修约规则,进舍的状况具体平衡性,进舍误差也具有平衡性,若干数值经过这种修约后,修约值之和变大的可能性与变小的可能性是一样的.

三、统计量

定义 10.2　设 $(X_1, X_2, \cdots, X_n)$ 是来自总体 X 的一个样本,$g(X_1, X_2, \cdots, X_n)$ 是 $X_1, X_2, \cdots, X_n$ 的连续函数,且不含任何未知参数,则称 $g(X_1, X_2, \cdots, X_n)$ 是一个**统计量**.

注意:

(1)统计量中不含任何未知参数. 否则,以此作为估计推断的基础就不确定. 如 $\frac{1}{n-1}\sum\limits_{i=1}^{n} X_i^2 + \mu$ 与 $\frac{1}{\sigma^2}(\sum\limits_{i=1}^{n} X_i^2 - n\overline{X}^2)$,若 μ, σ 均为未知参数,则都不是统计量.

(2)由于 $(X_1, X_2, \cdots, X_n)$ 是随机变量,所以统计量也是随机变量. 如果样本给定一个确定的样本值,统计量也就有一个相应的确定值.

下面介绍几个最常用的统计量,它们都叫作样本数字特征.

(1)样本均值: $\overline{X} = \frac{1}{n}\sum\limits_{i=1}^{n} X_i$.

(2)样本方差: $S^2 = \frac{1}{n-1}\sum\limits_{i=1}^{n}(X_i - \overline{X})^2 = \frac{1}{n-1}(\sum\limits_{i=1}^{n} X_i^2 - n\overline{X}^2)$,$S^2$ 又称为修正样本方差; $S_n^2 = \frac{1}{n}\sum\limits_{i=1}^{n}(X_i - \overline{X})^2$ 称为未修正样本方差.

注:如无特殊说明,凡提到样本方差,均指修正样本方差.

(3)样本标准(均方)差: $S = \sqrt{\frac{1}{n-1}\sum\limits_{i=1}^{n}(X_i - \overline{X})^2}$.

(4)样本 k 阶原点矩: $A_k = \frac{1}{n}\sum\limits_{i=1}^{n} X_i^k$　$(k = 1, 2\cdots)$.

(5)样本 k 阶中心矩: $B_k = \frac{1}{n}\sum\limits_{i=1}^{n}(X_i - \overline{X})^k$　$(k = 1, 2\cdots)$.

由于公式中的 X_i 为随机变量,样本均值、样本方差等样本数字特征也都是随机变量. 但对给定的样本值,样本均值和样本方差都不再是随机变量,而是确定常数,并有

样本均值: $\overline{x} = \frac{1}{n}\sum\limits_{i=1}^{n} x_i$　$(i = 1, 2, \cdots, n)$;

样本方差: $S^2 = \frac{1}{n-1}\sum\limits_{i=1}^{n}(x_i - \overline{x})^2 = \frac{1}{n-1}(\sum\limits_{i=1}^{n} x_i^2 - n\overline{x}^2)$;

样本标准差: $S = \sqrt{\frac{1}{n-1}\sum\limits_{i=1}^{n}(x_i - \overline{x})^2} = \sqrt{\frac{1}{n-1}(\sum\limits_{i=1}^{n} x_i^2 - n\overline{x}^2)}$.

例 10-1　总体 $X \sim N(\mu, \sigma^2)$,其中 μ 未知,σ 已知,$(X_1, X_2, \cdots, X_5)$ 是从中抽取的一个样

本,试判别下列式子中,哪些是统计量? 哪些不是? 为什么?

$$(1)\overline{X}=\frac{1}{5}\sum_{i=1}^{5}X_i;\qquad (2)S^2=\frac{1}{4}\sum_{i=1}^{5}(X_i-\overline{X})^2;\qquad (3)\frac{\overline{X}-\mu}{\sigma/\sqrt{5}};\qquad (4)\frac{\overline{X}}{\sigma/5};$$

$$(5)\frac{1}{\sqrt{5}}(\overline{X}-\mu);\qquad (6)\frac{\overline{X}}{\sigma^2+5};\qquad (7)\frac{\overline{X}}{\sigma-\mu};\qquad (8)\sum_{i=1}^{5}X_i^2-5\overline{X}.$$

解 (1)、(2)、(4)、(6)、(8)是统计量,因为不含未知参数,而且均为样本的连续函数. 由(1)、(2)可知样本均值和样本方差都是统计量.(3)、(5)、(7)不是统计量,因为含有未知参数 μ.

工程中,用来表示统计数据分布及其某些特征的特征量分为两类:一类表示数据的集中位置,例如算术平均值(样本均值)、中位数等;一类表示数据的离散程度,如极差、标准偏差、变异系数等.

1. 算术平均值

算术平均值是表示一组数据集中位置最有用的统计特征量,经常用样本的算术平均值来代表总体的平均水平. 总体的算术平均值用 μ 表示,样本的算术平均值则用 $\bar{x}$ 表示. 如果 n 个样本数据为 $x_1,x_2,\cdots,x_n$,那么样本的算术平均值为:

$$\bar{x}=\frac{1}{n}(x_1+x_2+\cdots+x_n)=\frac{1}{n}\sum_{i=1}^{n}x_i. \tag{10-1}$$

2. 中位数

在一组数据 $x_1,x_2,\cdots,x_n$ 中,按其大小次序排序,以排在正中间的一个数表示总体的平均水平,称为中位数,或称中值,用 $\tilde{x}$ 表示. n 为奇数时,正中间的数只有一个;n 为偶数时,正中间的数有两个,取这两个数的平均值作为中位数,即:

$$\tilde{x}=\begin{cases} x_{\frac{n+1}{2}} & (n\text{ 为奇数}),\\ \frac{1}{2}(x_{\frac{n}{2}}+x_{\frac{n}{2}+1}) & (n\text{ 为偶数}). \end{cases} \tag{10-2}$$

3. 极差

在一组数据中最大值和最小值之差,称为极差,记作 R:

$$R=x_{\max}-x_{\min} \tag{10-3}$$

极差没有充分利用数据的信息,但计算十分简单,仅适用于样本容量较小($n<10$)的情况.

4. 标准偏差(均方差)

标准偏差有时也称标准离差、标准差或称均方差,它是衡量样本数据波动性(离散程度)的指标. 在质量检验中,总体的标准偏差一般不易求得. 样本的标准偏差 S 按式(10-4)计算:

$$S=\sqrt{\frac{(x_1-\bar{x})^2+(x_2-\bar{x})^2+\cdots+(x_n-\bar{x})^2}{n-1}}=\sqrt{\frac{1}{n-1}\sum_{i=1}^{n}(x_i-\bar{x})^2}. \tag{10-4}$$

5. 变异系数

标准偏差是反映样本数据的绝对波动状况,当测量较大的量值时,绝对误差一般较大;测量较小的量值时,绝对误差一般较小,因此,用相对波动的大小,即变异系数更能反映样本数据

的波动性.变异系数用 C_v 表示,是标准偏差 S 与算术平均值的比值,即

$$C_v = \frac{S}{\bar{x}} \times 100\%. \tag{10-5}$$

例 10-2　从某总体中抽取一个容量为 5 的样本,其样本值为 12.6,12.0,12.2,12.8,12.5,求样本均值和样本方差.

解　样本均值为 $\bar{x} = \frac{1}{5}(12.6+12.0+12.2+12.8+12.5) = 12.42$,样本方差为

$$S^2 = \frac{(12.6-12.4)^2+(12.0-12.4)^2+(12.2-12.4)^2+(12.8-12.4)^2+(12.5-12.4)^2}{5-1}$$

$= 0.1025.$

例 10-3　某路段面层抗滑性能检测,摩擦系数的检测值(摆值)共 10 个测点,分别是:58、56、60、53、48、54、50、61、57、55.求摩擦系数的样本均值、中位数、极差和标准偏差.

解　由式(10-1)可得摩擦系数的样本均值为:

$$\overline{f_B} = \frac{1}{10}(58+56+60+53+48+54+50+61+57+55) = 55.2.$$

检测值按大小次序排列为:61、60、58、57、56、55、54、53、50、48,则由式(10-2)可得中位数为:

$$\hat{f} = \frac{1}{2}(f_{B(5)}+f_{B(6)}) = \frac{1}{2}(55+56) = 55.5.$$

由式(10-3)可得极差为:

$$R = f_{B\max} - f_{B\min} = 61-48 = 13;$$

由式(10-4)可得标准偏差为:

$$S = \left\{ \frac{1}{10-1}\left[\begin{matrix}(58-55.2)^2+(56-55.2)^2+(60-55.2)^2+(53-55.2)^2+(48-55.2)^2+ \\ (54-55.2)^2+(50-55.2)^2+(61-55.2)^2+(57-55.2)^2+(55-55.2)^2\end{matrix}\right]\right\}^{\frac{1}{2}}$$

$= 4.13.$

例 10-4　若甲路段面层的摩擦系数算术平均值为 55.2,标准偏差为 4.13;乙路段的摩擦系数算术平均值为 60.8,标准偏差为 4.27.则两路段的变异系数为:

解　甲路段　　　$C_v = \frac{S}{\bar{x}} \times 100\% = \frac{4.13}{55.2} = 7.48\%$;

乙路段　　　$C_v = \frac{S}{\bar{x}} \times 100\% = \frac{4.27}{60.8} = 7.02\%$.

从标准偏差看,$S_甲 < S_乙$,但从变异系数分析,$C_{v甲} > C_{v乙}$,说明甲路段的摩擦系数相对波动比乙路段的大,面层抗滑稳定性较差.

四、数据的分布特征

取得总体的样本(数据)后,通常要借助样本的统计量对未知总体的分布进行推断.样本是随机变量,统计量作为样本的函数,也是随机变量.统计量的分布称为抽样分布(或样本分布).在工程质量控制和评价中,质量数据具有一定的规律性,许多随机变量都服从正态分布,服从正态分布的总体称为正态总体.由正态总体构成的常用分布有:U 分布、t 分布、χ^2 分布和

F 分布. 我们重点介绍 U 分布和 t 分布.

1. 统计量 $U = \dfrac{\overline{X} - \mu}{\sigma}\sqrt{n}$ 的分布（U 分布）

设总体 $X \sim N(\mu,\sigma^2)$，$(X_1,X_2,\cdots,X_n)$ 是来自总体 X 的一个样本，$(x_1,x_2,\cdots,x_n)$ 是其观察值，n 为样本容量，$\overline{X}$ 是样本均值. 由样本均值构造的统计量 $U = \dfrac{\overline{X} - \mu}{\sigma}\sqrt{n}$，可以证明:

$$U = \frac{\overline{X} - \mu}{\sigma}\sqrt{n} \sim N(0,1).$$

说明:取自正态分布总体的样本,其样本均值 $\overline{X} = \dfrac{1}{n}\sum_{i=1}^{n} X_i$ 仍然服从正态分布,而且期望保持不变,方差为原来的 $\dfrac{1}{n}$,即 $\overline{X} \sim N\left(\mu,\dfrac{\sigma^2}{n}\right)$,对此一般正态分布做标准化处理,得到的统计量 $U = \dfrac{\overline{X} - \mu}{\sigma}\sqrt{n}$ 必然服从 $N(0,1)$ 的标准正态分布,可见 **U 分布就是前面介绍的标准正态分布**.

在讨论总体的有关问题时,常用到分布的 α 分位点或临界值的概念.

设随机变量 X 服从某一分布,对给定的概率值 $\alpha(0 < \alpha < 1)$,满足条件

$$p\{X > x_\alpha\} = \alpha, \tag{10-6}$$

或

$$P\{X \leqslant x_\alpha\} = 1 - \alpha \tag{10-7}$$

的点 x_α 称为该分布的上 α 分位点或上侧临界值.

满足条件

$$P\{|X| > x_{\frac{\alpha}{2}}\} = \alpha, \tag{10-8}$$

或

$$P\{|X| \leqslant x_{\frac{\alpha}{2}}\} = 1 - \alpha \tag{10-9}$$

的点 $x_{\frac{\alpha}{2}}$,称为该分布的双侧 α 分位点或双侧临界值.

例 10-5 设 $X \sim N(\mu,\sigma^2)$,取 $\alpha = 0.10$,由于 $P\{X > 1.28\} = 0.10$,所以 $x_{0.10} = 1.28$. 又由于 $P\{|X| > 1.645\} = 0.10$,所以 $x_{\frac{0.10}{2}} = x_{0.05} = 1.645$,如图 10-1、图 10-2 所示.

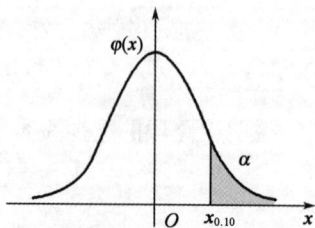

图 10-1

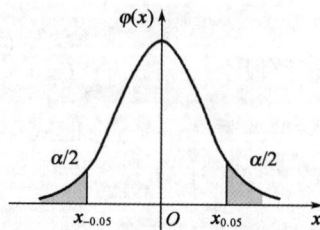

图 10-2

类似地,U 分布的临界点:

对于 U 统计量或 U 分布,满足 $P(U > u_\alpha) = \alpha$ 的点 u_α 称为 U 分布的**上侧分位数**或上侧临界值. 满足 $P(|U| \geqslant u_{\frac{\alpha}{2}}) = \alpha$ 的点 $u_{\frac{\alpha}{2}}$ 称为 U 分布的**双侧分位数**或**双侧临界值**,其中 α 是随机

变量 U 的取值落在 $\pm u_{\frac{\alpha}{2}}$ 两侧的概率和. 在给定的 α 下, 可以根据标准正态分布的概率公式 $\Phi\left(u_{\frac{\alpha}{2}}\right) = P\left(U \leqslant u_{\frac{\alpha}{2}}\right) = 1 - \dfrac{\alpha}{2}$, 通过查附表二得到 $u_{\frac{\alpha}{2}}$ 的值, 如图 10-3、图 10-4 所示.

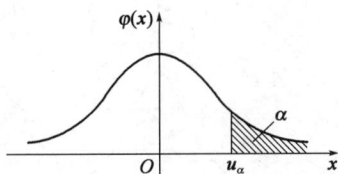

图　10-3

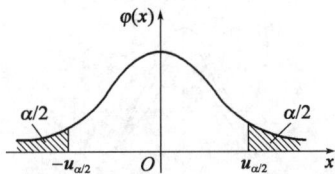

图　10-4

例 10-6　设 $\alpha = 0.05$, 求标准正态分布的水平 0.05 的上侧分位数和双侧分位数.

解　$\alpha = 0.05$, 由 $\Phi(u_\alpha) = 1 - \alpha = 0.95$, 查附表二 $\Phi(1.645) = 0.95$, 得水平 0.05 的上侧临界值为 $u_{0.05} = 1.645$.

又 $\Phi(u_{0.025}) = 1 - \dfrac{\alpha}{2} = 1 - \dfrac{0.05}{2} = 0.975$, 查附表二 $\Phi(1.96) = 0.975$, 得水平 0.05 的双侧临界值 $u_{0.025} = 1.96$.

例 10-7　设总体 $X \sim N(40, 5^2)$. 抽取容量为 36 的样本, 求样本平均值 $\overline{X}$ 在 38 与 43 之间的概率.

解　因为 $X \sim N(40, 5^2)$, $\overline{X} = \dfrac{1}{36}\sum\limits_{i=1}^{36} X_i$, 所以 $\overline{X} \sim N\left(40, \dfrac{5^2}{36}\right)$, $U = \dfrac{\overline{X} - 40}{5/6} \sim N(0,1)$,

从而有

$$P(38 < \overline{X} < 43) = P\left(\frac{38-40}{5/6} < \frac{\overline{X}-40}{5/6} < \frac{43-40}{5/6}\right) = \Phi(3.6) - \Phi(-2.4)$$

$$= \Phi(3.6) + \Phi(2.4) - 1 = 0.99984 + 0.9918 - 1 = 0.99164.$$

2. t 分布

设 X 与 Y 是两个相互独立的随机变量, 且 $X \sim N(0,1)$, $Y \sim \chi^2(n)$, 称统计量 $T = \dfrac{X}{\sqrt{\dfrac{Y}{n}}}$ 服从

自由度为 n 的 t 分布, 记作 $T \sim t(n)$.

t 分布的分布密度为

$$f(t) = \frac{\Gamma\left(\dfrac{n+1}{2}\right)}{\sqrt{n\pi}\,\Gamma\left(\dfrac{n}{2}\right)}\left(1 + \frac{t^2}{n}\right)^{-\frac{n+1}{2}} \quad (-\infty < t < +\infty). \tag{10-10}$$

其图形是关于纵轴对称, 如图 10-5 所示. 当 n 较大时 (一般 $n > 30$), 图形近似于标准正态分布. 对于给定的正数 $\alpha(0 < \alpha < 1)$, 称满足

$$P\{T > t_\alpha(n)\} = \int_{t_\alpha(n)}^{+\infty} f(t)\,\mathrm{d}t = \alpha \tag{10-11}$$

的点 $t_\alpha(n)$ 为 t 分布上的 α 分位点或上侧临界值. 其几何意义如图 10-6 所示. 称满足

$$P\left\{\,|T| > t_{\frac{\alpha}{2}}(n)\,\right\} = \alpha \tag{10-12}$$

的点 $t_{\frac{\alpha}{2}}(n)$ 为 t 分布的双侧 α 分位点或双侧临界值.

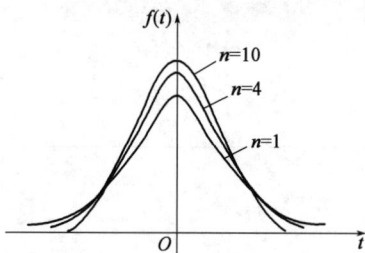
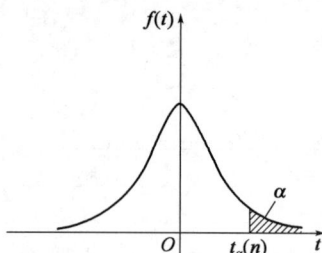

图 10-5   图 10-6

t 分布性质：

（1）$t_{1-\alpha}(n) = -t_{\alpha}(n)$；

（2）当 $n > 45$ 时，$t_{\alpha}(n) \sim X_{\alpha}(n)$，其中 $X_{\alpha}(n)$ 是 $N(0,1)$ 的上 α 分位点.

在施工质量评价中，常需要解决总体标准差未知，如何估价平均值置信区间的问题. 为解决这一问题，一个很自然的想法，就是利用样本标准偏差 S 代替总体标准偏差 σ.

设 $(X_1, X_2, \cdots, X_n)$ 来自正态分布总体，根据抽样分布定理可知：

$$T = \frac{\overline{X} - \mu}{S/\sqrt{n}} \sim t(n-1). \tag{10-13}$$

其中，$\overline{X}$ 和 S 分别是样本均值和样本标准差.

因此，根据给定的 $\beta(1 - \beta = \alpha)$ 和自由度，由附录中的《t 分布概率系数表》（附表七）查得 $t_{(1-\beta)/2}(n-1)$ 之值，由此得平均值 μ 的双边置信区间

$$\left(\overline{X} - S \cdot \frac{t_{(1-\beta)/2}(n-1)}{\sqrt{n}}, \overline{X} + S \cdot \frac{t_{(1-\beta)/2}(n-1)}{\sqrt{n}} \right). \tag{10-14}$$

同理可得 μ 单边置信的区间

$$\mu < \overline{X} + S \cdot \frac{t_{1-\beta}(n-1)}{\sqrt{n}} \quad 或 \quad \mu > \overline{X} - S \cdot \frac{t_{1-\beta}(n-1)}{\sqrt{n}}. \tag{10-15}$$

例 10-8 查表求 $t(8)$ 分布的水平 0.05 的双侧**临界值**，并说明意义.

解 查附表七，得到 $t_{0.05/2}(8) = 2.3060$，说明 $t(8)$ 取值在区间 $(-2.3060, 2.3060)$ 以外两侧的概率和为 0.05；即落入区间 $(2.3060, +\infty)$ 的概率为 0.025.

*3. χ^2 分布

设总体 $X \sim N(0,1)$，$X_1, X_2 \cdots X_n$ 是来自总体 X 的一个简单样本，构造统计量 $\chi^2 = X_1^2 + X_2^2 + \cdots + X_n^2$ 则称 χ^2 服从参数为 n 的 χ^2 分布，记作 $\chi^2 \sim \chi^2(n)$.

当 $n \to \infty$ 时，$\chi^2(n)$ 分布很接近正态分布.

若 $X_1, X_2, \cdots, X_n$ 是来自总体 $X \sim N(\mu, \sigma^2)$ 的一个样本，可以证明统计量

$$\chi^2 = \frac{(n-1)s_0^2}{\sigma^2} = \frac{\sum\limits_{i=1}^{n}(\xi_i - \bar{\xi})^2}{\sigma^2} \sim \chi^2(n-1).$$

例10-9　查表求 $\chi^2_{0.05}(10)$,并说明意义.

解　查附表四,得到 $\chi^2_{0.05}(10)=18.307$,说明 $\chi^2(10)$ 取值落入区间 $(18.307,+\infty)$ 的概率为 0.05.

例10-10　查表求 $\chi^2(9)$,当 $\alpha=0.1$ 时上侧临界值.

解　由 $P(\chi^2(9)\geqslant\chi^2_{0.05}(9))=0.05$,查附表四得 $\chi^2_{0.05}(9)=16.919$.

***4. F 分布**

设随机变量 $U\sim\chi^2(n_1)$, $V\sim\chi^2(n_2)$,且 U 与 V 相互独立,称统计量 $F=\dfrac{U/n_1}{V/n_2}$ 服从第一自由度为 n_1 ,第二自由度为 n_2 的 F 分布,记作 $F\sim F(n_1,n_2)$.

F 分布的分布密度为

$$f(t)=\begin{cases}\dfrac{\Gamma\left(\dfrac{n_1+n_2}{2}\right)}{\Gamma\left(\dfrac{n_1}{2}\right)\Gamma\left(\dfrac{n_2}{2}\right)}\left(\dfrac{n_1}{n_2}\right)^{\frac{n_1}{2}}\cdot t^{\frac{n_1}{2}-1}\left(1+\dfrac{n_1}{n_2}t\right)^{-\frac{n_1+n_2}{2}}, & t\geqslant0,\\[4mm]0, & t<0.\end{cases} \tag{10-16}$$

其图形与 n_1 、 n_2 有关,如图 10-7 所示.

对于给定的正数 $\alpha(0<\alpha<1)$,称满足

$$P\{F(n_1,n_2)>F_\alpha(n_1,n_2)\}=\int_{F_\alpha(n_1,n_2)}^{+\infty}f(t)\mathrm{d}t=\alpha \tag{10-17}$$

的点 $F_\alpha(n_1,n_2)$ 为 F 分布的上 α 分位点或上侧临界值.

其几何意义如图 10-8 所示.

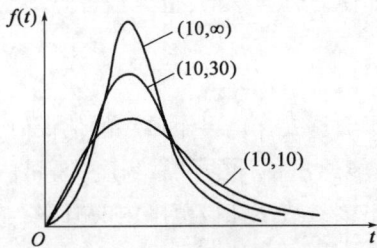

图 10-7

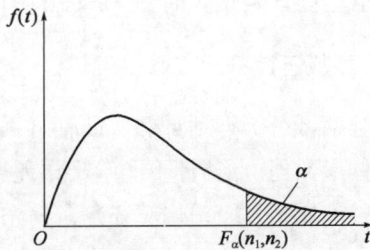

图 10-8

F 分布具有性质 $F_{1-\alpha}(n_1,n_2)=\dfrac{1}{F_\alpha(n_2,n_1)}$,利用此性质可以求出 F 分布(附表五)中没有列出的某些值.

例10-11　设 $F\sim F(10,20)$, $\alpha=0.10$,查附表五可得 $F_{0.10}(10,20)=1.94$.若求 $F_{0.90}(20,10)$,由 F 分布性质得 $F_{0.90}(20,10)=\dfrac{1}{1.94}=0.5155$.

设 $X_1,X_2,\cdots,X_{n_1}$ 是取自正态总体 $X\sim N(\mu_1,\sigma^2)$ 的样本,容量为 n_1 , $Y_1,Y_2,\cdots,Y_{n_2}$ 是取自正态总体 $Y\sim N(\mu_2,\sigma^2)$ 的样本,容量为 n_2 ,且 X 与 Y 相互独立,则统计量

$$F = \frac{S_1^2}{S_2^2} \sim F(n_1 - 1, n_2 - 1).$$

其中，S_1^2, S_2^2 分别是两正态总体的样本方差.

*五、可疑数据的取舍方法

在一组条件完全相同的重复试验中，个别的测量值可能会出现异常，如测量值过大或过小，这些过大或过小的测量数据是不正常的，或称为可疑的. 对于这些可疑数据应该用数理统计的方法判别其真伪，并决定取舍. 常用的方法有拉依达法、肖维纳特、格拉布斯法等. 其中最常用的就是拉依达法，也就是工程常说的 3S 法. 拉依达法简介如下：

在产品质量控制和材料试验研究中，遇到的总体绝大部分都服从正态分布，而由正态分布的原则可知，对于每个测量值落在区间 $(\bar{x} - 3S, \bar{x} + 3S)$ 的概率为 99.73%，而落在这个区间之外的概率仅为 0.27%，也就是在近 400 次试验中才能遇到 1 次，在有限的测量中发生这种情况的可能性是很小的，因而一旦有这样的数据出现，就认为测量数据是不可靠的，应予以删除. 拉依达法正是基于这一原则提出的，故也称 3S 准则. 即当试验次数较多时，可简单地用 3 倍标准差（3S）作为确定可疑数据取舍的标准. 当某一测量数据 x_i 与其测量结果的算术平均值（$\bar{x}$）之差大于 3 倍标准偏差时，用公式表示为

$$|x_i - \bar{x}| > 3S, \tag{10-18}$$

则该测量数据应舍弃.

另外，当测量值与平均值之差大于 2 倍标准差（即 $|x_i - \bar{x}| > 2S$）时，则该测量值应保留，但需存疑. 如发现生产（施工）试验过程中，有可疑的变异时，该测量值应舍弃.

拉依达法简单方便，不需查表，但要求较宽，当试验检测次数较多或要求不高时可以应用；而当试验检验次数较少时（如 $n < 10$），在一组测量值中即使混有异常值，也无法舍弃.

六、参数估计

统计估计分为点估计和区间估计. 点估计是运用样本数据来计算一个单一的估计值，用以估计总体参数值. 点估计不能给出误差范围的大小，也不能给出估计的可靠程度. 区间估计是对总体参数做估计时给出总体参数所落入的范围，并指出该参数落在该范围内的概率.

1. 点估计

设 θ 为总体 X 的待估计的参数，$X_1, X_2, \cdots, X_n$ 为总体 X 的一个样本，以具体数值去估计未知参数的方法叫点估计法. 它的基本思想是：

（1）用一定的方法构造出一个估计量 $\hat{\theta}(X_1, X_2, \cdots, X_n)$；

（2）依据样本值计算出估计量的观察值 $\hat{\theta}(x_1, x_2, \cdots, x_n)$；

（3）以此值 $\hat{\theta}(x_1, x_2, \cdots, x_n)$ 作为总体参数 θ 的数值.

例 10-12 设总体 $X \sim U(a, b)$，试求 a, b 的估计量.

解
$$E(X) = \frac{1}{2}(a + b), \quad D(X) = \frac{1}{12}(b - a)^2,$$

设

$$\overline{X} = \frac{1}{2}(\hat{a} + \hat{b}), \quad S_0^2 = \frac{1}{12}(\hat{b} - \hat{a})^2,$$

则

$$\hat{a} = \overline{X} - \sqrt{3} S_0, \quad \hat{b} = \overline{X} + \sqrt{3} S_0.$$

下面介绍两种常用的点估计法:矩估计法和最大似然估计法.

(1)矩估计法

首先介绍几个概念.

设 $X_1, X_2, \cdots, X_n$ 是取自总体的一个样本,称

$$A_k = \frac{1}{n}\sum_{i=1}^{n} X_i^k \quad (k \in \mathbf{N}^*) \tag{10-19}$$

为总体 X 的 k 阶样本矩. 称

$$\mu_k = E(X^k) \quad (k \in \mathbf{N}^*) \tag{10-20}$$

为总体 X 的 k 阶矩.

矩估计法就是用样本矩来估计总体矩的方法. 即利用样本各阶原点矩与相应的总体矩,来建立估计量应满足的方程,从而求出未知参数估计量的方法.

设总体 X 的分布中含有未知参数 $\theta_1, \theta_2, \cdots, \theta_k$,假定总体 X 的 k 阶矩

$$E(X^m) = V_m(\theta_1, \theta_2, \cdots, \theta_k) \quad (m = 1, 2, \cdots, k)$$

存在. 令 $A_m = \mu_m(m = 1, 2, \cdots, k)$,即

$$V_m(\theta_1, \theta_2, \cdots, \theta_k) = \frac{1}{n}\sum_{i=1}^{n} X_i^m \quad (m = 1, 2, \cdots, k).$$

解此方程组,可求得

$$\hat{\theta}_m = \hat{\theta}_m(X_1, X_2, \cdots, X_n) \quad (m = 1, 2, \cdots, k), \tag{10-21}$$

分别用解 $\hat{\theta}_1, \hat{\theta}_2, \cdots, \hat{\theta}_k$ 作为未知参数 $\theta_1, \theta_2, \cdots, \theta_k$ 的估计量. 这样求出的估计量称为矩估计量.

例 10-13 设 $X_1, X_2, \cdots, X_n$ 是取自正态总体 $X \sim N(\mu, \sigma^2)$ 的一个样本,试求参数 μ 和 σ^2 的估计量.

解 令

$$\mu_1 = E(X) = \overline{X} = \mu,$$

$$\mu_2 = \frac{1}{n}\sum_{i=1}^{n} X_i^2 = E(X^2) = D(X) + [E(X)]^2 = \sigma^2 + \mu^2.$$

解方程组,得 μ 和 σ^2 的矩估计量为

$$\hat{\mu} = \overline{X},$$

$$\hat{\sigma}^2 = \frac{1}{n}\sum_{i=1}^{n} X_i^2 - \overline{X}^2 = \frac{1}{n}\sum_{i=1}^{n} (X_i - \overline{X})^2.$$

例 10-14 设总体 X 服从二项分布 $B(n, p)$,已知 $X_1, X_2, \cdots, X_n$ 为来自 X 的样本,求参数 p 的矩估计量.

解 $E(X) = np, E(X) = A_1 = \overline{X}$,因此 $np = \overline{X}$.

所以 p 的矩估计量

$$\hat{p} = \frac{\overline{X}}{n}.$$

例 10-15 设总体 X 服从均匀分布 $U(0, \theta)$，它的分布密度为

$$f(x) = \begin{cases} \dfrac{1}{\theta}, & 0 \leqslant x \leqslant \theta, \\ 0, & \text{其他}. \end{cases}$$

求：①未知参数 θ 的矩估计量；

②当样本值为 $1.2, 1.5, 1.6, 1.3, 1.7, 1.8$ 时，求 θ 的矩估计值.

解

①因为

$$E(X) = \int_{-\infty}^{+\infty} x f(x) \, \mathrm{d}x = \frac{1}{\theta} \int_0^{\theta} x \mathrm{d}x = \frac{\theta}{2}.$$

令

$$E(X) = \frac{1}{n} \sum_{i=1}^{n} X_i = \overline{X},$$

即

$$\frac{\theta}{2} = \overline{X},$$

所以

$$\hat{\theta} = 2\overline{X}.$$

②由所给的样本值得

$$\overline{x} = \frac{1}{6}(1.2 + 1.5 + 1.6 + 1.3 + 1.7 + 1.8) = 1.5167,$$

所以

$$\hat{\theta} = 2\overline{X} = 3.0334.$$

*（2）最大似然估计法

最大似然估计法是对分布密度函数的参数进行点估计.

设 $f(x, \theta)$ 为随机变量 X 的分布密度函数，θ 为待估计的参数. $X_1, X_2, \cdots, X_n$ 为取自总体 X 的一个样本，相应的样本值为 $x_1, x_2, \cdots, x_n$，令 $L(\theta) = f(X_1, \theta) f(X_2, \theta) \cdots f(X_n, \theta)$，称 $L(\theta)$ 为 θ 的似然函数.

既然随机试验的结果得到一组样本值 $x_1, x_2, \cdots, x_n$，由大概率容易发生这一原理，说明这组样本值出现的可能性最大. 因此，在对参数 θ 的估计时，应使似然函数 $L(\theta)$ 达到最大，这种方法称为最大似然估计法. 所得到的估计量 $\hat{\theta}$ 称为最大似然估计量.

如果把 x_i 看作常数，于是求最大似然估计量 $\hat{\theta}$ 的问题，就转化为寻求 θ 的值，使 $L(\theta)$ 最大. 具体步骤如下：

①构造似然函数

$$L(\theta) = \prod_{i=1}^{n} f(x_i, \theta),$$

②取对数

$$\ln L(\theta) = \sum_{i=1}^{n} \ln f(x_i, \theta),$$

③解方程

$$\frac{\mathrm{d}\ln L(\theta)}{\mathrm{d}\theta} = 0.$$

求出使 $L(\theta)$ 取得极大值的 $\hat{\theta}$，即是 θ 的最大似然估计量.

如果总体 X 包含多个未知参数，可按上述方法用偏导数求极值的方法，求出各个未知参数的解.

设似然函数为

$$L(\theta_1, \theta_2, \cdots, \theta_m) = \prod_{i=1}^{n} f(x_i, \theta_1, \theta_2, \cdots, \theta_m), \tag{10-22}$$

对上式求偏导数，令

$$\frac{\partial \left[\ln L(\theta_1, \theta_2, \cdots, \theta_m)\right]}{\partial \theta_i} = 0 \quad (i = 1, 2, \cdots, m). \tag{10-23}$$

这组方程的解 $\hat{\theta}_1, \hat{\theta}_2, \cdots, \hat{\theta}_m$ 就是未知参数 $\theta_1, \theta_2, \cdots, \theta_m$ 的最大似然估计量.

注：最大似然估计法的应用必须以总体分布类型是已知的为前提，但由最大似然估计法，常可获取较好的估计量.

例 10-16　设总体 X 的分布律为：

X	1	2	3
P	$1-\theta$	$\theta(1-\theta)$	θ^2

其中 $\theta(0 < \theta < 1)$ 未知. 以 n_i 表示来自总体 X 的简单随机样本（样本容量为 n）中等于 i 的个数 $(i = 1, 2, 3)$，求 θ 的最大似然估计.

解　样本的似然函数为

$$L(\theta) = (1-\theta)^{n_1} \cdot \left[\theta(1-\theta)\right]^{n_2} \cdot (\theta^2)^{n_3},$$

所以，$\ln L(\theta) = n_1 \ln(1-\theta) + n_2 \left[\ln \theta + \ln(1-\theta)\right] + 2n_3 \ln \theta.$

令

$$0 = \frac{\mathrm{d}\ln L(\theta)}{\mathrm{d}\theta} = -\frac{n_1}{1-\theta} + n_2 \left(\frac{1}{\theta} - \frac{1}{1-\theta}\right) + \frac{2n_3}{\theta},$$

得参数 θ 的最大似然估计值为

$$\hat{\theta} = \frac{n_2 + 2n_3}{n_1 + 2n_2 + 2n_3}.$$

例 10-17　设总体 X 服从均匀分布 $U(0, \theta)$，其分布密度为

$$f(x, \theta) = \begin{cases} \dfrac{1}{\theta}, & 0 \leq x \leq \theta, \\ 0, & \text{其他}. \end{cases}$$

试求参数 θ 的最大似然估计量.

解　设 $x_1, x_2, \cdots, x_n$ 是总体 X 的一组样本值，则参数 θ 的似然函数为

$$L(\theta) = \prod_{i=1}^{n} \left(\frac{1}{\theta} \right) = \left(\frac{1}{\theta} \right)^n, \quad 0 < x_i < \theta \quad (i = 1, 2, \cdots, n).$$

显然，参数 θ 的值越小，似然函数 $L(\theta)$ 的值就越大. 而 $x_i < \theta (i = 1, 2, \cdots, n)$，于是，似然函数 $L(\theta)$ 的极大值是当 $\theta = \max_{1 \leqslant i \leqslant n} x_i$，即 $\hat{\theta} = \max_{1 \leqslant i \leqslant n} x_i$.

类似地，设总体 $X \sim N(\mu, \sigma^2)$，$x_1, x_2, \cdots, x_n$ 是取自正态总体 X 的一组样本值，计算可得 μ 和 σ^2 的最大似然估计是

$$\hat{\mu} = \frac{1}{n} \sum_{i=1}^{n} x_i = \overline{X}, \quad \hat{\sigma}^2 = \frac{1}{n} \sum_{i=1}^{n} (x_i - \overline{x})^2.$$

2. 估计量的评价标准

对于同一个未知参数 θ，可以采用不同的方法去估计，求出的估计量不一定相等. 那么，哪一个估计量更好呢？需要一定的标准来评价，通常用无偏性和有效性这两个标准评价估计量的好坏.

（1）无偏性

设 $\hat{\theta}$ 是总体 X 的未知参数 θ 的估计量，若 $E(\hat{\theta}) = \theta$，称 $\hat{\theta}$ 为参数 θ 的无偏估计量.

例 10-18 已知样本 X_1, X_2 来自总体 $N(\mu, \sigma^2)$，μ 有四个估计量 $\hat{\mu}_1 = \frac{1}{3} X_1 + \frac{2}{3} X_2$，$\hat{\mu}_2 = \frac{1}{2} X_1 + \frac{1}{2} X_2$，$\hat{\mu}_3 = \frac{1}{6} X_1 + \frac{5}{6} X_2$，$\hat{\mu}_4 = \frac{1}{3} X_1 + \frac{1}{3} X_2$，试问哪几个是 μ 的无偏估计量？

解 $E(\hat{\mu}_1) = E\left(\frac{1}{3} X_1 + \frac{2}{3} X_2 \right) = \frac{1}{3} E(X_1) + \frac{2}{3} E(X_2) = \mu$，类似地

$E(\hat{\mu}_2) = \mu, E(\hat{\mu}_3) = \mu, E(\hat{\mu}_4) = \frac{2}{3} \mu$，则 $\hat{\mu}_1, \hat{\mu}_2, \hat{\mu}_3$ 为 μ 的无偏估计量.

例 10-19 设 $X_1, X_2, \cdots, X_n$ 是取自正态总体 $X \sim N(\mu, \sigma^2)$ 的一个样本，试说明：

（1）样本均值 $\overline{X} = \frac{1}{n} \sum_{i=1}^{n} X_i$ 是总体均值 μ 的无偏估计；

（2）统计量 $S^2 = \frac{1}{n-1} \sum_{i=1}^{n} (X_i - \overline{X})^2$ 是总体方差 σ^2 的无偏估计；而统计量 $\hat{\sigma}^2 = \frac{1}{n} \sum_{i=1}^{n} (X_i - \overline{X})^2 = \frac{n-1}{n} S^2$ 不是 σ^2 的无偏估计.

解

（1）因为

$$E(X_i) = \mu \quad (i = 1, 2, \cdots, n),$$

所以

$$E(\overline{X}) = \frac{1}{n} E\left(\sum_{i=1}^{n} X_i \right) = \frac{1}{n} \sum_{i=1}^{n} E(X_i) = \mu.$$

（2）$E(S^2) = \frac{1}{n-1} E\left[\sum_{i=1}^{n} (X_i - \overline{X})^2 \right]$

$\qquad\qquad = \frac{1}{n-1} E\left[\sum_{i=1}^{n} (X_i^2 - 2X_i \overline{X} + \overline{X}^2) \right]$

$$= \frac{1}{n-1} E\left[\sum_{i=1}^{n} X_i^2 - 2\overline{X} \sum_{i=1}^{n} X_i + n\overline{X}^2 \right]$$

$$= \frac{1}{n-1} E\left(\sum_{i=1}^{n} X_i^2 - n\overline{X}^2 \right)$$

$$= \frac{1}{n-1} \left[\sum_{i=1}^{n} E(X_i^2) - nE(\overline{X}^2) \right].$$

由于 $\overline{X} \sim N\left(\mu, \frac{\sigma^2}{n} \right)$，即

$$E(\overline{X}) = \mu, \quad D(\overline{X}) = \frac{\sigma^2}{n} = E(\overline{X}^2) - [E(\overline{X})]^2.$$

得

$$E(\overline{X}^2) = \mu^2 + \frac{\sigma^2}{n}, \quad E(X_i^2) = \mu^2 + \delta^2,$$

$$E(S^2) = \frac{1}{n-1} \left[\sum_{i=1}^{n} (\mu^2 + \sigma^2) - n\left(\mu^2 + \frac{\sigma^2}{n} \right) \right] = \sigma^2.$$

所以统计量 S^2 是总体 X 的方差 σ^2 的无偏估计.

而

$$E(\hat{\sigma}^2) = \frac{n-1}{n} E(S^2) = \frac{n-1}{n} \sigma^2 \neq \sigma^2.$$

所以统计量 $\hat{\sigma}^2$ 不是总体 X 的方差 σ^2 的无偏估计.

(2) 有效性

对一个参数 θ 而言,仅根据无偏性来确定估计量的好坏是不够的,还要求它具有最小的方差,即 $\hat{\theta}$ 对 θ 的偏离程度越小越好,这就是有效性的要求.

设 $\hat{\theta}_1, \hat{\theta}_2$ 都是总体 X 的未知参数 θ 的无偏估计量,如果 $D(\hat{\theta}_1) < D(\hat{\theta}_2)$,称 $\hat{\theta}_1$ 比 $\hat{\theta}_2$ 有效.

例 10-20 设 $X_1, X_2, \cdots, X_n (n \geq 2)$ 是取自正态总体 $X \sim N(\mu, \sigma^2)$ 的一个样本.

$$\hat{\mu}_1 = \overline{X} = \frac{1}{n} \sum_{i=1}^{n} X_i, \quad \hat{\mu}_2 = \frac{X_1 + 2X_n}{3}.$$

试说明:$\hat{\mu}_1$ 比 $\hat{\mu}_2$ 有效.

解 由于 $X_1, X_2, \cdots, X_n$ 相互独立且都与 X 同分布,所以

$$E(X_i) = E(X) = \mu, D(X_i) = D(X) = \sigma^2 \quad (i = 1, 2, \cdots, n),$$

于是

$$E(\hat{\mu}_1) = E\left(\frac{1}{n} \sum_{i=1}^{n} X_i \right) = \frac{1}{n} \sum_{i=1}^{n} E(X_i) = \mu,$$

$$E(\hat{\mu}_2) = E\left(\frac{X_1 + 2X_n}{3} \right) = \frac{1}{3} [E(X_1) + 2E(X_n)] = \mu,$$

即 $\hat{\mu}_1, \hat{\mu}_2$ 都是 μ 的无偏估计. 而

$$D(\hat{\mu}_1) = D\left(\frac{1}{n} \sum_{i=1}^{n} X_i \right) = \frac{1}{n^2} \sum_{i=1}^{n} D(X_i) = \frac{1}{n} \sigma^2,$$

$$D(\hat{\mu}_2) = D\left(\frac{X_1 + 2X_n}{3} \right) = \frac{D(X_1) + 4D(X_n)}{9} = \frac{5}{9} \sigma^2 > \frac{\sigma^2}{n} \quad (n \geq 2).$$

所以,$\hat{\mu}_1$ 比 $\hat{\mu}_2$ 有效.

例 10-21 设总体 $X \sim N(\mu,\sigma)$,X_1,X_2 是总体 X 的一个样本,设

$$\hat{\mu}_1 = \frac{2}{5}X_1 + \frac{3}{5}X_2, \quad \hat{\mu}_2 = \frac{1}{4}X_1 + \frac{3}{4}X_2, \quad \hat{\mu}_3 = \frac{1}{3}X_1 + \frac{1}{3}X_2.$$

问:① $\hat{\mu}_1,\hat{\mu}_2,\hat{\mu}_3$ 中哪些是无偏估计量?

② 哪一个无偏估计量有效?

解 因为 $X \sim N(\mu,\sigma)$,有

$$E(X_i) = \mu, \quad D(X_i) = \sigma \quad (i = 1,2),$$

则

$$E(\hat{\mu}_1) = E\left(\frac{2}{5}X_1 + \frac{3}{5}X_2\right) = \frac{2}{5}E(X_1) + \frac{3}{5}E(X_2) = \frac{2}{5}\mu + \frac{3}{5}\mu = \mu,$$

$$D(\hat{\mu}_1) = D\left(\frac{2}{5}X_1 + \frac{3}{5}X_2\right) = \frac{4}{25}D(X_1) + \frac{9}{25}D(X_2) = \frac{13}{25}\sigma^2,$$

$$E(\hat{\mu}_2) = E\left(\frac{1}{4}X_1 + \frac{3}{4}X_2\right) = \frac{1}{4}E(X_1) + \frac{3}{4}E(X_2) = \frac{1}{4}\mu + \frac{3}{4}\mu = \mu,$$

$$D(\hat{\mu}_2) = D\left(\frac{1}{4}X_1 + \frac{3}{4}X_2\right) = \frac{1}{16}D(X_1) + \frac{9}{16}D(X_2) = \frac{5}{8}\sigma^2,$$

$$E(\hat{\mu}_3) = E\left(\frac{1}{3}X_1 + \frac{1}{3}X_2\right) = \frac{1}{3}E(X_1) + \frac{1}{3}E(X_2) = \frac{2}{3}\mu \neq \mu.$$

所以,$\hat{\mu}_1,\hat{\mu}_2$ 是 μ 的无偏估计量,$\hat{\mu}_3$ 不是 μ 的无偏估计量,且 $\hat{\mu}_1$ 比 $\hat{\mu}_2$ 有效.

3. 区间估计

由于样本的随机性,从一个样本得到的总体未知参数的估计值不一定就是被估参数的真值,即使总体未知参数的估计值与真值相等,但由于参数本身是未知的,也不能确定它们相等.因此,在点估计的基础上,还需要知道估计值的精确程度与可靠程度.

设总体 X 的未知参数为 θ,对于给定的常数 $\alpha(0 < \alpha < 1)$,若由样本 $X_1,X_2,\cdots,X_n$ 构造的统计量 $\underline{\theta},\overline{\theta}$ 值满足

$$P\{\underline{\theta} < \theta < \overline{\theta}\} = 1 - \alpha \tag{10-24}$$

称 $1 - \alpha$ 为**置信度**(或称**置信水平**),区间 $(\underline{\theta},\overline{\theta})$ 是 θ 的置信度为 $1 - \alpha$ 的置信区间,简称置信区间,$\underline{\theta}$ 和 $\overline{\theta}$ 分别称为置信下限和置信上限.

区间 $(\underline{\theta},\overline{\theta})$ 是随机的,不同的样本取到的区间不同.若选取置信度 $1 - \alpha$ 越大,即未知参数 θ 的真值在置信区间的概率越大,那么估计值的可靠性就高;此时,置信区间的长度越大,即估计值误差也越大,则估计的精确性就低;反之,则相反.因此,在实际问题中,应适当选取置信度 $1 - \alpha$ 的值,兼顾估计值的可靠性与精确性.

区间估计,就是构造两个统计量 $\underline{\theta}(X_1,X_2,\cdots,X_n)$ 及 $\overline{\theta}(X_1,X_2,\cdots,X_n)$ ($\underline{\theta} < \overline{\theta}$),用随机区间 $(\underline{\theta},\overline{\theta})$ 来估计总体分布所含未知参数 θ 的可能取值范围的一种估计.

考虑正态总体 $X \sim N(\mu,\sigma^2)$,$X_1,X_2,\cdots,X_n$ 是 X 的一个样本,$\overline{X}$ 为样本均值,S^2 为样本方

差,置信度为 $1-\alpha(0<\alpha<1)$,对正态总体 X 的数学期望 μ 或方差 σ^2 做区间估计.

(1)已知方差 σ^2,对期望 μ 的区间估计

设 $X_1,X_2,\cdots,X_n$ 是取自正态总体 $X\sim N(\mu,\sigma^2)$ 的一个样本,由样本均值的分布知,统计量

$$\frac{\overline{X}-\mu}{\sigma}\sqrt{n}\sim N(0,1)$$

对于给定的置信度 $1-\alpha$,由标准正态分布表,存在双侧临界值 $x_{\frac{\alpha}{2}}$,使得

$$P\left\{-x_{\frac{\alpha}{2}}<\frac{\overline{X}-\mu}{\sigma}\sqrt{n}<x_{\frac{\alpha}{2}}\right\}=1-\alpha$$

成立,即

$$P\left\{\bar{x}-\frac{\sigma}{\sqrt{n}}x_{\frac{\alpha}{2}}<\mu<\bar{x}+\frac{\sigma}{\sqrt{n}}x_{\frac{\alpha}{2}}\right\}=1-\alpha.$$

所以 μ 的 $1-\alpha$ 置信区间为

$$\left(\bar{x}-\frac{\sigma}{\sqrt{n}}x_{\frac{\alpha}{2}},\bar{x}+\frac{\sigma}{\sqrt{n}}x_{\frac{\alpha}{2}}\right). \tag{10-25}$$

例 10-22　设总体 $X\sim N(\mu,100^2)$,现从中抽取容量为 7 的样本值:1410,1505,1360,1530,1470,1525,1455.试求在置信度为 95% 下 μ 的置信区间.

解　因 σ 已知,由 $1-\alpha=0.95$,所以 $\alpha=0.05$.

查标准正态分布表(附表二),$\Phi(x_{\frac{\alpha}{2}})=1-\frac{\alpha}{2}=1-\frac{0.05}{2}=0.975$,故 $x_{\frac{\alpha}{2}}=1.96$,且

$$\bar{x}=\frac{1}{7}\sum_{i=1}^{n}x_i=\frac{1410+1505+1360+1530+1470+1525+1455}{7}=1465,$$

于是

$$\bar{x}-\frac{\sigma}{\sqrt{n}}x_{\frac{\alpha}{2}}=1465-\frac{100}{\sqrt{7}}\times1.96=1390.9,$$

$$\bar{x}+\frac{\sigma}{\sqrt{n}}x_{\frac{\alpha}{2}}=1465+\frac{100}{\sqrt{7}}\times1.96=1539.1.$$

即 μ 的置信度为 0.95 的置信区间是(1390.9,1539.1).

例 10-23　已知一批零件的长度 X(单位:cm)服从正态分布 $N(\mu,1)$,现从中随机地抽取 16 个零件,算得长度的平均值为 40cm,求 μ 的置信度为 0.95 的置信区间.

解　由于 $1-\alpha=0.95$,所以 $\alpha=0.05$,查附表二得 $x_{0.025}=1.96$,于是,

$$\left(\bar{x}-\frac{\sigma}{\sqrt{n}}x_{\frac{\alpha}{2}},\bar{x}+\frac{\sigma}{\sqrt{n}}x_{\frac{\alpha}{2}}\right)=\left(40-\frac{1}{\sqrt{16}}\times1.96,40+\frac{1}{\sqrt{16}}\times1.96\right)=(39.51,40.49).$$

μ 的置信度为 0.95 的一个置信区间是(39.51,40.49).

(2)未知方差 σ^2,对期望 μ 的区间估计

设 $X_1,X_2,\cdots,X_n$ 是取自正态总体 $X\sim N(\mu,\sigma^2)$ 的一个样本,由 t 分布知,统计量

$$\frac{\overline{X}-\mu}{S}\sqrt{n}\sim t(n-1),$$

其中 $\overline{X}$ 和 S 分别是样本均值和样本标准差.对给定的置信度 $1-\alpha$,由 t 分布表,存在双侧临界

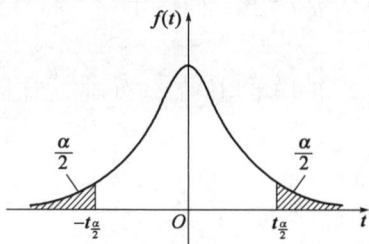

图 10-9

值 $t_{\frac{\alpha}{2}}$，使得

$$P\left\{-t_{\frac{\alpha}{2}}(n-1)<\frac{\overline{X}-\mu}{S}\sqrt{n}<t_{\frac{\alpha}{2}}(n-1)\right\}=1-\alpha$$

成立，即

$$P\left\{\overline{X}-\frac{S}{\sqrt{n}}t_{\frac{\alpha}{2}}(n-1)<\mu<\overline{X}+\frac{S}{\sqrt{n}}t_{\frac{\alpha}{2}}(n-1)\right\}=1-\alpha.$$

如图 10-9 所示，所以 μ 的 $1-\alpha$ 置信区间为

$$\left(\overline{X}-\frac{S}{\sqrt{n}}t_{\frac{\alpha}{2}}(n-1),\overline{X}+\frac{S}{\sqrt{n}}t_{\frac{\alpha}{2}}(n-1)\right)$$

例 10-24 设取自正态总体 $X \sim N(\mu,\sigma^2)$ 的一组样本值 4.6,5.3,5.0,5.8,6.3,5.5,4.9, 5.1.试求总体均值 μ 的置信度为 0.90 的置信区间.

解 因 σ 未知，由 $1-\alpha=0.90$，所以 $\alpha=0.10$，$\frac{\alpha}{2}=0.05$，查 t 分布表，可得 $t_{0.05}(7)=$ 1.8946.且

$$\overline{X}=\frac{1}{n}\sum_{i=1}^{n}x_i=5.3125,\quad S^2=\frac{1}{n-1}\sum_{i=1}^{n}(x_i-\overline{X})^2=16.992,$$

于是

$$\overline{X}-\frac{S}{\sqrt{n}}t_{\frac{\alpha}{2}}(n-1)=5.3125-\sqrt{\frac{16.992}{8}}\times1.8946=4.9484,$$

$$\overline{X}+\frac{S}{\sqrt{n}}t_{\frac{\alpha}{2}}(n-1)=5.3125+\sqrt{\frac{16.992}{8}}\times1.8946=5.6766.$$

所以 μ 的置信度为 0.90 的置信区间是 (1.866,8.759).

*(3)方差 σ^2 的区间估计

设 $X_1,X_2,\cdots,X_n$ 是取自正态总体 $X \sim N(\mu,\sigma^2)$ 的一个样本，由 χ^2 分布知，统计量

$$\frac{(n-1)S^2}{\sigma^2}\sim\chi^2(n-1),$$

其中 σ^2 为方差，S^2 为样本方差.对于给定的置信度 $1-\alpha$，由 χ^2 分布表(附表四)，存在双侧临界值 $\chi^2_{1-\frac{\alpha}{2}}(n-1)$ 和 $\chi^2_{\frac{\alpha}{2}}$ $(n-1)$，使得 $P\left\{\chi^2_{1-\frac{\alpha}{2}}(n-1)<\frac{(n-1)S^2}{\sigma^2}<\chi^2_{\frac{\alpha}{2}}(n-1)\right\}=$ $1-\alpha$，即 $P\left\{\frac{(n-1)S^2}{\chi^2_{\frac{\alpha}{2}}(n-1)}<\sigma^2<\frac{(n-1)S^2}{\chi^2_{1-\frac{\alpha}{2}}(n-1)}\right\}=1-\alpha.$

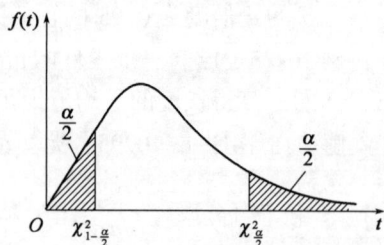

图 10-10

如图 10-10 所示，所以 σ^2 的 $1-\alpha$ 置信区间为

$$\left(\frac{(n-1)S^2}{\chi^2_{\frac{\alpha}{2}}(n-1)},\frac{(n-1)S^2}{\chi^2_{1-\frac{\alpha}{2}}(n-1)}\right).$$

例 10-25 就上例所给条件，求总体方差 σ^2 的置信度为 0.90 的置信区间.

解 $S^2=16.992$，由 $1-\alpha=0.90$，得 $\frac{\alpha}{2}=0.05,1-\frac{\alpha}{2}=0.95$，且 $n-1=7$，查 χ^2 分布表

可得

$$\chi_{0.05}^2(7)=14.067,X_{0.95}^2(7)=2.167.$$

所以,方差 σ^2 的置信度为 0.90 的置信区间是

$$\left(\frac{7\times16.992}{14.067},\frac{7\times16.992}{2.167}\right)=(8.46,54.89).$$

习题 10.1

1. 设对总体 X 得到一个容量为 6 的样本,其样本值为:9,10,11,9,8,13,求总体 X 的样本均值.

2. 从某一正态总体中,随机抽取一个容量为 5 的样本,其样本值为 10.6,10.0,10.2,10.8,10.5,试估计总体的均值和方差值.

3. 设随机变量 X 在 $[0,\lambda]$ 上服从均匀分布,$X_1,X_2,\cdots,X_n$ 是来自总体 X 的一个样本,试求 λ 的矩估计量.

4. 离散型随机变量 X 服从以 $p(0<p<1)$ 为参数的 0-1 分布,$(x_1,x_2,\cdots,x_n)$ 是来自总体 X 的一个样本观察值,试求参数 p 的最大似然估计值.

5. 设总体 $X\sim N(\mu,1),X_1,X_2$ 是总体 X 的一个样本,设

$$\hat{\mu}_1=\frac{2}{5}X_1+\frac{3}{5}X_2,\hat{\mu}_2=\frac{1}{4}X_1+\frac{3}{4}X_2,\hat{\mu}_3=\frac{1}{3}X_1+\frac{1}{3}X_2.$$

问:(1)$\hat{\mu}_1,\hat{\mu}_2,\hat{\mu}_3$ 中哪些是无偏估计量?

（2）哪一个无偏估计量有效?

6. 设 X_1,X_2,X_3 是来自均值为 θ 的指数分布总体 X 的样本,其中 θ 未知.设有估计量 $T_1=\frac{1}{3}(X_1+X_2+X_3),T_2=\frac{1}{4}(X_1+X_2)+\frac{1}{2}X_3,T_3=\frac{1}{3}X_1+\frac{1}{4}X_2+\frac{1}{2}X_3$. 试判断 T_1,T_2,T_3 是否为 θ 的无偏估计量,并比较哪一个更有效?

7. 设 X_1,X_2 是取自正态总体 $N(\mu,1)$（μ 未知）的一个样本,$\hat{\mu}_1=\frac{2}{3}X_1+\frac{1}{3}X_2,\hat{\mu}_2=\frac{1}{4}X_1+\frac{3}{4}X_2,\hat{\mu}_3=\frac{1}{6}X_1+\frac{5}{6}X_2$ 为未知参数 μ 的三个估计量,试判断:(1)$\hat{\mu}_1,\hat{\mu}_2,\hat{\mu}_3$ 中哪些是无偏估计量? (2)哪一个无偏估计量有效?

8. 用某仪器间接测量温度, 重复测 5 次得数据:1250, 1265,1245,1260,1275. 设温度 X 服从正态分布,试求置信度为 0.99 的温度均值的置信区间.

9. 香港某旅行社为调查当地旅游者的平均消费额,随机访问了 100 名旅游者,得知平均消费额 $\bar{X}=3125.33$ 港元. 根据经验,已知旅游者消费服从正态分布,且标准差 $\sigma=155$ 港元,求该地旅游者平均消费额 μ 的置信度为 99% 的置信区间.

第二节　常用的数理统计方法与工具

工程质量控制与评价是以数理统计方法作为基本手段,所谓数理统计方法,就是运用统计性规律,收集、整理、分析、利用数据,并以这些数据作为判断、决策和解决质量问题的依据.

质量控制中比较常用而有效的统计的方法有直方图法、排列图法、因果分析图法、控制图法、分层法、一元线性回归分析法和统计调查分析法等.限于篇幅,本节主要介绍一元线性回归分析、直方图和控制图等方法.

一、一元线性回归分析法

在实际问题中,常会出现需要研究两个变量之间的关系,它们一般可分为两类:一类是两个变量之间的确定,常用函数关系来表示;另一类是非确定性的变量之间的关系,如人的年龄与血压,某地区某段时间内的风力强度与时间的关系等,称为相关关系,通常用统计的方法来处理.回归分析就是处理相关关系的数学方法,它是研究变量之间的关系,同时利用概率统计知识分析和判断所建立的公式,并能利用公式达到预测、控制的目的.我们只讨论一个随机变量与一个普通变量之间的相关关系,如果这种相关关系可用一个线性方程近似表示,则这种统计方法称为一元线性回归.

一元线性回归的建立:

对于 n 个观测数据 $(x_1,y_1),(x_2,y_2),\cdots,(x_n,y_n)$,若 y 与 x 具有显著的线性相关关系,则 y 与 x 之间的关系可近似地看作是线性关系,因而可用线性方程表示

$$y = a + bx + \varepsilon, \tag{10-26}$$

其中 a,b 为待定常数,ε 为因随机波动而产生的偏差.

我们的目的是利用这些观测数据,用最小二乘法求出 $\hat{a},\hat{b}$ 的值,即可得到式

$$\hat{y} = \hat{a} + \hat{b}x, \tag{10-27}$$

并使其误差最小.以下用最小二乘法求出 a 与 b 的估计量 $\hat{a}$ 与 $\hat{b}$.

设 $Q(a,b) = \sum_{i=1}^{n}\varepsilon_i^2 = \sum(y_i - a - bx_i)^2$,使 $Q(a,b)$ 最小的常数 a,b 记作 $\hat{a},\hat{b}$,分别称为参数 a,b 的最小二乘估计.令

$$\begin{cases} \dfrac{\partial Q}{\partial a} = -2\sum_{i=1}^{n}(y_i - a - bx_i) = 0, \\ \dfrac{\partial Q}{\partial b} = -2\sum_{i=1}^{n}x_i(y_i - a - bx_i) = 0. \end{cases} \tag{10-28}$$

从中求出 a,b 的解,得

$$\hat{b} = \frac{l_{xy}}{l_{xx}}, \quad \hat{a} = \bar{y} - \hat{b}\bar{x}, \tag{10-29}$$

其中

$$\bar{x} = \frac{1}{n}\sum_{i=1}^{n}x_i, \quad \bar{y} = \frac{1}{n}\sum_{i=1}^{n}y_i, \tag{10-30}$$

$$l_{xx} = \sum_{i=1}^{n}(x_i - \bar{x})^2 = \sum_{i=1}^{n}x_i^2 - \frac{1}{n}\left(\sum_{i=1}^{n}x_i\right)^2, \tag{10-31}$$

$$l_{xy} = \sum_{i=1}^{n}(x_i - \bar{x})(y_i - \bar{y}) = \sum_{i=1}^{n}x_iy_i - \frac{1}{n}\left(\sum_{i=1}^{n}x_i\right)\left(\sum_{i=1}^{n}y_i\right), \tag{10-32}$$

$$l_{yy} = \sum_{i=1}^{n}(y_i - \bar{y})^2 = \sum_{i=1}^{n}y_i^2 - \frac{1}{n}\left(\sum_{i=1}^{n}y_i\right)^2. \tag{10-33}$$

上述确定 $\hat{a},\hat{b}$ 的方法称为最小二乘法.称

$$\hat{y} = \hat{a} + \hat{b}x$$

为一元线性回归方程.

相关系数 $\gamma\left(\gamma = \dfrac{l_{xy}}{\sqrt{l_{xx}l_{yy}}}\right)$ 是描述回归方程线性相关的密切程度的指标；其取值范围为 $-1 \leqslant \gamma \leqslant 1$，$\gamma$ 的绝对值越接近于 1，x 和 y 之间的线性关系越好，当 $\gamma = \pm 1$ 时，x 与 y 之间符合直线函数关系，称 x 与 y 完全相关，这时所以数据点均在一条直线上.如果 γ 趋近于 0，则 x 与 y 之间没有线性关系，这时 x 与 y 可能不相关，也可能是曲线相关.

例 10-26 由室内试验测得：水泥剂量变化时，相应的水泥稳定土 7d 养护后的无侧限抗压强度分别列于表 10-1.

表 10-1

水泥剂量 x(%)	1	2	3	4	5
水泥稳定土强度 y(MPa)	0.8	1.0	1.5	2.0	2.5

若已知水泥稳定土强度 y 与水泥剂量 x 存在线性相关关系，试确定 y 对 x 的回归直线方程.

解 为计算 $\hat{a}$，$\hat{b}$，列出表格(表 10-2).

表 10-2

序 号	x(%)	y(MPa)	x^2	y^2	xy
1	1	0.8	1	0.64	0.8
2	2	1.0	4	1.0	2
3	4	1.5	16	2.25	6
4	5	2.0	25	4.0	10
5	6	2.5	36	6.25	15
Σ	18	7.8	82	14.14	33.8

$$\sum_{i=1}^{n} x_i = 18,\ \sum_{i=1}^{n} y_i = 7.8,\ \sum_{i=1}^{n} x_i^2 = 82,\ \sum_{i=1}^{n} x_i y_i = 33.8,$$

$$l_{xx} = \sum_{i=1}^{n} x_i^2 - \frac{1}{n}\left(\sum_{i=1}^{n} x_i\right)^2 = 82 - \frac{1}{5} \times 18^2 = 17.2,$$

$$l_{xy} = \sum_{i=1}^{n} x_i y_i - \frac{1}{n}\left(\sum_{i=1}^{n} x_i\right)\left(\sum_{i=1}^{n} y_i\right) = 33.8 - \frac{1}{5} \times 18 \times 7.8 = 5.72,$$

$$\hat{b} = \frac{l_{xy}}{l_{xx}} = \frac{5.72}{17.2} = 0.3326.$$

所以

$$\hat{a} = \bar{y} - \hat{b}\bar{x} = \frac{1}{5} \times 7.8 - \frac{1}{5} \times 0.3326 \times 18 = 0.3626,$$

所求回归方程为

$$\hat{y} = 0.3626 + 0.3326x.$$

例 10-27 水泥和水用量的比值，工程上称作灰水比(C/W)，不同灰水比的混凝土 28d 强

度 R_{28} 试验结果见表10-3,试确定 $C/W \sim R_{28}$ 之间的回归方程及其相关系数 γ（取显著性水平 $\alpha = 0.05$）.

$C/W \sim R_{28}$ 实验结果及回归计算　　　　　　表10-3

序号	$x(C/W)$	$y(R_{28})$ (MPa)	x^2	y^2	xy
1	1.25	14.3	1.5625	204.49	17.875
2	1.50	18.0	2.25	324	27
3	1.75	22.8	3.0625	519.84	39.9
4	2.00	26.7	4	72.89	53.4
5	2.25	30.3	5.0625	918.09	68.175
6	2.50	34.1	6.25	1162.81	85.25
Σ	11.25	146.2	22.1875	3842.12	291.6

$\bar{x} = 1.875, \bar{y} = 124.4, (\sum x)^2 = 126.5625, (\sum y)^2 = 21374.44, (\sum x)(\sum y) = 1644.75,$
$$l_{xx} = 1.09375;\quad l_{yy} = 279.7133;\quad l_{xy} = 17.475.$$

解　为计算方便,列表进行,有关计算列于表10-3中.

根据式(10-29),求得: $b = \dfrac{l_{xy}}{l_{xx}} = 15.98$, $a = \bar{y} - b\bar{x} = -5.56$.

则回归方程为: $\hat{y} = 15.98x - 5.56$ 或 $R_{28} = 15.98(C/W) - 5.56$.

相关系数: $\gamma = \dfrac{l_{xy}}{\sqrt{l_{xx}l_{yy}}} = \dfrac{17.475}{\sqrt{1.09375 \times 279.7133}} = 0.9991.$

由实验次数 $n = 6$,显著性水平 $\alpha = 0.05$,由《相关系数检验表（γ_α）》（附表八）,得相关系数临界值 $\gamma_{0.05} = 0.811$. 故 $\gamma > \gamma_{0.05}$,说明混凝土28d的抗压强度 R_{28} 与水灰比（C/W）是线性相关的,所确定的直线回归方程是有意义的.

二、频数直方图法

频数直方图即质量分布图,简称直方图,是把收集到的质量数据,按顺序分成若干间隔相等的组,以组距为横坐标,以落入各组的数据频数为纵坐标,按比例构成的若干矩形条排列的图. 直方图适用于大量计量值数据进行整理加工、找出其统计规律,即分析数据分布的条形态,以便对其总体分布特征进行推断的方法.

1. 直方图的绘制

频数是指重复实验中,随机事件出现的次数. 频数的统计方法有两种:一是以单个数值进行统计,即某个重复出现的次数就是它的频数;二是按每个区间内数值重复进行统计,即是在已收集的数据中按照一定划分范围把整个数值分成若干个区间,按每个区间内每个数值重复出现的次数作为这个区间的频数. 在质量控制中,一般多采用第二种方法,也就是按区间进行频数统计.

下面,结合实例说明绘图频率分布直方图的方法与步骤.

例10-28　某沥青混凝土的油石比（沥青用量与石子用量的比值）,它的抽检结果列于表10-4中.

油石比检测数据　　　　　　　　　　　　　　　　表 10-4

顺序	数据										最大	最小	极差
1	6.12	6.35	5.84	5.90	5.95	6.14	6.05	6.03	5.81	5.86	6.35	5.81	0.54
2	5.78	5.75	5.94	5.80	5.90	5.86	5.99	6.16	6.18	5.79	6.25	5.78	0.44
3	5.67	5.64	5.88	5.71	5.82	5.94	5.91	5.84	5.68	5.91	5.94	5.64	0.30
4	6.03	6.00	5.95	5.96	5.88	5.74	6.06	5.81	5.76	5.82	6.06	5.74	0.32
5	5.89	5.88	5.64	6.00	6.12	6.07	6.25	5.74	6.16	5.66	6.25	5.64	0.61
6	5.58	5.73	5.81	5.57	5.93	5.96	6.04	6.09	6.01	6.04	6.09	5.57	0.52
7	6.11	5.82	6.26	5.54	6.26	6.01	5.98	5.85	6.06	6.01	6.26	5.54	0.72
8	5.86	5.88	5.97	5.99	5.84	6.03	5.91	5.95	5.82	5.88	5.99	5.82	0.17
9	5.85	6.43	5.92	5.89	5.90	5.94	6.00	6.20	6.14	6.07	6.43	5.85	0.58
10	6.08	5.86	5.96	5.53	6.24	6.19	6.21	6.32	6.05	5.97	6.32	5.53	0.79

（1）收集数据

一般不少于 50~100 个数据. 理论上讲数据越多越好, 但因收集数据需要消耗时间、人力、费用, 所以收集的数据有限. 本例为 100 个数据.

（2）数据分析与整理

从收集的数据中找出最大值和最小值, 并计算其极差.

本例中最大值: $x_{max} = 6.43$;

最小值: $x_{min} = 5.53$;

极差值: $R = x_{max} - x_{min} = 6.43 - 5.53 = 0.90$.

（3）确定组数与组距

通常先定组数, 后定组距. 组数用 B 表示, 应根据收集的数据总数而定. 当数据为 50 以下时, $B = 5~7$ 组; 总数为 50~100 时, $B = 6~10$ 组; 总数为 100~250 时, $B = 7~12$ 组; 总数为 250 以上时, $B = 10~20$ 组.

组距用 h 表示, 其计算公式为

$$h = R/B.$$

本例中取组数 $B = 10$, 则组距 $h = 0.9/10 = 0.09$.

（4）确定组界值

确定组界时, 应使数据的全体落在第一组的下界值与最后一组 (第 K 组) 的上界所组成的开区间之内; 同时, 为避免数据恰好落在组界上, 组界值要比原数据的精度高一位. 组界值具体确定方法如下:

$$第一组的下界值 = x_{min} - h/2,$$
$$第一组的上界值 = x_{min} + h/2.$$

第一组的上界值就是第二组的下界值, 第二组的下界值加上组距 h 即为第二组的上界值, 依此类推.

本例中第一组界值为

$$(5.53 - 0.09/2) ~ (5.53 + 0.09/2) = 5.485 ~ 5.575.$$

（5）统计频数

组界值确定后,按组号、统计频数、频率(相对频数)作频数分布统计表.本例的统计结果见表 10-5.

频数分布统计表
表 10-5

序号	分组区间	频数	相对频数	序号	分组区间	频数	相对频数
1	5.485 ~ 5.575	3	0.03	7	6.025 ~ 6.115	14	0.14
2	5.575 ~ 5.665	4	0.04	8	6.115 ~ 6.025	9	0.09
3	5.665 ~ 5.755	6	0.06	9	6.025 ~ 6.295	6	0.06
4	5.755 ~ 5.845	14	0.14	10	6.295 ~ 6.385	2	0.02
5	5.845 ~ 5.935	21	0.21	11	6.385 ~ 6.475	1	0.01
6	5.935 ~ 6.025	20	0.20	合并		100	1.0

（6）绘制直方图

横坐标为质量特性分组,纵坐标为频数(或频率)作直方图,见图 10-11.

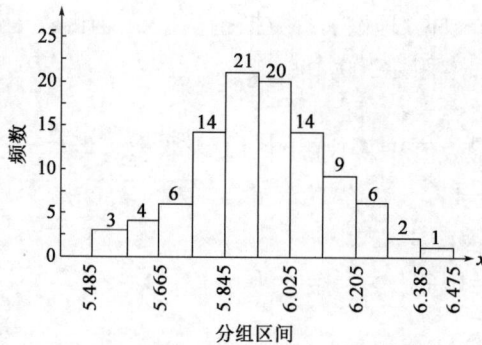

图 10-11　直方图

由图 10-11 可知,如果收集的检测数据数愈来愈多、分组愈来愈细,直方图就转化为一条光滑的曲线.这条曲线就称为概率分布曲线.

*2. 直方图的应用

通过直方图形状,可以观察与判断产品质量特性分布状况(质量是否稳定、质量分布状态是否正常),判断生产过程是否正常,判断工序是否稳定,找出产生异常的原因,以决定是否采取相应处理措施;计算工序能力,估算生产过程不合格频率,估算可能出现的不合格率.

质量评定标准,一般都有上下两个标准界限值,上限为 T_u、下限为 T_L,故不合格率有超上限不合格率 P_u 和超下限不合格率 P_L,总的不合格率则为

$$P = P_u + P_L. \tag{10-34}$$

为了计算 P_u 与 P_L,引入相应的系数

$$K_u = \frac{|T_u - \bar{x}|}{S}, \tag{10-35}$$

$$K_L = \frac{|T_L - \bar{x}|}{S}. \tag{10-36}$$

根据K_u、K_L查《正态分布概率系数表》(附表六),即可确定相应的超上限不合格率P_u和超下限不合格率P_L.

例10-29 在例10.28中,已知油石比的质量标准为$T_u = 6.50\%$与$T_L = 5.50\%$,试计算可能出现的不合格率P.

解 经计算$\bar{x} = 5.946\%$,$S = 0.181\%$,则

$$K_u = \frac{|T_u - \bar{x}|}{S} = \frac{|6.50 - 5.946|}{0.181} = 3.06,$$

$$K_L = \frac{|T_L - \bar{x}|}{S} = \frac{|5.50 - 5.946|}{0.181} = 2.46,$$

查《正态分布概率系数表》(附表六):

$K_u = 3.06$时, $P_u = 0.0011$, $K_L = 2.46$时, $P_L = 0.00695$.

故可能出现的不合格率为$P = P_u + P_L = 0.00805 = 0.805\%$.

考察工序能力:

工序能力是指工序处于稳定状态下的实际生产合格产品的能力,通常用工序能力指数C_P表示.工序能力指数就是质量标准范围T与该工序生产精度的比值,其计算方法如下:

(1)当质量标准中心与质量分布中心重合时

$$C_P = \frac{T}{6S} = \frac{T_u - T_L}{6S}. \tag{10-37}$$

(2)当质量标准中心与质量分布中心不重合时

$$C_{PK} = \frac{T}{6S} = \frac{T_u - T_L}{6S}(1 - K). \tag{10-38}$$

式中:K——相对偏移量.

$$K = \frac{\left|\dfrac{T_u + T_L}{2} - \bar{x}\right|}{\dfrac{T_u - T_L}{2}}. \tag{10-39}$$

(3)当质量标准只有下限或上限时

$$C_P = \frac{\bar{x} - T_L}{3S} \quad (下限控制) \tag{10-40}$$

$$C_P = \frac{T_u - \bar{x}}{3S} \quad (上限控制) \tag{10-41}$$

若$\bar{x} < T_L$或$\bar{x} > T_u$,则认为$C_P = 0$,即完全没有工序能力.

从上式可以看出,C_P值是工序所产生的产品质量分布范围能满足质量标准的程度.判断工序能力,主要用C_P值来衡量,其判断标准见表10-6.

工序能力判断标准 表10-6

C_P值	工序能力判断
$C_P > 1.33$	工序能力充分满足要求,但C值越是大于1.33就说明工序能力越有潜力,应考虑标准是否定得过宽、工序是否经济

C_P 值	工序能力判断
$C_P = 1.33$	理想状态
$1 \leqslant C_P < 1.33$	较理想状态,但 C 值接近或等于 1 时,则有发生不合格品的可能,应加强质量控制
$0.67 \leqslant C_P < 1$	工序能力不足,应采取措施改进工艺条件
$C_P < 0.67$	工序能力非常不足

例 10-30 试计算例 10.28 的工序能力指数,并作出判断.

解
$$C_P = \frac{T_u - T_L}{6S} = \frac{6.50 - 5.50}{6 \times 0.181} = 0.92,$$

$$K = \frac{\left| \dfrac{6.50 + 5.50}{2} - 5.946 \right|}{\dfrac{6.50 - 5.50}{2}} = 0.108,$$

$$C_{PK} = C_P(1 - K) = 0.93 \times (1 - 0.108) = 0.82.$$

按判断标准说明本例工序能力不够,需要从人、机器、材料和工艺方法四个方面去查找影响工序能力的因素,进行改进,对 C_P 值做必要修正.

习题 10.2

1. 某单位对家庭拥有的电脑做统计,发现该单位家庭电脑的普及率 y 如下:

月份 x	1	2	3	4	5	6	7
$y(\%)$	43.84	45.83	48.03	50.6	52.8	54.3	56.3

试确定 y 对 x 的回归直线方程.

2. 商品的价格 x(元)与需求量 y(kg)的一组观测数据为:

x	2	3	4	6	8	10	12	15	18	20
y	10	15	20	25	30	40	45	50	65	80

试确定 y 对 x 的回归直线方程,并检验所求回归效果是否显著(取 $\alpha = 0.05$).

3. 某工厂对设备进行检修,现统计了 9 批设备检修的数量 x 与所花的时间 y 的数据:

x	8	5	1	5	6	2	7	5	1
y	120	70	15	68	85	25	105	65	10

求 y 关于 x 的一元线性回归方程,并在 $\alpha = 0.05$ 时对方程做显著性检验.

第三节 假 设 检 验

在实际应用中,人们不仅需要依据样本估计总体的未知参数,还需要依据样本检验未知参数是否等于某个数. 如在生产工艺改变后,检验新工艺对产品的某个指标是否有影响时,就需要抽样来检验总体的某个参数(如均值、方差等)是否等于改变工艺前的参数值. 这样的问题就属于假设检验.与参数估计一样,假设检验也是统计推断的主要内容之一.

一、假设检验的概念

引例:设某水泥批发店向厂家购买一车共有 100 袋相同规格的水泥,厂家说这车水泥里最多只有 3 件不合格品.但批发店随机从中抽得一件,发现是不合格品.请判断厂家说法是否正确?

以下按假设检验的思想和方法做判断.

作出假设 H_0:箱里有 97 袋合格品.

给予检验:如果假设 H_0 正确,则随机从包装箱里抽得一袋是不合格品的概率只有 0.03,是小概率事件,一般可以认为在一次随机试验中是不会发生的.因此,若批发店随机从中抽得一袋是合格品,则就没理由怀疑假设的正确性.但现在批发店随机抽得的却是不合格品,即小概率事件竟然在一次随机试验中发生了,故有理由否定假设 H_0,即可以认为厂家说法不正确.

从引例可以领悟出假设检验的基本思想和方法:当一个结论无法直接判定其正确与否时,不妨先假设这个结论正确,然后由此并根据已掌握的信息和方法,对该假设作出接受或是拒绝的决策.

假设检验不是完全基于逻辑的推理,而是综合利用已掌握的信息和方法,根据"小概率事件在一次试验中不会发生"这一原理和共识而作出的决策.

对总体的分布函数的某些参数或分布函数的形式作出一些假设,利用一个实际观测的样本,通过一定的程序,对所做假设的正确性进行推断,这类统计问题称为**假设检验**。所做的假设称为**原假设**,用 H_0 表示。

定义 10.3 在假设检验中,满足 $P(|X| \geqslant X_{\frac{\alpha}{2}}) = \alpha$(或 $P(|X| < X_{\frac{\alpha}{2}}) = 1 - \alpha$)的小概率值 α 称为**显著性水平**;$X_{\frac{\alpha}{2}}$ 称为显著性水平为 α 的**临界值**;称区域 $(-X_{\frac{\alpha}{2}}, X_{\frac{\alpha}{2}})$ 为**接受域**(即满足 $|X| < X_{\frac{\alpha}{2}}$),区域 $(-\infty, -X_{\frac{\alpha}{2}}) \cup (X_{\frac{\alpha}{2}}, +\infty)$ 为**拒绝域**(即满足 $|X| \geqslant X_{\frac{\alpha}{2}}$).

对于不同的显著性水平 α,可确定不同的临界值 $X_{\frac{\alpha}{2}}$,从而得到不同的拒绝域 $|X| \geqslant X_{\frac{\alpha}{2}}$.即对于同一个问题可得到不同的结论.这并不矛盾,是因为在不同的显著性水平下作出的.对于 α 的选择,应视具体情况而定,对某些重大问题,α 应取小些;否则,α 可取大些.通常可取 $\alpha = 0.10, 0.05, 0.01$ 等值.

概率很小的事件在一次试验中是不可能发生的,这个原理称为**小概率原理**.它在实际工作中经常被人们用到,如果在一次试验中小概率事件居然发生了,人们更愿意认为是此事件的前提条件起了变化,即认为假设和实际有矛盾,从而否定了假设.

二、假设检验步骤

(1)提出一个原假设 H_0.

(2)构造合适的统计量 $T = T(X_1, X_2, \cdots, X_n)$,并由样本值 $(x_1, x_2, \cdots, x_n)$ 表示统计量 T 的取值 $t = T(x_1, x_2, \cdots, x_n)$.

(3)选择显著性水平 $\alpha (0 < \alpha < 1)$,由 $P\{|X| \geqslant X_{\frac{\alpha}{2}}\} = \alpha$,查正态分布表,确定临界值 $X_{\frac{\alpha}{2}} \left(\Phi(X_{\frac{\alpha}{2}}) = 1 - \frac{\alpha}{2} \right)$.

（4）作出判断：若 $|t| < X_{\frac{\alpha}{2}}$，则接受 H_0；若 $|t| \geqslant X_{\frac{\alpha}{2}}$ 则否定 H_0.

例 10-31 某厂用自动包装机包装盐，每袋质量 X 服从正态分布 $N(0.5,0.013^2)$. 某天随机抽查 10 袋，质量（单位：kg）为 $0.510,0.485,0.49,0.515,0.508,0.506,0.483,0.485,0.505,0.480$. 在显著性水平为 0.05 下，问这一天包装机是否正常.

解 原假设：$H_0:\mu=0.5$。由所给的样本值，得 $\overline{x}=\frac{1}{10}\sum_{i=1}^{10}x_i=0.4967$，

于是

$$t = \frac{\overline{x}-\mu}{\frac{\sigma}{\sqrt{n}}} = \frac{0.4967-0.5}{0.013} \times \sqrt{10} = -0.80.$$

由 $\alpha=0.05$，查标准正态分布表，得 $X_{\frac{\alpha}{2}}=1.96$. 因为 $|t|=0.80<1.96$，所以应接受 H_0，即在显著性水平 $\alpha=0.05$ 下，可认为这一天包装机正常.

三、正态总体的假设问题

1. σ^2 已知，关于均值 U 的假设检验（U 检验法）

设总体 $X\sim N(\mu,\sigma^2)$，其中 μ 未知，σ_0^2 是已知的，$(x_1,x_2,\cdots,x_n)$ 是 X 的一组样本值，提示原假设 $H_0:\mu=\mu_0$. 当 H_0 成立时，统计量 $U=\frac{\overline{X}-\mu_0}{\sigma_0}\sqrt{n}\sim N(0,1)$，其中 $\overline{X}$ 是 X 的样本均值. 对给定的显著性水平 α，查标准正态分布表，确定临界值 $U_{\frac{\alpha}{2}}$，使 $P\{|u|\geqslant u_{\frac{\alpha}{2}}\}=\alpha$，由样本值 $x_1,x_2,\cdots,x_n$，算出统计量 U 的值 U_0.

如果 $|U_0|\geqslant U_{\frac{\alpha}{2}}$，则拒绝 H_0，可认为 μ 和 μ_0 有显著差异；如果 $|U_0|<U_{\frac{\alpha}{2}}$，则接受 H_0，可认为 μ 和 μ_0 无显著差异.

例 10-32 某测距仪在 500m 范围内，测距精度 $\sigma=10$m，对目标一次测量得到的距离 $X\sim(\mu,\sigma^2)$. 今对距离 500m 的目标测量 9 次，得到平均距离 $\overline{X}=510$m，则该测距是否存在系统误差（$\alpha=0.05$）.

解 由题意，该问题是双侧检验问题.

（1）该测距若无系统误差，则应有 $\mu=500$，于是提出检验假设 $H_0:\mu=\mu_0=500$；$H_1:\mu\neq\mu_0=500$；

（2）设统计量为 $U=\frac{\overline{X}-\mu_0}{\sigma}\sqrt{n}\sim N(0,1)$；

（3）拒绝域为 $|U|=\left|\frac{\overline{X}-\mu_0}{\sigma}\sqrt{n}\right|>U_{\frac{\alpha}{2}}$；

（4）取 $\alpha=0.05$，由于 $n=9,\overline{X}=510,\sigma=10,\mu_0=500$，查表得 $U_{\frac{\alpha}{2}}=U_{0.025}=1.96$，计算统计量的值 $U=\frac{\overline{X}-\mu_0}{\sigma}\sqrt{n}=\frac{510-500}{10}\sqrt{9}=3$；

（5）由于 $|U|=3>1.96$，所以拒绝假设 H_0，即认为测距存在系统误差.

例 10-33 某工厂生产的某种钢索的断裂强度（单位：MPa）服从分布 $N(\mu,\sigma)$，其中 $\sigma=$

40MPa,现从一批此种钢索的容量为 9 的一个样本测得断裂强度平均值 $\overline{X}$,与以往正常生产时的 μ 相比,$\overline{X}$ 较 μ 大 20MPa,设总体方差不变.则在显著性水平 $\alpha = 0.01$ 下能否认为这批钢索质量有显著提高?

解 本题是对参数 μ 的单侧检验问题.

(1)在显著性水平 $\alpha = 0.01$ 下提出检验假设 $H_0 : \mu = \mu_0$;$H_1 : \mu > \mu_0$;

(2)选取统计量 $U = \dfrac{\overline{X} - \mu_0}{\sigma}\sqrt{n} \sim N(0,1)$;

(3)拒绝域为 $U = \dfrac{\overline{X} - \mu_0}{\sigma}\sqrt{n} > U_\alpha$;

(4)取 $\alpha = 0.01$,查表得 $U_\alpha = U_{0.01} = 2.33$. 由于 $n = 9$,$\sigma^2 = \sigma_0^2 = 40^2$,得 $U = \dfrac{\overline{X} - \mu_0}{\sigma}\sqrt{n} = 1.5$;

(5)由于 $U_\alpha = U_{0.01} = 2.33 > 1.5$,因此接受假设 H_0,认为这批钢索质量没有显著提高.

2. σ^2 未知,关于均值 U 的假设检验(t 检验法)

在许多实际问题中,要检验正态总体的均值是在方差未知的情况下进行,通常是用样本方差 S^2 来代替总体方差 σ^2,用统计量 T 代替统计量 U,这就是 t 检验法的思想.

设 $X \sim N(\mu, \sigma^2)$,μ, σ^2 都是未知参数,$(x_1, x_2, \cdots, x_n)$ 是 X 的一组样本值. 提出原假设 $H_0 : \mu = \mu_0$,当 H_0 成立时,统计量 $T = \dfrac{\overline{X} - \mu}{S}\sqrt{n} \sim t(n-1)$,其中 $\overline{X}$ 是 X 的样本均值,S 是 X 的样本标准差. 对给定显著性水平 α,查 t 分布表,确定临界值 $t_{\frac{\alpha}{2}}$,使 $P\{|T| \geqslant t_{\frac{\alpha}{2}}\} = \alpha$,由给定的样本值 $x_1, x_2, \cdots, x_n$ 算出统计量 T 的值 t. 如果 $|t| \geqslant t_{\frac{\alpha}{2}}$,则拒绝 H_0;否则, 即 $|t| < t_{\frac{\alpha}{2}}$,则接受 H_0. 即可以认为 μ 与 μ_0 无显著差异.

例 10-34 设某次考试的考生成绩服从正态分布,从中随机地抽取 25 位考生的成绩算得平均成绩为 72.3,标准差为 12 分,问在检验水平 $\alpha = 0.05$ 下,能否认为这次考试全体考生的平均成绩为 76 分?

解 设该次考试考生的成绩为 X,则 $X \sim N(\mu, \sigma^2)$.

(1)提出假设 $H_0 : \mu_0 = 76$, $H_1 : \mu_0 \neq 76$;

(2)选取统计量并确定其分布:$T = \dfrac{\overline{X} - \mu_0}{S / \sqrt{n}} \sim t(n-1)$;

(3)由 $\alpha = 0.05$,确定临界值 $t_{\alpha/2}(n-1) = t_{0.025}(24) = 2.0639$;

(4)计算样本值:$t = \dfrac{72.3 - 76}{12 / \sqrt{25}} = -1.54$.

比较作出判断:因为 $|-1.54| < 2.0639$,所以接受 H_0,即可以认为这次全体考生的平均成绩在 76 分.

例 10-35 某车间在技术革新前生产的电子元件的平均寿命为 1000h,现在随机测试 16 个革新以后生产的电子元件的寿命,计算得其样本均值 $\overline{X} = 1124\text{h}$,样本标准差 $S = 152\text{h}$,则是否有理由认为技术革新提高了产品质量?

解 按题意通常认为 $\mu \geqslant \mu_0$，所以是单边假设检验.

(1) 提出假设 $H_0 : \mu = \mu_0$；$H_1 : \mu > \mu_0$；

(2) 选取统计量 $T = \dfrac{\overline{X} - \mu_0}{S / \sqrt{n}} \sim t(n-1)$；

(3) 拒绝域为 $T = \dfrac{\overline{X} - \mu_0}{S / \sqrt{n}} > t_\alpha(n-1)$；

(4) 取 $\alpha = 0.05$，已知 $n = 16$，查表得 $t_{0.05}(15) = 1.7531$，即 $t = \dfrac{\overline{X} - \mu_0}{S / \sqrt{n}} = \dfrac{1124 - 1000}{\dfrac{152}{\sqrt{16}}} =$

3.263.

因为 $t = 3.263 > 1.7531$，所以拒绝接受原假设，即有理由认为技术革新提高了产品质量.

*3. μ 未知，关于方差 σ^2 的假设检验（χ^2 检验法）

在未知均值 μ 的条件下，用 χ^2 检验来检验正态总体的方差.

设 $X \sim N(\mu, \sigma^2)$，μ 未知，$(x_1, x_2, \cdots, x_n)$ 是 X 的一组样本值. 提出原假设 H_0，当 H_0 成立时，统计量

$$\chi^2 = \frac{(n-1)s^2}{\sigma_0^2} \sim \chi^2(n-1).$$

对设定的显著性水平 α，由 $P\{\chi^2 \geqslant \chi_{\frac{\alpha}{2}}^2\} = \dfrac{\alpha}{2}$，$P\{\chi^2 \leqslant \chi_{1-\frac{\alpha}{2}}^2\} = \dfrac{\alpha}{2}$. 查 χ^2 分布表，确定临界值 $\chi_{1-\frac{\alpha}{2}}^2$ 和 $\chi_{\frac{\alpha}{2}}^2$. 由给定的样本值 $x_1, x_2, \cdots, x_n$，算出统计量 χ^2 的值 χ^2. 如果 $\chi^2 \leqslant \chi_{1-\frac{\alpha}{2}}^2$ 或 $\chi^2 \geqslant \chi_{\frac{\alpha}{2}}^2$，则拒绝 H_0；否则，即 $\chi_{1-\frac{\alpha}{2}}^2 < \chi^2 < \chi_{\frac{\alpha}{2}}^2$，则接受 H_0.

注：对于临界值 $\chi_{1-\frac{\alpha}{2}}^2$ 和 $\chi_{\frac{\alpha}{2}}^2$，应满足等式 $P\{\chi^2 \leqslant \chi_{1-\frac{\alpha}{2}}^2\} = \dfrac{\alpha}{2}$，$P\{\chi^2 \geqslant \chi_{\frac{\alpha}{2}}^2\} = \dfrac{\alpha}{2}$.

即

$$P\{\chi^2 > \chi_{1-\frac{\alpha}{2}}^2\} = 1 - \frac{\alpha}{2}, \quad P\{\chi^2 \geqslant \chi_{\frac{\alpha}{2}}^2\} = \frac{\alpha}{2}.$$

因此，查表时应注意：

(1) 查 $\chi_{1-\frac{\alpha}{2}}^2$ 时，概率为 $1 - \dfrac{\alpha}{2}$，不是 $1 - \alpha$；查 $\chi_{1-\frac{\alpha}{2}}^2$ 时，概率是 $\dfrac{\alpha}{2}$，不是 α.

(2) 自由度是 $n-1$，不是 n.

例 10-36 设某车间纺出的细纱支数 $X \sim N(\mu, 1.5)$. 现随机地抽取 15 缕进行支数测算，得标准差 $S = 2.3$. 问纱的均匀度有无显著变化（$\alpha = 0.1$）.

解 由题意，要检验 $H_0 : \sigma^2 = 1.5^2$.

构造统计量 $\chi^2 = \dfrac{(n-1)s^2}{\sigma^2} \sim \chi^2(n-1)$.

由 $S = 2.3, \sigma = 1.5, n = 15$，得 $\chi^2 = \dfrac{14 \times 2.3^2}{1.5^2} = 32.92$.

对于 $\alpha = 0.1$ 查 χ^2 分布表得，$\chi_{1-\frac{\alpha}{2}}^2(n-1) = \chi_{0.95}^2(14) = 6.571$，$\chi_{\frac{\alpha}{2}}^2(n-1) = \chi_{0.05}^2(14) =$

23.685.

因为 $\chi^2 = 32.92 > 23.685$，故应拒绝 H_0，即纱的均匀度有显著变化.

*4. 总体方差 $\sigma_1^2 = \sigma_2^2$ 的假设检验（F 检验法）

χ^2 检验法是在未知正态总体均值的情况下，检验其方差是否等于某一常数. F 检验法是在未知两个相互独立的正态总体的均值的前提下，检验它们的方差是否相等.

设总体 $X \sim N(\mu_1, \sigma_1^2)$，$Y \sim N(\mu_2, \sigma_2^2)$，且 X, Y 相互独立，$\mu_1, \mu_2, \sigma_1^2, \sigma_2^2$ 都是未知参数，$(x_1, x_2, \cdots, x_n)$ 及 $(y_1, y_2, \cdots, y_n)$ 分别是 X 及 Y 的一组样本值.

提出原假设 $H_0 : \sigma_1^2 = \sigma_2^2$. 在 H_0 成立时，统计量 $F = \dfrac{S_1^2}{S_2^2} \sim F(n_1 - 1, n_2 - 1)$ 对给定的显著性水平 α，由

$$P\{F \leqslant F_{1-\frac{\alpha}{2}}\} = \frac{\alpha}{2}, \qquad P\{F \geqslant F_{\frac{\alpha}{2}}\} = \frac{\alpha}{2},$$

查 F 分布表，确定临界值 $F_{1-\frac{\alpha}{2}}$ 和 $F_{\frac{\alpha}{2}}$. 由给定的样本值，算出 F 的值. 如果 $F \leqslant F_{1-\frac{\alpha}{2}}$ 或 $F \geqslant F_{\frac{\alpha}{2}}$，则拒绝 H_0；否则，即 $F_{1-\frac{\alpha}{2}} < F < F_{\frac{\alpha}{2}}$，接受 H_0.

例 10-37 设香烟的尼古丁含量 $X \sim N(\mu, \sigma^2)$，对甲、乙两厂的烟分别做了八次测定，得样本值为（单位：mg）

$$甲 : 23, 26, 27, 24, 25, 28, 25, 23;$$
$$乙 : 26, 29, 23, 22, 25, 27, 30, 21.$$

试问这两厂的香烟的尼古丁含量的方差有无显著差异（$\alpha = 0.1$）？

解 原假设 $H_0 : \sigma_1^2 = \sigma_2^2$. 由所给的样本值，得 $n_1 = 8$，$\bar{x} = 25.75$，$S_1^2 = 3.71$，$n_2 = 8$，$\bar{y} = 25.38$，$S_2^2 = 10.55$.

因此

$$F = \frac{S_1^2}{S_2^2} = \frac{3.71}{10.55} = 0.35.$$

对于 $\alpha = 0.1$，$n_1 - 1 = 7$，$n_2 - 1 = 7$，查 F 分布表，得 $F_{1-\frac{\alpha}{2}} = F_{0.95} = 3.79$，$F_{\frac{\alpha}{2}} = F_{0.05} = 0.26$.

因为 $0.26 < 0.35 < 3.79$，所以接受 H_0，即可以认为 σ_1^2 与 σ_2^2 无显著差异.

习题 10.3

1. 设某六分仪测得一次太阳角半径 $X \sim N(15'56'', 38''^2)$. 现观测 10 次，得到太阳角半径的均值为 $\bar{X} = 15'18''$，则该六分仪是否工作正常（$\alpha = 0.05$）.

2. 物价部门对大蒜的当前市场零售价进行调查，在所抽查的 16 个农贸市场中，大蒜的平均零售价为 $\bar{x} = 3.50$ 元，标准差为 $s = 0.25$. 据以往经验，大蒜的零售价服从正态分布 $N(\mu, \sigma^2)$，且以往的平均零售价一直稳定在 3.25 元左右. 试问，在显著性水平 $\alpha = 0.05$ 下，能否认为当前大蒜的零售价明显高于以往？

3. 某厂生产一种产品，其厚度 $X \sim N(0.140, \sigma^2)$，某日检测 10 件产品，得如下数据（单位：mg）

$$0.135, 0.138, 0.140, 0.142, 0.145, 0.149, 0.153, 0.155, 0.163, 0.175.$$

问该日生产的产品，其厚度的均值与 0.140 有无显著差异（$\alpha = 0.05$）？

第四节 抽样检验基础

一、抽样检验概念

抽样是从总体中抽取样本的过程,并通过样本了解总体. 总的来说,抽样检验分为非随机抽样与随机抽样两大类.

1. 非随机抽样

人为地有意识地挑选取样即为非随机抽样. 非随机抽样中,人的主观因素占主导作用,由此所得到的质量数据,往往会对总体作出错误的判断. 例如,有些部门(如施工单位)希望抽取较好的试样,以便得到较好的检验结果;而有些部门(如质量监督部门)则希望抽取质量较差的试样,使工程整体质量得以提高. 因此,采用非随机抽样方法所得的检验结论,其可信度较低.

2. 随机抽样

随机抽样排除了人的主观因素,使待检总体中的每一个单位产品具有同等被抽取到的机会. 只有随机抽取的样本才能客观地反映总体的质量状况. 这类方法所得到的数据代表性强,质量检验的可靠性得到了基本保证. 因此,随机抽样是数理统计的原理,根据样本取得的质量数据来推测、判断总体的一种科学抽样检验方法,因而被广泛应用.

随机抽样的方法可以有简单随机抽样、系统抽样、分层抽样.

二、抽样检验在工程中的意义

在工程中,检验是指通过测量、试验等质量检测方法,将工程产品与其质量标准相比较,并作出质量评判的过程. 工程质量检验是工程质量控制的一个重要环节,是保证工程质量的必要手段. 检验可分为全数检验和抽样检验两大类. 全数检验是对一批产品中的每一个产品进行检验,从而判断该批产品的质量状况. 抽样检验是从一批产品中抽出少量的单个产品进行检验,从而判断该产品的质量状况. 全数检验较抽样检验可靠性好,但检验工作量非常大,往往难以实现;抽样检验方法以数理统计学为理论依据,具有很强的科学性和经济性,在许多情况下,只能采用抽样检验方法. 公路工程不同于一般产品,它是一个连续性的整体(即无限整体),且采用的质量检验手段又多属于破坏性的. 所以,就公路工程质量检验而言,不可能采用全数检验,而只能采用抽样检验. 即从待检工程中抽取样本,根据样本的质量检验结果,推断整个待检工程的质量状况,如图 10-12 所示.

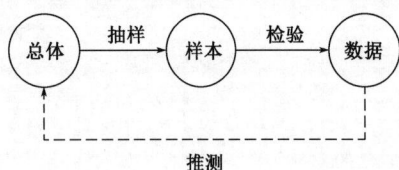

图10-12 总体与样本的关系

三、抽样检验的评定方法

抽样检验的目的,就是根据样本取得的质量数据来推测样本所属的一批产品或工序的质量状况,并判断该批产品或该工序是否合格. 抽样检验平定原理可以用图 10-13 表示. 图中,N 为一批产品数量(即质量),n 为从批量中随机抽取的样本数,d 为抽取样本中不合格品数;c 为抽样中允许不合格品数(或称合格判定数).若 $d \leqslant c$,则认为该批产品合格,可以接受;若 $d > c$,则说明该批产品不合格,应拒绝接受.根据有关规定,公路工程质量评定采用合格率与评分的方法,也就是根据检查值是否符合标准要求进行评定,按合格率计分,合格率与评定分值按下述公式计算

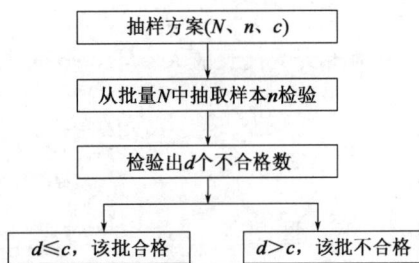

图 10-13

$$检查项目合格率 = \frac{检查合格的点(组)数}{该检查项目的全部检验点(组)数} \times 100\%$$

$$检查项目评定分值 = 检查项目合格率 \times 100\% \qquad (10\text{-}42)$$

下面举例说明上述检验项目的评定方法:

例 10-38 某路段水泥混凝土路面厚度检测数据见表 10-7.保证率为 95%,设计厚度 $h_d = 25\text{cm}$,代表值允许偏差 $\Delta h = 5\text{mm}$,试对该路段的板厚进行评价.

水泥混凝土路面板厚度检测数据(cm)　　　　　　　　表 10-7

序号	1	2	3	4	5	6	7	8	9	10
厚度 h_i	25.1	24.8	25.1	24.6	24.7	25.4	25.2	25.3	24.7	24.9
序号	11	12	13	14	15	16	17	18	19	20
厚度 h_i	24.9	24.8	25.3	25.3	25.2	25.0	25.1	24.8	25.0	25.1
序号	21	22	23	24	25	26	27	28	29	30
厚度 h_i	24.7	24.9	25.0	25.4	25.2	25.1	25.0	25.0	25.5	25.4

解 经计算:$\bar{h} = 25.05\text{cm}$,$S = 0.24\text{cm}$.

根据 $n = 30$,$\alpha = 95\%$,查《t 分布概率系数表》(附表七)得

$$t_\alpha / \sqrt{n} = 0.310.$$

厚度代表值 h 为算术平均值的下置信界限,即

$$h = \bar{h} - S \cdot t_\alpha / \sqrt{n} = 25.05 - 0.24 \times 0.31 = 24.98\text{cm}.$$

因为 $h > h_d - \Delta h = 24.5\text{cm}$,所以该路段的厚度满足要求.

例 10-39 对其一路段的压实质量进行检查,压实度(压实的程度)检测结果见表 10-8,压实度标准 $K_0 = 96\%$.请按保证率 95% 计算该路段的压实度代表值并进行质量评定.

压实度检测结果　　　　　　　　表 10-8

序号	1	2	3	4	5	6	7	8	9	10
压实度 $K_i(\%)$	96.4	95.4	93.5	97.3	96.3	95.8	95.9	96.7	95.3	95.6
序号	11	12	13	14	15	16	17	18	19	20
压实度 $K_i(\%)$	97.6	95.8	96.8	95.7	96.1	96.3	95.1	95.5	97.0	95.3

解 经计算:$\bar{K} = 95.97\%$,$S = 0.91\%$.

压实度代表值 K 为计算平均值的下置信界限,即

$$K = \overline{K} - S \cdot t_\alpha / \sqrt{n} = 95.97 - 0.91 \times 0.387 = 95.62\%.$$

由于压实度代表值 $K < K_0 = 96\%$，所以该路段的压实质量不合格.

实验九　数理统计的有关计算

一、统计图

hist（x）　　　　样本直方图；

rose（x）　　　　样本的角度扇形图.

例 10-40　画出样本的统计图

x = [12,12,12,13,13,13,13,13,13,14,14,14,14,14,14,14,14,14,14,14,14,15,15,15, 15,15,15,15,15,15,15,15,15,15,15,15,15,15,15,15,15,15,15,15,15,15,15,15, 16,16,16,16,16,16,16,16,16,16,16,16,16,17,17,17,17,17,17,17,17,18,18,18,18,18,19, 19,19,19,20]；

hist（x）

rose（x）

如图 10-14、图 10-15 所示.

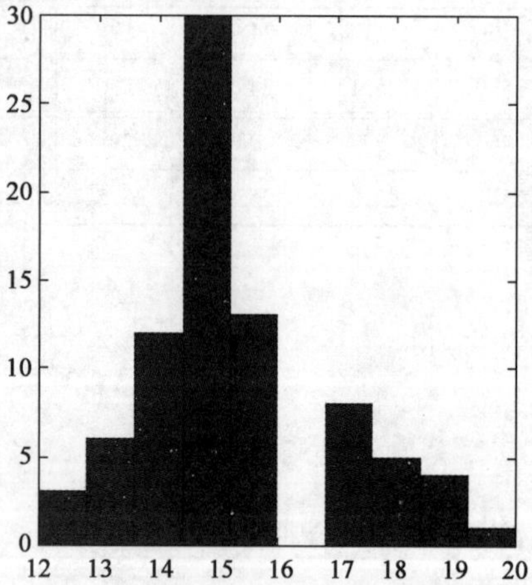

图　10-14

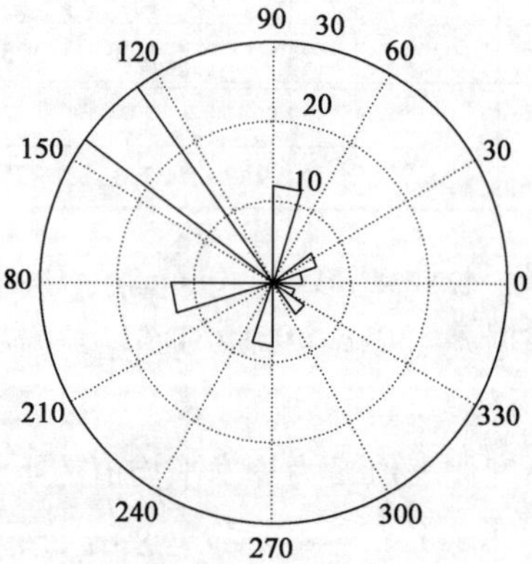

图　10-15

二、统计量的数字特征

mean(x)　　　　样本均值；

var(x)　　　　　样本方差；

std(x)　　　　　样本标准差；

cov(x,y)　　　　样本的协方差矩阵；

corrcoef（x,y）　样本的相关系数矩阵.

例 10-41　随机取 8 只活塞环,测得它们的直径(mm)分别为

74.001,74.005,74.003,74.001,74.000,73.998,74.006,74.002.

试求样本均值、样本方差和样本标准差的值.

$x = \begin{bmatrix} 74.001 & 74.005 & 74.003 & 74.001 & 74.000 & 73.998 & 74.006 & 74.002 \end{bmatrix};$

mean(x)

var(x)

std(x)

ans = 74.0020

ans = 6.8571e − 006

ans = 0.0026

三、常用统计分布的分位点

nameinv(x, 参数表列)

其中函数名 name 的含义同前.

例 10-42 求分位点 $z(0.025), t_{0.025}(10), \chi^2_{0.025}(10), F_{0.05}(6, 10)$.

norminv(0.025, 0, 1)

tinv(0.025, 10)

chi2inv(0.025, 10)

finv(0.05, 6, 10)

ans = − 1.9600

ans = − 2.2281

ans = 3.2470

ans = 0.2463

四、参数估计

namefit(x, α)   分布参数的极大似然估计和 α 水平的置信区间

其中函数名 name 的含义同前.

例 10-43 某种清漆的 9 个样品,其干燥时间(以 h 计)分别为

6.0, 5.7, 5.8, 6.5, 7.0, 6.3, 5.6, 6.1, 5.0.

设干燥时间服从正态分布 $N(\mu, \sigma^2)$,求 μ, σ 的估计值和置信度为 0.95 的置信区间.

$x = \begin{bmatrix} 6.0 & 5.7 & 5.8 & 6.5 & 7.0 & 6.3 & 5.6 & 6.1 & 5.0 \end{bmatrix};$

[mu, sigma, muci, sigmaci] = normfit(x, 0.05)

mu = 6

sigma = 0.5745

muci = 5.5584

6.4416

sigmaci = 0.3880

1.1005

五、假设检验

$[H, SIG] = ztest(x, mu, sigma, \alpha, tail)$ 　σ 已知时对正态总体参数 μ 作检验；

$[H, SIG] = ttest(x, mu, \alpha, tail)$ 　σ 未知时对正态总体参数 μ 作检验.

若 $tail = 0$，表示 $H_1 : \mu \neq mu$

若 $tail = 1$，表示 $H_1 : \mu > mu$

若 $tail = -1$，表示 $H_1 : \mu < mu$

结论：$H = 0$，表示接受原假设 $H_0 : \mu = mu$；

$H = 1$，表示拒绝原假设 $H_0 : \mu = mu$；

SIG 为犯错误的概率.

例 10-44　自动包装机包装出的产品服从正态分布 $N(0.5, 0.015^2)$，从中抽取出 9 个样品，它们的质量是

$$0.497, 0.506, 0.518, 0.524, 0.498, 0.511, 0.520, 0.515, 0.512.$$

问包装机的工作是否正常？（$\alpha = 0.05$）

$x = [0.497 \quad 0.506 \quad 0.518 \quad 0.524 \quad 0.498 \quad 0.511 \quad 0.520 \quad 0.515 \quad 0.512]$；

$[H, SIG] = ztest(x, 0.5, 0.015, 0.05, 0)$

$H = \qquad 1$

$SIG = \qquad 0.0248$

$[H, SIG, CI] = ttest2(x, y, \alpha, tail)$ 　　对两个正态总体的均值作相等性检验

若 $tail = 0$，表示 $H_1 : \mu_1 \neq \mu_2$

若 $tail = 1$，表示 $H_1 : \mu_1 > \mu_2$

若 $tail = -1$，表示 $H_1 : \mu_1 < \mu_2$

结论：$H = 0$，表示接受原假设 $H_0 : \mu_1 = \mu_2$；

$H = 1$，表示拒绝原假设 $H_0 : \mu_1 = \mu_2$；

SIG 为犯错误的概率，CI 为均值差的置信区间.

六、方差分析

$anova1(X)$ 　　　单因素试验的方差分析；

$anova2(X, REPS)$ 　　双因素试验的方差分析，其中 REPS 指出每一单元观察点的数目.

例 10-45　有三台机器，用来生产规格相同的铝合金薄板，抽样测量薄板的厚度，结果如下（图 10-16）：

机器 1：0.236　0.238　0.248　0.245　0.243；

机器 2：0.257　0.253　0.255　0.254　0.261；

机器 3：0.258　0.264　0.259　0.267　0.262.

检验各台机器生产的薄板厚度是否有显著差异？

$X = [0.236 \quad 0.238 \quad 0.248 \quad 0.245 \quad 0.243;$

$0.257 \quad 0.253 \quad 0.255 \quad 0.254 \quad 0.261;$

$0.258 \quad 0.264 \quad 0.259 \quad 0.267 \quad 0.262]$；

anova1(X')

ans = 1.3431e-005

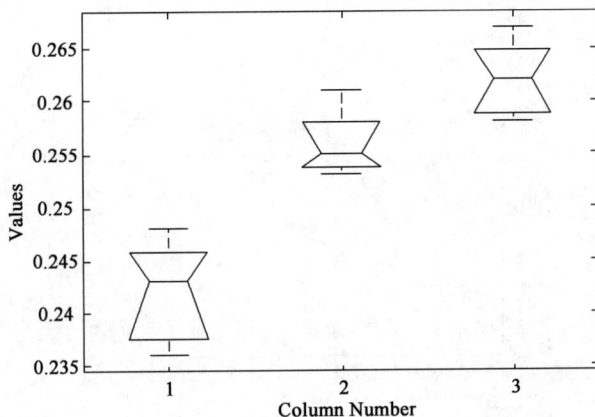

图 10-16

七、回归分析

命令:$[b, bint, r, rint, stats] = regress(y, x)$　　多元线性回归分析

$$y = b_0 + b_1 x_1 + \cdots + b_p x_p + \varepsilon, \varepsilon \sim N(0, \sigma^2).$$

式中:y——y 的数据 $n \times 1$ 向量;

$\quad x$——x 的数据 $n \times p$ 矩阵;

$\quad b$——$b_0, b_1, \cdots, b_p$ 的估计值;

$bint$——b 的置信区间;

$\quad r$——残差;

$rint$——r 的置信区间;

$stats$——第一个值是回归方程的置信度,第二值是 F 统计量的值,第三值小说明所建的回归方程有意义.

例 10-46　有一组测量数据如表 10-9 所示,数据具有 $y = x^2$ 的变化趋势,用最小二乘法求解 y.

表 10-9

x	1	1.5	2	2.5	3	3.5	4	4.5	5
y	-1.4	2.7	3	5.9	8.4	12.2	16.6	18.8	26.2

```
>> x = [1 1.5 2 2.5 3 3.5 4 4.5 5]'
>> y = [-1.4 2.7 3 5.9 8.4 12.2 16.6 18.8 26.2]'
>> e = [ones(size(x))  x.^2]
>> c = e\y
>> x1 = [1:0.1:5]';
>> y1 = [ones(size(x1)), x1.^2] * c;
```

> > plot(x,y,'ro',x1,y1,'k')

如图 10-17 所示.

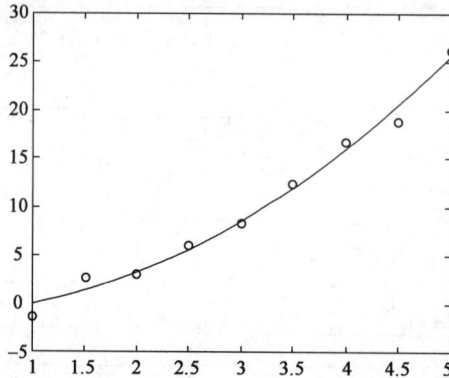

图 10-17

八、应用实例：土建工程中回归模型的建立

例 10-47 水泥和水用量的比值,工程上称作灰水比(C/W),不同灰水比的混凝土 28d 强度 R_{28} 试验结果见表 10-10,试确定 $C/W \sim R_{28}$ 之间的回归方程及其相关系数 r(取显著性水平 $\alpha = 0.05$).

$C/W \sim R_{28}$实验结果及回归计算　　　　　表 10-10

序号	$x(C/W)$	$y(R_{28})(MPa)$	x^2	y^2	xy
1	1.25	14.3	1.5625	204.49	17.875
2	1.50	18.0	2.25	324	27
3	1.75	22.8	3.0625	519.84	39.9
4	2.00	26.7	4	72.89	53.4
5	2.25	30.3	5.0625	918.09	68.175
6	2.50	34.1	6.25	1162.81	85.25
Σ	11.25	146.2	22.1875	3842.12	291.6

$\bar{x} = 1.875, \bar{y} = 24.37$,$(\sum x)^2 = 126.5625$,$(\sum y)^2 = 21374.44$,$(\sum x)(\sum y) = 1644.75$,$l_{xx} = 1.09375, l_{yy} = 279.7133, l_{xy} = 17.475$.

解 为计算方便,列表进行,有关计算列于表 10-10 中.

根据式(10-29),求得:$b = \dfrac{L_{xy}}{L_{xx}} = 15.98, a = \bar{y} - b\bar{x} = -5.56$.

则回归方程为:$Y = 15.98x - 5.56$ 或 $R_{28} = 15.98(C/W) - 5.56$.

相关系数:$r = \dfrac{L_{xy}}{\sqrt{L_{xx}L_{yy}}} = \dfrac{17.475}{\sqrt{1.09375 \times 279.7133}} = 0.9991$.

MATLAB 程序:

x = [1.25 1.5 1.75 2.00 2.25 2.5];

```
>> y = [14.3 18 22.8 26.7 30.3 34.1];
>> polyfit(x,y,1)
ans =
    15.9771   -5.5905
```

回归方程为：$Y = 15.98x - 5.59$.

本 章 小 结

★主要知识点

数理统计是工程质量控制与评定的理论基础,本章重点讨论了以下几方面的内容.

一、数理统计基础

1. 在数理统计中,把所研究对象的全体称为总体,用随机变量 X 表示.总体中的每一元素称为个体,从总体中抽取 n 个相互独立,且与总体 X 同分布的个体称为总体 X 的一个样本.样本所含个体的数目 n 称为样本容量,n 个样本观测值称为样本值.

2. 工程质量控制与评价是以数据为依据,质量数据可以分为计量值数据和计数值数据;它有两个基本特性,即差异性和规律性;差异性反映了工程质量的波动性;规律性可以用数据统计特、征量与分布来表示.工程质量与评价中,常用的概率分布有正态分布与 t 分布,而正态分布应用最广泛,是其他概率分布的基础.

3. 数据统计特征量有算术平均值 $\bar{x}$、中位数 $\tilde{x}$、极差 R、标准偏差 S 和变异系数 C_v,其中应用最多的是 $\bar{x}$、S 和 C_v.根据抽样检验的理论,有样本的算术平均值和标准差可分为推算总体的算术平均值 μ 和标准偏差 σ.可疑数据的取舍方法、点估计和区间估计.

4. 可疑数据取舍的方法最常用的拉依达法舍去的标准统一表示为：$|x_i - \bar{x}| \geqslant KS$.其中拉依达 $K = 3$.

数据的统计特征量：

(1)算术平均值：$\bar{x} = \dfrac{1}{n}(x_1 + x_2 + \cdots + x_n) = \dfrac{1}{n}\sum\limits_{i=1}^{n} x_i$;

(2)中位数：$\tilde{x} = \begin{cases} x_{\frac{n+1}{2}} & (n \text{ 为奇数}), \\ \dfrac{1}{2}\left(x_{\frac{n}{2}} + x_{\frac{n}{2}+1}\right) & (n \text{ 为偶数}); \end{cases}$

(3)极差：$R = x_{\max} - x_{\min}$;

(4)标准偏差：$S = \sqrt{\dfrac{(x_1 - \bar{x})^2 + (x_2 - \bar{x})^2 + \cdots \times (x_n - \bar{x})^2}{n-1}} = \sqrt{\dfrac{\sum\limits_{i=1}^{n}(x_i - \bar{x})^2}{n-1}}$;

(5)变异系数：$C_v = \dfrac{S}{\bar{x}} \times 100\%$.

数据的分布特征：

（1）正态分布：$f(x) = \dfrac{1}{\sqrt{2\pi}\,\sigma}\mathrm{e}^{-\frac{(x-u)^2}{2\sigma^2}}$；

双边置信区间可统一写成：$\mu - u_{(1-\beta/2)} \cdot \sigma < x \leqslant \mu + u_{(1-\beta/2)} \cdot \sigma$.

（2）t 分布：

$$f(t) = \dfrac{\Gamma\left(\dfrac{n+1}{2}\right)}{\sqrt{n\pi}\,\Gamma\left(\dfrac{n}{2}\right)}\left(1 + \dfrac{t^2}{n}\right)^{-\frac{n+1}{2}};$$

双边置信区间：

$$\left(\overline{X} - S \cdot \dfrac{t_{(1-\beta)/2}(n-1)}{\sqrt{n}},\ \overline{X} + S \cdot \dfrac{t_{(1-\beta)/2}(n-1)}{\sqrt{n}}\right).$$

可疑数据的取舍方法： $|x_i - \overline{x}| > 3S$.

二、数理统计方法与工具

1. 频数分布直方图的主要作用是估计可能出现的不合格率、考察工序能力、判断质量分布状态和判断施工能力.

2. 控制图属于动态分析法，控制图类型较多，常用的是单值—移动极差控制图（x-R 图）平均值与极差控制图（$\overline{x}$-R 图），主要用于分析判断产生过程是否稳定.

3. 回归分析（仅讨论一元线性回归），确定两因素之间的定量表达式——回归方程，并根据相关系数 r 判断线性相关性.

控制上限和控制下限的计算一般计算式为：

$$\mathrm{CL} = \overline{x};\quad \mathrm{UCL} = \overline{x} + 3S;\quad \mathrm{LCL} = \overline{x} - 3S.$$

回归分析计算公式：

$$\hat{y} = \hat{a} + \hat{b}x,$$
$$\hat{b} = \dfrac{l_{xy}}{l_{xx}},\quad \hat{a} = \overline{y} - \hat{b}\overline{x}.$$

其中，

$$\overline{x} = \dfrac{1}{n}\sum_{i=1}^{n} x_i,\quad \overline{y} = \dfrac{1}{n}\sum_{i=1}^{n} y_i,$$

$$l_{xx} = \sum_{i=1}^{n}(x_i - \overline{x})^2 = \sum_{i=1}^{n} x_i^2 - \dfrac{1}{n}\left(\sum_{i=1}^{n} x_i\right)^2,$$

$$l_{xy} = \sum_{i=1}^{n}(x_i - \overline{x})(y_i - \overline{y}) = \sum_{i=1}^{n} x_i y_i - \dfrac{1}{n}\left(\sum_{i=1}^{n} x_i\right)\left(\sum_{i=1}^{n} y_i\right),$$

$$l_{yy} = \sum_{i=1}^{n}(y_i - \overline{y})^2 = \sum_{i=1}^{n} y_i^2 - \dfrac{1}{n}\left(\sum_{i=1}^{n} y_i\right)^2.$$

三、假设检验

（1）σ^2 已知，关于均值 U 的假设检验（U 检验法）；

（2）σ^2 未知，关于均值 U 的假设检验（t 检验法）；

（3）μ 未知,关于方差 σ^2 的假设检验(χ^2 检验法);

（4）总体方差 $\sigma_1^2 = \sigma_2^2$ 的假设检验(F 检验法).

四、抽样检验基础

检验分为全数检验和抽样检验两大类,而抽样检验又有随机抽样与非随机抽样之分,随机抽样是运用数理统计原理的一种抽样方法.适用于公路工程的随机抽样方式有单纯随机抽样、系统抽样和分层抽样三种.抽样检验的基本原理和评定方法介绍.

抽样检验的基本原理和评定方法介绍:

$$检查项目合格率 = \frac{检查合格的点(组)数}{该检查项目的全部检验点(组)数} \times 100\%,$$

$$检查项目评定分值 = 检查项目合格率 \times 100\%.$$

★ 本章重点与难点

（1）应用数理统计的方法对具体的工程问题进行分析;

（2）可疑数据的取舍;

（3）抽样检验评定方法.

复习题(十)

一、选择题

1. 设总体 X 服从正态分布 $N(\mu, \sigma^2)$,其中 μ 已知,σ^2 未知,$X_1, X_2, \cdots, X_n$ 为其样本,$n \geqslant 2$,则下列说法中正确的是(　　).

A. $\frac{\sigma^2}{n} \sum_{i=1}^n (X_i - \mu)^2$ 是统计量;　　　　B. $\frac{\sigma^2}{n} \sum_{i=1}^n X_i^2$ 是统计量;

C. $\frac{\sigma^2}{n-1} \sum_{i=1}^n (X_i - \mu)^2$ 是统计量;　　　　D. $\frac{\mu}{n} \sum_{i=1}^n X_i^2$ 是统计量.

2. 设总体 $X \sim N(\mu, \sigma^2)$,其中 μ 已知,σ^2 未知,$X_1, X_2, \cdots, X_n$ 为来自 X 的一个样本,则下列各式不是统计量的是(　　).

A. $\sum_{i=1}^n X_i$;　　B. $\sum_{i=1}^n (X_i - \mu)$;　　C. $\sum_{i=1}^n (X_i - \bar{X})$;　　D. $\sum_{i=1}^n (X_i^2 - \sigma^2)$.

3. X 服从正态分布,$E(X) = -1$,$E(X^2) = 4$,$\bar{X} = \frac{1}{n} \sum_{i=1}^n X_i$,则 $\bar{X}$ 服从的分布为(　　).

A. $N\left(-1, \frac{3}{n}\right)$;　B. $N\left(-1, \frac{4}{n}\right)$;　C. $N\left(-\frac{1}{n}, 4\right)$;　D. $N\left(-\frac{1}{n}, \frac{3}{n}\right)$.

4. 设 $X \in N(0,1)$,$\bar{X} = \frac{1}{n} \sum_{i=1}^n X_i$,$S^2 = \frac{1}{n-1} \sum_{i=1}^n (X_i - \bar{X})^2$,服从自由度为 $(n-1)$ 的 χ^2 分布的随机变量为(　　).

A. $\sum_{i=1}^n X_i^2$;　　B. S^2;　　C. $(n-1)\bar{X}^2$;　　D. $(n-1)\bar{S}^2$.

5. 设 $X_1, X_2, \cdots, X_8$ 和 $Y_1, Y_2, \cdots, Y_{10}$ 分别来自两个正态总体 $N(-1, 2^2)$ 和 $N(2, 5)$ 的随机样本，且相互独立，S_1^2 和 S_2^2 分别为两个样本的方差，则服从 $F(7, 9)$ 的统计量是(　　　).

  A. $\dfrac{2S_1^2}{5S_2^2}$;   B. $\dfrac{5S_1^2}{4S_2^2}$;   C. $\dfrac{4S_2^2}{5S_1^2}$;   D. $\dfrac{5S_1^2}{2S_2^2}$.

6. 设 $X \in N(\mu, \sigma^2)$，$X_1, X_2, \cdots, X_n$ 是来自 X 的随机样本，则 σ^2 的无偏估计是(　　　).

  A. $\dfrac{1}{n} \sum_{i=1}^{n} (X_i - \bar{X})^2$;   B. $\dfrac{1}{n-1} \sum_{i=1}^{n} (X_i - \bar{X})^2$;

  C. $\dfrac{1}{n-1} \sum_{i=1}^{n} (X_i - \mu)^2$;   D. $\dfrac{1}{n+1} \sum_{i=1}^{n} (X_i - \mu)^2$.

7. 总体均值 μ 的 93% 置信区间的意义是(　　　).

  A. 这个区间平均含总体 93% 的值; B. 这个区间平均含样本 93% 的值;

  C. 这个区间有 93% 的机会含 μ 的真值; D. 这个区间有 93% 的机会含样本均值.

8. 设 θ_1 和 θ_1 是总体参数 θ 的两个估计量，说 θ_1 比 θ_1 更有效，是指(　　　).

  A. $E\theta_1 = \theta$，且 $\theta_1 < \theta_2$;   B. $E\theta_1 = \theta$，且 $\theta_1 > \theta_2$;

  C. $E\theta_1 = E\theta_2 = \theta$，且 $D\theta_1 < D\theta_2$; D. $D\theta_1 < D\theta_2$.

9. 总体 $N(\mu, \sigma^2)$ 中 σ^2 已知，$\bar{X}$ 是其样本均值，S^2 是其样本方差，则假设检验问题 $H_0: \mu = \mu_0, H_1: \mu \neq \mu_0$ 所取的检验统计量为(　　　).

  A. $\dfrac{\bar{X} - \mu_0}{\sigma / \sqrt{n}}$;   B. $\dfrac{\bar{X} - \mu_0}{S / \sqrt{n}}$;   C. $\dfrac{(n-1)S^2}{\sigma^2}$;   D. $\dfrac{1}{n-1} \sum_{i=1}^{n} (X_i - \mu)^2$.

二、计算题

1. 测量一河宽的宽度，得一组样本值为：56.29m，56.25m，56.78m，54.93m，56.03m，求该河宽的样本均值和样本方差.

2. 设 $X_1, X_2, \cdots, X_n$ 是来自总体 X 的一组样本，X 的分布密度为

$$f(x, \alpha) = (\alpha + 1) x^\alpha \quad (0 < x < 1, \alpha > -1).$$

求 α 的矩估计和最大似然估计.

3. 已知 16 个随机选择的混凝土试件破坏强度的样本均值 $\bar{x} = 56$MPa，由多年经验可知其破坏强度 $X \sim N(\mu, \sigma^2)$，试估计置信度为 95% 的混凝土试件破坏强度的平均范围.

4. 共 16 次测量铅的密度，得 16 个测定值的平均值为 2.705，样本标准差为 0.029，假定测量结果 X 服从正态分布，求铅密度的 0.95 置信区间.

5. 随机地从一批钉子中抽取 16 枚，测得其长度（单位：cm）为 2.14，2.10，2.13，2.15，2.13，2.12，2.13，2.10，2.15，2.12，2.14，2.10，2.13，2.11，2.14，2.11，设钉子分布为正态的，试求总体均值 μ 和总体方差 σ^2 的置信水平为 0.9 的置信区间.

6. 为比较甲、乙两种安眠药的疗效，将 20 名患者分为两组，每组 10 人，如服药后延长的睡眠时间服从正态分布，其数据为（单位：h）：

甲：5.5，4.6，4.4，3.4，1.9，1.6，1.1，0.8，0.1，-0.1.

乙：3.7，3.4，2.0，2.0，0.8，0.7，0，-0.1，-0.2，-1.6.

问:在显著性水平 $\alpha = 0.05$ 下两种药的疗效有无显著的差别?

7. 某台切削机床进行产品加工,测得加工时间 x(单位:h)与刀具厚度 Y(单位:mm)的数据如下:

x	0	1	2	3	4	5	6	7	8
Y	30	29.1	28.4	28.1	28	27.7	27.5	27.2	27
x	9	10	11	12	13	14	15	16	
Y	26.8	26.5	26.3	26.1	25.7	25.3	24.8	24	

试求 Y 关于 x 的一元线性回归方程,并对回归方程做显著性检验($\alpha = 0.05$)?

8. 设 $X \sim N(\mu, \sigma^2)$,从中随机抽取容量为 12 的样本,算得 $\overline{X} = 78$,要求检验假设 H_0: $\mu = 75$.

(1)当 $\alpha = 0.10$ 时, (2)当 $\alpha = 0.05$ 时,试确定是接受还是拒绝假设?

第十一章　工程测量误差分析基础

第一节　测量误差概述

一、误差的基本概念

科学是从测量开始的,对自然界各种随机现象的研究,常常需要借助于各种各样的试验与测量来完成.由于受认识能力和科学水平的限制,实验和测量得到的数值和它客观真值并非完全一致,这种矛盾在数值上的表现即为误差.人们经过长期的观察和研究已证实误差产生有必然性,即测量结果都具有误差,误差自始至终存在于一切科学实验和测量过程中.

在科学研究和实际生产中,通常需要对测量误差进行控制,使其限制在一定范围内,并需要知道所获得的数值的误差大体是多少.一个没有标明误差的测量结果,几乎是一个没有用的资料.因此,一个科学的测量结果不仅要给出其数值的大小,同时要给出其误差范围.研究影响测量误差的各种因素,以及测量误差的内在规律,对带有误差的测量资料进行必要的数学处理,并评定其精确度等,是一项重要的工作.

二、真值和真误差

观测者感觉器官的鉴别能力、测量仪器精密灵敏程度、外界自然条件的多样性及其变化,以及目标本身的结构和清晰状况等,都直接影响观测质量,使观测结果不可避免地带有或大或小的误差.一般将直接与观测有关的人、仪器、自然环境及测量对象这四个因素,合称为测量条件.显然,测量条件好,产生的误差小;测量条件差,产生的误差大;测量条件相同,误差的量级应该相同.测量条件相同的观测,称为等精度观测.反映一个量真正大小绝对准确的数值,称为这一量的**真值**. 与真值对应,凡以一定的精确程度反映这一量大小的数值,都统称为此量的近似值或估计值(包括测得值、试验值、标称值、近似计算值等),又简称估值. 一个量的观测值或平差值,都是此量的估值.

设以 X 表示一个量的真值,L 表示它的某一观测值,Δ 表示观测误差,则有

$$\Delta = L - X. \tag{11-1}$$

式中,Δ 是相对于真值的误差,称为真值误差,也称绝对误差.

真值通常是未知的,通常情况下真误差也无法获得. 只有在一些特殊情况下,真值才有可能预知,如平面三角形三个内角之和为 $180°$.

三、误差分类

测量误差按性质可分为以下三类:

1. 粗差

因工作人员的粗心大意或仪器故障所造成的差错称为粗差,也称伪误差. 如测错、读错、记错、算错等等. 粗差是一种不该有的失误,应采取检测(变更仪器或程序)和验算(按另一途径计算)等方式及时发现并纠正. 提交的测量结果中不允许粗差存在,否则,就会造成严重的后果. 因此,粗差应在测量过程中及时发现并予以剔除.

2. 系统误差

由测量条件中某些特定因素的系统性影响而产生的误差称为系统误差. 同等测量条件下的一系列观测中,系统误差的大小和符号常固定不变,或仅呈系统性的变化. 对于一定的测量条件和作业程序,系统误差在数值上服从一定的函数性规律.

测量条件中能引起系统误差的因素有许多. 如由于观测者的习惯,误以为目标偏于某一侧为恰好,因而使观测成果带有的系统误差,称为人误差,是观测者的影响所致;又如,用带有一定误差的尺子量距时,使测量结果带有系统误差,属于仪器误差;再有,风向、风力、温度、湿度、大气折光等外界因素,也都可能引起系统误差.

系统误差常有一定的累积性,所以在测量结果中,应尽量消除或减弱系统误差的影响. 为达到这一目的,通常采取如下措施:

(1)找出系统误差出现的规律并设法求出它的数值,然后对观测结果进行改正.

(2)改进仪器结构并制定有效的观测方法和操作程序,使系统误差按数值接近、符号相反的规律交错出现,使其在观测结果的中能较好地抵消.

(3)通过观测资料的综合分析,发现系统误差,在计算中将其消除.

3. 偶然误差

由测量条件中各种随机因素的偶然性影响而产生的误差称为偶然误差,**偶然误差也称随机误差**. 偶然误差的出现,就单个而言,无论数值和符号,都无规律性,而对于误差的总体,却存在一定的统计规律.

整个自然界都在永不停顿地运动着,即使看来相同的测量条件,测量条件也在不规则的变化,这种不断的偶然性变化,就是引起偶然误差的随机因素. 在一切测量中,偶然误差是不可避免的.

观测值之间的离散程度称为观测值的精(密)度,它主要取决于偶然误差的影响.

观测值的精度愈高,表示偶然误差的取值范围愈小,观测值之间的差异或离散程度愈小.反之,表示观测值的离散程度愈大,精度愈低.

系统误差与偶然误差在一定条件下是可以相互转化的.即在一定条件下是系统误差,而在另一种条件下又可能是偶然误差;反之亦然.如水准测量误差,在某一段可能是系统误差,但就整个测线来看,这种误差又变成偶然误差.测量误差按形式和用途又分为:极限误差、平均误差、均方误差、允许误差、绝对误差、相对误差等,相应的定义将在下列各节中应用时予以介绍.

偶然误差是误差研究的重点,因此下面专门讨论偶然误差的特性.

四、偶然误差的统计性质

偶然误差是由无数偶然因素影响所致,因而每个偶然误差的数值大小和符号的正负都是偶然的.然而,反映在个别事物上的偶然性,在大量同类事物统计分析中则会呈现一定的规律.例如,在射击中,由许多随机因素的影响,每发射一弹命中靶心的上、下、左、右都有可能,但当射击次数足够多时,弹着点就会呈现明显规律——越靠近靶心越密,越远离靶心越稀疏,差不多依靶心为对称.偶然误差具有与之类似的规律.一般总认为偶然误差是服从正态分布的.

大量的实验结果表明,在一定的观测条件下,偶然误差具有下列的特性:

(1)偶然误差的绝对值不会超过一定的限度(有界性);

(2)绝对值小的误差比绝对值大的误差出现的次数多(趋向性);

(3)绝对值相等的正误差和负误差出现的机会大致相等(对称性);

(4)当观测次数无限增加时,偶然误差的算术平均值趋近于零(抵消性),即

$$\lim_{n \to \infty} \frac{\Delta_1 + \Delta_2 + \cdots + \Delta_n}{n} = 0. \tag{11-2}$$

由特性(1)、(2)、(3)可推出特性(4),特性(4)具有实用意义.

用频率直方图可以直观地表示偶然误差的分布情况.以误差大小为横坐标,以频率 k/n 与区间 $d\Delta$ 的比值为纵坐标,如图 11-1 所示.

当误差个数 $n \to \infty$,如果又无限缩小误差区间 $d\Delta$,则图 11-1 中各矩形顶点的折线就成为一条光滑的曲线,该曲线称为误差分布曲线,如图 11-2 所示.曲线形状越陡峭,表示误差分布越密集,观测质量越高;曲线越平缓,表示误差分布越离散,观测质量越低.

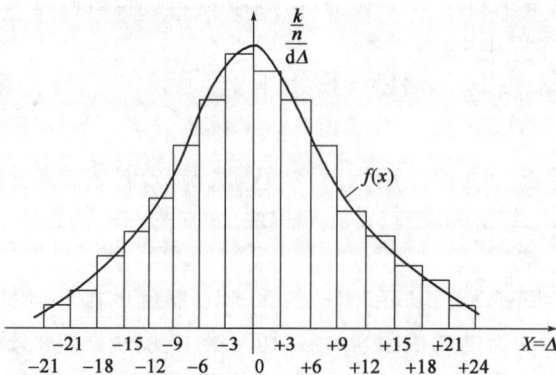

图 11-1

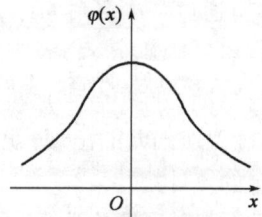

图 11-2

也就是说,当观测次数无限时,随机误差服从标准正态分布,即误差分布曲线就是标准正态分布曲线,其方程为

$$y = f(\Delta) = \frac{1}{\sqrt{2\pi}\sigma}e^{-\frac{\Delta^2}{2\sigma^2}}. \tag{11-3}$$

式中,Δ 为随机误差;σ 为标准差(也叫均方差).

从误差分布曲线可以看出:

(1)曲线关于 y 轴对称,说明绝对值相等的正误差和负误差出现的机会几乎相等;由于对称性,故随机误差的算术平均值趋近于零. 因此,多次重复观测所得的算术平均值要比单一观测值接近真值,即观测值的算术平均值要比单一观测值的精度更高.

(2)在 $\Delta = 0$ 处,曲线 $f(\Delta)$ 有一高峰值 $\frac{1}{\sqrt{2\pi}\sigma}$,随后同时向两边递减,点 $\left(\pm\sigma, \frac{1}{\sqrt{2\pi}\sigma}e^{-\frac{1}{2}}\right)$ 是曲线的拐点,递减到接近横轴的上方,并以横轴为渐近线;表明绝对值小的误差出现的次数多,大误差出现的可能性小;且随机误差的绝对值不会超过一定的限度.

第二节　衡量工程测量精度的标准

一、中误差(均方误差)

设在相同的观测条件下对某量进行了 n 次等精度观测,观测值为 $L_1, L_2, \cdots, L_n$,其真值为 X,真误差为 $\Delta_1, \Delta_2, \cdots, \Delta_n$. 由式(11-1)可写出观测值的真误差公式为

$$\Delta_i = L_i - X \qquad (i = 1, 2, \cdots, n).$$

各真误差平方的平均数的平方根,称为**中误差**,也称**均方误差**,即

$$m = \pm\sqrt{\frac{[\Delta\Delta]}{n}}. \tag{11-4}$$

但在测量中,已知真值的情形较少(三角形内角和的真值已知),更多的是真值未知. 由偶然误差的第四特性可知,当观测次数 n 无限增多时,$\frac{[\Delta]}{n} \to 0$,则 $x \to X$,即算术平均值就是观测量的真值. 可是,在实际测量中,观测次数总是有限的. 因根据有限个观测值求出的算术平均值 x 与其真值 X 仅差一微小量 $\frac{[\Delta]}{n}$;故当真值未知时,算术平均值是观测量的最可靠值,通常也称为**最或是值**(又称"似真值""最可靠值",详见本章第四节).

多数情况下,观测值的真值 X 无法知道,故真误差 Δ 也无法求得. 所以不能直接应用式(11-4)求观测值的中误差,而是利用观测值的最或是值 x 与各观测值 L 之差来计算中误差,Δ 被称为**观测值的改正值(改正数)**,即

$$\Delta = L - x.$$

实际工作中,利用改正值计算观测值中误差的实用公式为

$$m = \pm\sqrt{\frac{[\Delta\Delta]}{n-1}}. \tag{11-5}$$

式中，[　]为高斯求和符号，即 $[\Delta\Delta] = [\Delta^2] = \sum\limits_{i=1}^{n} \Delta_i^2$.

式(11-4)与式(11-5)的异同，可以这样理解：n、$n-1$ 代表的是"多余观测数"，在真值已知时，每一个观测值都是"多余的"；而真值未知时，有一次观测是必需的，其他观测则是"多余的".

二、绝对误差与相对误差

1. 绝对误差

绝对误差是指观测值与真值之差称为绝对误差，其计算公式与上相同，即

$$\Delta = L - X. \tag{11-6}$$

2. 相对误差

对于衡量精度来说，在很多情况下，仅仅知道观测的中误差大小，还不能完全表达观测精度的好坏. 例如，我们测量了两段距离，一段为 1000m，另一段为 50m. 其中误差均为 ± 0.2m，尽管中误差一样，但这两段距离中单位长度的观测精度显然是不相同的，前者的精度高于后者. 因此，必须再引个衡量精度的标准，即相对误差.

相对误差的定义：绝对误差（中误差、容许误差、真误差）的绝对值与真值之比称为相对误差. 因真值常常未知，而观测值与估计值或真值接近，所以将绝对误差与其观测结果的比作为相对误差，即

$$\delta = \frac{|\Delta_i|}{L}. \tag{11-7}$$

式中，δ 为相对误差；L 为观测量的估值.

3. 相对中误差（相对均方差）

观测值中误差的绝对值与观测量之比，称为这一量的相对中误差（或相对均误差）.

$$S = \frac{|m|}{L}. \tag{11-8}$$

式中，S 为相对中误差.

上例距离为 1000m 的相对是误差为 0.02%，而距离为 50m 的相对误差为 0.4%. 显然前者的相对中误差比后者小.

相对误差和相对中误差一般用于长度、面积、体积、流量等物理量测量中，角度测量不采用相对误差. 因为，角度误差的大小主要是观测两个方向引起的，它并不依赖角度大小而变化.

相对误差、相对中误差是无名数，测量上常用百分数表示.

三、容许误差（极限误差）

从偶然误差特性可知，在一定测量条件下，偶然误差的大小不会超出一定的界限，超出此界限的误差出现的概率几乎为零. 按照这个道理，在实际工作中，常依一定的测量条件规定一适当数值，使在这种测量条件下出现的误差，绝大多数不会超出此数值，而对超出此数值者，则认为属于反常，其相应的观测结果应予废弃.

在一定观测条件下规定的测量误差的限值，称作极限误差或容许误差.

容易理解,极限误差应依据测量条件而定.测量条件好,极限误差应规定得小;测量条件差,极限误差应规定得大.在实际测量工作中,通常以标志测量条件的中误差的整倍数作为极限误差.

由概率论知识可知:当测量条件一定时(即方差一定时),服从正态分布的偶然误差值出现于区间$(-\sigma,+\sigma)$、$(-2\sigma,+2\sigma)$及$(-3\sigma,+3\sigma)$之外的概率分别是$0.3123,0.0455$和0.0027.

工程测量中近似地以中误差m代替均方差σ,上面的结论表明,大于3倍中误差的偶然误差出现的可能性约为0.3%.这个规律就是确定允许误差的依据.在实际测量工作中,测量的次数总是不会太多的,因此认为大于3倍中误差的偶然误差极少.所以一般取3倍中误差作为极限误差.即

$$\Delta_{限}=3m. \tag{11-9}$$

在要求严格时,也可采用$2m$作为极限误差.在我国现行作业中,以2倍中误差作为极限误差的较为普遍,即

$$\Delta_{限}=2m. \tag{11-10}$$

极限误差通常作为规定作业中限差的依据.

四、精度

反映观测结果与真值接近程度的量称为精度,误差小其精度高,两者有相反的意义.习惯上人们称相对误差为精度.如果测量结果的相对误差为1%,但是这个误差是随机误差部分还是系统误差部分?或者是两者合成的误差?从含义统一的"精度"一词上得不到明确的反映.因此,有必要进一步明确叙述如下:

(1)精密度:表示测量结果中的随机误差大小的程度.

(2)正确度:表示测量结果中的系统误差大小的程度.

(3)准确度:是系统误差与随机误差的综合,表示测量结果与真值的一致程度.

这样如果上述误差是由随机误差引起,则说明其精密度为1%;如果是由系统误差引起,则说明正确度为1%;如果由系统和随机误差共同引起,则说明其准确度为1%.因此对于测量结果来说,精密度好正确度不一定好,正确度好,精度也不一定好,但准确度好,说明精密度、正确度都好,即误差和系统误差都小.

第三节　误差传播定律

一、误差传播定律

当对某个量值进行了一系列的观测后,观测值的精度可用中误差来衡量.但在实际工作中,往往会遇到某些量的大小并不是直接测定的,而是由观测值通过一定的函数关系间接计算出来的.例如,水准测量中,在一测站上测得后、前视读数分别为a、b,则高差$h=a-b$,这时高差h就是直接观测值a、b的函数.当a、b存在误差时,h也受其影响而产生误差,这就是所谓的误差传播.阐述观测值中误差与观测值函数中误差之间关系的定律称为**误差传播定律.**

本节就以下四种常见的函数来讨论误差传播的情况.

二、误差传播定律函数介绍

1. 倍数函数

设有函数

$$Z = kx.$$

式中，k 为常数；x 为直接观测值，其中误差为 m_x，现在求观测值函数 Z 的中误差 m_z.

设 x 和 Z 的真误差分别为 Δ_x 和 Δ_z，由上式知它们之间的关系为 $\Delta_z = k\Delta_x$ 若对 x 共观测了 n 次，则

$$\Delta_{z_i} = k\Delta_{x_i} \quad (i = 1, 2, \cdots, n)$$

将上式两端平方后相加，并除以 n，得

$$\frac{[\Delta_z^2]}{n} = k^2 \frac{[\Delta_x^2]}{n}. \tag{11-11}$$

按中误差定义可知

$$m_z^2 = \frac{[\Delta_z \Delta_z]}{n}.$$

所以式（11-11）可写成

$$m_z^2 = k^2 m_x^2, \tag{11-12}$$

或

$$m_z = k m_x \tag{11-13}$$

即观测值倍数函数的中误差，等于观测值中误差乘倍数（常数）.

例 11-1 用 $D = k \cdot l$ 求水平距离（平距）. 已知 l 的中误差 $m_i = \pm 1\text{cm}$，$k = 100$，则平距 D 的中误差 $m_D = 100m_i = \pm 1\text{m}$.

2. 和差函数

设有函数

$$z = x \pm y.$$

式中，x、y 为独立观测值，它们的中误差分别为 m_x 和 m_y，设真误差分别为 Δ_x 和 Δ_y，则

$$\Delta_z = \Delta_x \pm \Delta_y.$$

若对 x、y 均观测了 n 次，则

$$\Delta_{z_i} = \Delta_{x_i} + \Delta_{y_i} \quad (i = 1, 2, \cdots, n).$$

将上式两端平方后相加，并除以 n 得

$$\frac{[\Delta_z^2]}{n} = \frac{[\Delta_x^2]}{n} + \frac{[\Delta_y^2]}{n} \pm 2\frac{[\Delta_x \Delta_y]}{n}.$$

上式 $[\Delta_x \Delta_y]$ 中各项均为偶然误差. 根据偶然误差的特性，当 n 愈大时，式中最后一项将趋近于零，于是上式可写成

$$\frac{[\Delta_z^2]}{n} = \frac{[\Delta_x^2]}{n} + \frac{[\Delta_y^2]}{n}.$$

根据中误差定义，可得

$$m_z^2 = m_x^2 + m_y^2. \tag{11-14}$$

即观测值和差函数的中误差平方,等于两观测值中误差的平方之和.

3. 线性函数

设有线性函数

$$z = k_1 x_1 \pm k_2 x_2 + \cdots + \pm k_n x_n.$$

式中,x_1,x_2,$\cdots$,x_n 为独立观测值;k_1,k_2,$\cdots$,k_n 为常数,则综合式(11-13)和式(11-14)可得:

$$m_z^2 = (k_1 m_1)^2 + (k_2 m_2)^2 + \cdots + (k_n m_n)^2. \tag{11-15}$$

4. 一般函数

设有一般函数

$$z = f(x_1, x_2, \cdots, x_n). \tag{11-16}$$

式中,$x_1, x_2, \cdots, x_n$ 为独立观测值,已知其中误差为 $m_i (i = 1, 2, \cdots, n)$.

当 x_i 具有真误差 Δ_i 时,函数 Z 则产生相应的真误差 Δ,因为真误差 Δ 是一微小量,故将式(11-16)取全微分,将其化为线性函数,并以真误差符号"Δ"代替微分符号"d",得

$$\Delta_z = \frac{\partial f}{\partial x_1} \Delta_{x_1} + \frac{\partial f}{\partial x_2} \Delta_{x_2} + \cdots + \frac{\partial f}{\partial x_n} \Delta_{x_n}. \tag{11-17}$$

式中,$\frac{\partial f}{\partial x_i}$ 是函数对 x_i 取的偏导数并用观测值代入算出的数值,它们是常数,因此,上式变成了线性函数,按式(11-15)得

$$m_z^2 = \left(\frac{\partial f}{\partial x_1}\right)^2 m_1^2 + \left(\frac{\partial f}{\partial x_2}\right)^2 m_2^2 + \cdots + \left(\frac{\partial f}{\partial x_n}\right)^2 m_n^2. \tag{11-18}$$

上式是误差传播定律的一般形式.

例 11-2 某一斜坡长 $S = 106.28\text{m}$,斜坡的倾角 $\delta = 8°30'$,中误差 $m_s = \pm 5\text{cm}$、$m_\delta = \pm 20''$,求改算后的平距的中误差 m_D.

解

$$D = S \cdot \cos\delta$$

全微分化成线性函数,用"Δ"代替"d",得

$$\Delta_D = \cos\delta \cdot \Delta_s - S \cdot \sin\delta \cdot \Delta_\delta.$$

应用式(11-15)后,得

$$m_D^2 = \cos^2\delta \, m_s^2 + (S\sin\delta)^2 \left(\frac{m_s}{\rho''}\right)^2 = (0.989)^2 (\pm 5)^2 + (1570.918)^2 \left(\frac{20}{206265}\right)^2$$

$$= 24.45 + 0.02 = 24.47;$$

$$m_D = 4.9\text{cm}.$$

在上式计算中,单位统一为 cm,$\left(\frac{m_\delta}{\rho''}\right)$ 是将角值的单位由秒化为弧度. ρ'' 表示弧度秒,$\rho'' = \frac{180°}{\pi} \times 60 \times 60 = 206265''$.

5. 应用误差传播定律的基本步骤

(1)列出观测值函数的表达式

$$z = f(x_1, x_2, \cdots, x_n);$$

（2）对函数 Z 进行全微分

$$\Delta_z = \left(\frac{\partial f}{\partial x_1}\right)\Delta_{x_1} + \left(\frac{\partial f}{\partial x_2}\right)\Delta_{x_2} + \cdots + \left(\frac{\partial f}{\partial x_n}\right)\Delta_{x_n};$$

（3）写出函数中误差与观测值中误差之间的关系式

$$m_z^2 = \left(\frac{\delta f}{\delta x_1}\right)^2 m_1^2 + \left(\frac{\delta f}{\delta x_2}\right)^2 m_2^2 + \cdots + \left(\frac{\delta f}{\delta x_n}\right)^2 m_n^2;$$

（4）计算观测值函数中误差.

三、误差传播定律的应用

误差传播定律在测绘领域应用十分广泛，利用它不仅可以求得观测值函数的中误差，而且还可以研究确定容许误差值以及事先分析观测可能达到的精度等，下面举例说明应用方法.

例 11-3　在 1:5000 地形图上量得 A、B 两点间的距离 $d = 234.5\text{mm}$，中误差 $m_d = \pm 0.2\text{mm}$. 求 A、B 两点间的实地水平距离 D 及其中误差 m_D.

解

$$D = Md = 5000 \times 234.5/1000 = 1172.5\text{m};$$
$$m_D = M m_d = 5000 \times 0.2/1000 = 1.0\text{m}.$$

距离结果可以写为 $D = 1172.5\text{m} \pm 1.0\text{m}$.

例 11-4　对一个三角形观测了其中 α、β 两个角，测角中误差分别为 $m_\alpha = \pm 3.5''$，$m_\beta = \pm 6.2''$，按公式 $\gamma = 180° - \alpha - \beta$ 求得另一个角 γ. 试求 γ 角的中误差 m_γ.

解　根据式（11-18），有

$$m_\gamma = \pm\sqrt{m_\alpha^2 + m_\beta^2} = \pm\sqrt{3.5^2 + 6.2^2} = \pm 7.1''.$$

例 11-5　$\Delta_y = D\sin\alpha$，观测值 $D = 225.85\text{m} \pm 0.06\text{m}$，$\alpha = 157°00'30'' \pm 20''$. 求 Δ_y 的中误差 m_{Δ_y}.

解
$$\frac{\partial f}{\partial D} = \sin\alpha, \qquad \frac{\partial f}{\partial \alpha} = D\cos\alpha.$$

根据式（11-18）有

$$m_{\Delta_y} = \pm\sqrt{\left(\frac{\partial f}{\partial D}\right)^2 + \left(\frac{\partial f}{\partial \alpha}\right)^2 m_\partial^2} = \pm\sqrt{\sin^2\alpha \cdot m_D^2 + (D \cdot \cos\alpha)^2 \left(\frac{m_\alpha}{\rho}\right)^2}$$

$$= \pm\sqrt{0.319^2 \times 6^2 + 22585^2 \times 0.920^2 \times \left(\frac{20}{206265}\right)^2} = \pm 3.1\text{cm}.$$

例 11-6　已知后视读数 $a = 1.734\text{m}$，前视读数 $b = 0.476\text{m}$，中误差分别为 $m_a = \pm 0.002\text{m}$，$m_b = \pm 0.003\text{m}$，试求两点高差（$h = a - b$）及其中误差.

解　函数关系式为 $h = a - b$，属和差函数，得

$$h = a - b = 1.734 - 0.476 = 1.258\text{m}.$$

$$m_h = \pm\sqrt{m_a^2 + m_b^2} = \pm\sqrt{0.002^2 + 0.003^2} = \pm 0.0036\text{m} = \pm 0.004\text{m}.$$

两点的高差结果可写为 $1.258\text{m} \pm 0.004\text{m}$.

例 11-7　在斜坡上丈量距离，其斜距为 $L = 247.50\text{m}$，中误差 $m_L = \pm 0.05\text{m}$，并测得倾斜角

$\alpha = 10°34'$,其中误差 $m_\alpha = \pm 3'$,求水平距离 D 及其中误差 m_D.

解

（1）首先列出函数式

$$D = L \cdot \cos\alpha.$$

（2）水平距离

$$D = 247.50 \times \cos10°34' = 243.303\,\text{m}.$$

这是一个非线性函数,所以对函数式进行全微分.

（3）先求出各偏导值如下

$$\frac{\partial D}{\partial L} = \cos10°34' = 0.9830;$$

$$\frac{\partial D}{\partial \alpha} = -L \cdot \sin10°34' = -247.50 \times \sin10°34' = -45.3864.$$

（4）写成中误差形式

$$m_D = \pm\sqrt{\left(\frac{\partial D}{\partial L}\right)^2 m_L^2 + \left(\frac{\partial D}{\partial \alpha}\right)^2 m_\alpha^2}$$

$$= \pm\sqrt{0.9830^2 \times 0.05^2 + (-45.3864)^2 \times \left(\frac{3 \times 60}{206265}\right)^2} = \pm 0.063\,\text{m}.$$

（5）得结果

$$D = 243.30\,\text{m} \pm 0.06\,\text{m}.$$

第四节　最或是值及其残差

一、最或是值

在一般的观测中,真值是未知的.所以,观测时总是对同一量进行反复多次观测,以求得最可靠结果,即最或是值.那么,最或是值应该取什么结果呢?

设真值为 X,观测值为 $l_1, l_2, \cdots, l_n$,真误差为

$$\Delta_1 = l_1 - X, \Delta_2 = l_2 - X, \cdots, \Delta_n = l_n - X,$$

将真误差相加,得到:

$$[\Delta] = [l] - nX,$$

两边除以 n,并令 $\bar{x} = \dfrac{[l]}{n}$ 得:

$$\frac{[\Delta]}{n} = \frac{[l]}{n} - X = \bar{x} - X. \tag{11-19}$$

当观测次数 $n \to \infty$ 时,$\lim\limits_{n \to \infty} \dfrac{[\Delta]}{n} = 0$,所以,$\bar{x} - X = 0$,即 $\bar{x} = X$.

可见,当观测次数 $n \to \infty$ 时,算术平均值 $\bar{x}$ 无限接近于真值.但在实际工作中,观测无穷多次是不可能的,因此真值不可能获得,但是经过有限次观测得到的算术平均值 $\bar{x}$ 与真值只差一个小量,此时随机误差的影响已经被削弱了,它很接近于真值,是该量的最可靠值.故算术平均

值就是观测的最或是值. 计算公式为

$$\bar{x} = \frac{[l]}{n}. \tag{11-20}$$

由式(11-19)易知,最或是值$\bar{x}$的真误差为$\Delta_{\bar{x}} = \dfrac{[\Delta]}{n}$.

二、最或是值的精度

设最或是值的标准差为$\sigma_{\bar{x}}$,在等精度观测中

$$\sigma_{l_1} = \sigma_{l_2} = \cdots = \sigma_{l_n} = \sigma,$$

而

$$\bar{x} = \frac{l_1}{n} + \frac{l_2}{n} + \cdots + \frac{l_n}{n}$$

是线性函数,由公式(11-18)得

$$\sigma_{\bar{x}}^2 = \frac{1}{n^2}\sigma^2 + \frac{1}{n^2}\sigma^2 + \cdots + \frac{1}{n^2}\sigma^2 = \frac{1}{n}\sigma^2,$$

所以,最或是值的标准差为

$$\sigma_{\bar{x}} = \frac{\sigma}{\sqrt{n}}. \tag{11-21}$$

即最或是值的标准差是单一观测标准差的$\dfrac{1}{\sqrt{n}}$倍,也就是说,最或是值的精度是单一观测精度的$\sqrt{n}$倍,这里n为观测次数.

三、残差及其特性

1. 定义

我们把每一观测值与算术平均值之差,称为残差,记作v,即$v = l - \bar{x}$.

设一组的观测值为$l_1, l_2, \cdots, l_n$,算术平均值为$\bar{x}$,则残差为:

$$v_i = l_i - \bar{x} \quad (i = 1, 2, \cdots, n).$$

显然,残差与"改正值"的大小相等、符号相反.

2. 特性

任何一列等精度观测值,其残差之和恒为0,即$[v] = 0$.

因为$v_i = l_i - \bar{x}(i = 1, 2, \cdots, n)$,且$\bar{x} = \dfrac{[l]}{n}$,所以$[v] = [l_i] - n\bar{x} = 0$.

显然,"改正值"也具有同样的特点. 这个特点可用于计算工作的校核.

第五节 等精度直接观测平差

对观测数据进行处理称为平差,即将一系列带有随机误差的观测值,通过合理的数学方法,计算出:

（1）观测值的最或是值 $\bar{x}$；

（2）单一观测的标准差或单一观测精度 σ，（非等精度观测）单位权的标准差；

（3）最或是值的标准差或最或是值的精度 $\sigma_{\bar{x}}$.

平差分为：直接观测平差、间接观测平差和条件观测平差.本节只介绍直接观测平差.

一、标准差的实际求法

在测量工作中，对某个量进行观测，通常不知道真值.因此，真误差 Δ 也是未知的，前面所述的利用真误差 Δ 求标准差 σ 和最或是值标准差 $\sigma_{\bar{x}}$ 的公式仅限于理论上的探讨，在实际工作中是不能用的.为了计算观测值的精度，就只能依靠残差（观测值与算术平均值之差）求出标准差 σ 和最或是值的标准差 $\sigma_{\bar{x}}$.

设某个量真值为 X，对其进行 n 次观测，观测值为 $l_1,l_2,\cdots,l_n$，算术平均值为 $\bar{x}$，则各观测值的真误差为

$$\Delta_k = l_k - X \quad (k=1,2,\cdots,n),$$

各观测值的残差为

$$v_k = l_k - \bar{x} \quad (k=1,2,\cdots,n),$$

将上面两式相减，得

$$\Delta_k = v_k + \bar{x} - X = v_k + \Delta_{\bar{x}} \quad (k=1,2,\cdots,n). \tag{11-22}$$

其中 $\Delta_{\bar{x}}$ 是最或是值的真误差.

对上式两边平方后求和，得

$$[\Delta^2] = [v^2] + 2[v]\Delta_{\bar{x}} + n\Delta_{\bar{x}}^2$$
$$= [v^2] + n\Delta_{\bar{x}}^2, ([v]=0)$$

两边同时除以 n，得

$$\frac{[\Delta^2]}{n} = \frac{[v^2]}{n} + \Delta_{\bar{x}}^2.$$

而

$$\Delta_{\bar{x}}^2 = \left(\frac{[\Delta]}{n}\right)^2 = \frac{(\Delta_1 + \Delta_2 + \cdots + \Delta_n)^2}{n^2}$$

$$= \frac{\Delta_1^2 + \Delta_2^2 + \cdots + \Delta_n^2 + (2\Delta_1\Delta_2 + \cdots + 2\Delta_1\Delta_n + 2\Delta_2\Delta_3 + \cdots + 2\Delta_{n-1}\Delta_n)}{n^2}$$

$$= \frac{[\Delta^2]}{n^2} + \frac{2}{n^2}\sum_{i=1}^{n-1}\sum_{j=i+1}^{n}\Delta_i\Delta_j.$$

由随机误差的特性，当观测次数无穷多时有，$\dfrac{2}{n^2}\sum_{i=1}^{n-1}\sum_{j=i+1}^{n}\Delta_i\Delta_j = 0$.

因此

$$\Delta_{\bar{x}}^2 = \frac{[\Delta^2]}{n^2},$$

所以

$$\frac{[\Delta^2]}{n} = \frac{[v^2]}{n} + \Delta_{\bar{x}}^2 = \frac{[v^2]}{n} + \frac{[\Delta^2]}{n^2}.$$

由标准差的定义,得

$$\sigma^2 = \frac{[v^2]}{n} + \frac{[\Delta^2]}{n^2} = \frac{[v^2]}{n} + \frac{\sigma^2}{n}.$$

所以,单一观测的标准差或单一观测精度的公式为

$$\sigma = \pm \sqrt{\frac{[v^2]}{n-1}}. \qquad (11\text{-}23)$$

由于 $\sigma_{\bar x} = \dfrac{\sigma}{\sqrt{n}}$,所以,最或是值标准差或最或是值精度的公式为

$$\sigma_{\bar x} = \pm \sqrt{\frac{[v^2]}{n(n-1)}} \qquad (11\text{-}24)$$

二、等精度直接观测平差计算步骤

(1)根据已知的观测数据,计算出:最或是值(算术平均值)$\bar x$.

(2)计算观测值的残差 v_k,残差之和 $[v]$,残差的平方 v_k^2 以及残差的平方和 $[v^2]$;列出表格.

(3)求出单一观测标准差或单一观测精度:$\sigma = \pm \sqrt{\dfrac{[v^2]}{n-1}}$.

(4)检验粗差(残差大于 2σ),若没有粗差,则进行下一步;否则将残差大于 2σ 的观测值予以剔除,用剩下的观测值重复上述的步骤.

(5)求出最或是值标准差或最或是值精度:$\sigma_{\bar x} = \dfrac{\sigma}{\sqrt{n}} = \pm \sqrt{\dfrac{[v^2]}{n(n-1)}}$.

(6)最后列出观测结果:$\bar x + \sigma_{\bar x}$.

例 11-8　测量一物体的高度为(单位是 m):75.44,75.39,75.24,75.37,求该物体的最或是值及其精度.

解

$$\bar x = \frac{75.44 + 75.39 + 75.24 + 75.37}{4} = 75.36.$$

列表如下:

x	v	v^2
75.44	0.08	0.0064
75.39	0.03	0.0009
75.24	−0.12	0.0144
75.37	0.01	0.0001
$\bar x = 75.36$	$[v]=0$	$[v^2]=0.0218$

$$\sigma = \pm \sqrt{\frac{0.0218}{3}} = \pm 0.18,$$

$2\sigma = \pm 0.36$,无粗差,所以

$$\sigma_{\bar{x}} = \pm\sqrt{\frac{0.0218}{4\times3}} = \pm0.043,$$

$$\bar{x} \pm \sigma_{\bar{x}} = 75.36 \pm 0.043.$$

例 11-9　测量一河的宽度为(单位是 m):50.37,50.29,50.33,50.31,50.25,50.30, 51.33,求该河宽度的最或是值及其精度.

解

$$\bar{x} = 50 + \frac{37+29+33+31+25+30+133}{700} = 50.45,$$

x	v	v^2	v	v^2
50.37	-0.08	0.0064	0.06	0.0036
50.29	-0.16	0.0256	-0.02	0.0004
50.33	-0.12	0.0144	0.02	0.0004
50.31	-0.14	0.0196	0.00	0.0000
50.25	-0.20	0.0400	-0.06	0.0036
50.30	-0.15	0.0225	-0.01	0.0001
51.33	0.88	0.7744		
$\bar{x}=50.45$ $\bar{x}\approx50.31$	$[v]=0.03$	$[v^2]=0.9029$	$[v]=-0.01$	$[v^2]=0.0081$

$$\sigma = \pm\sqrt{\frac{0.9029}{6}} = \pm0.3879,$$

$2\sigma = \pm0.7758$,有粗差,把数据 51.33 剔除,重复上述的步骤,得

$$\bar{x} = 50 + \frac{37+29+33+31+25+30}{600} = 50.31,$$

$$\sigma = \pm\sqrt{\frac{0.0081}{5}} = \pm0.04,$$

$2\sigma = \pm0.08$,无粗差,所以,观测结果:

$$\sigma_{\bar{x}} = \pm\sqrt{\frac{0.0081}{6\times5}} = \pm0.0164,$$

$$\bar{x} \pm \sigma_{\bar{x}} = 50.31 \pm 0.0164.$$

本 章 小 结

★主要内容

1. 误差产生的原因,真值和真误差的概念,系统误差、偶然误差的产生原因及特点.

2. 偶然误差的正态分布特性:$y = f(\Delta) = \dfrac{1}{\sqrt{2\pi}\sigma}e^{-\frac{\Delta^2}{2\sigma^2}}$.

3.几种精度标准(平均误差、绝对误差与相对误差、中误差、容许误差)的概念及表达式.

(1)绝对误差:$\Delta = L - X$;

(2)相对误差:$\delta = \dfrac{\Delta_i}{L}$;

(3)中误差:

$$m = \pm\sqrt{\dfrac{[\Delta\Delta]}{n}} \quad (真值已知计算中误差),$$

$$m = \pm\sqrt{\dfrac{[\Delta\Delta]}{n-1}} \quad (改正值计算观测值中误差);$$

(4)相对中误差(相对均方差):$S = \dfrac{m}{L}$;

(5)容许误差(极限误差):$\Delta_限 = 3m$.

4.误差传播定律,四种函数的中误差的表达式及其特点,中误差的计算.

(1)倍数函数:$m_z = km_x$;

(2)和差函数:$m_z^2 = m_x^2 + m_y^2$;

(3)线性函数:$m_z^2 = (k_1 m_1)^2 + (k_2 m_2)^2 + \cdots + (k_n m_n)^2$;

(4)一般函数:$m_z^2 = \left(\dfrac{\partial f}{\partial x_1}\right)^2 m_1^2 + \left(\dfrac{\partial f}{\partial x_2}\right)^2 m_2^2 + \cdots + \left(\dfrac{\partial f}{\partial x_n}\right)^2 m_n^2$.

★本章重点难点

评估观测成果精度的标准判断,数学方法在误差传播定律中的应用.

复习题(十一)

一、选择题

1.用钢尺丈量两段距离,第一段长 1500m,第二段长 1300m,中误差均为 +22mm,问哪一段的精度高?(　　)

　　A.第一段精度高;　　　　B.第二段精度高;　　　　C.两段直线的精度相同.

2.在三角形 ABC 中,测出 $\angle A$ 和 $\angle B$,计算出 $\angle C$.已知 $\angle A$ 的中误差为 +4″,$\angle B$ 的中误差为 +3″,$\angle C$ 的中误差为(　　)

　　A. +3″;　　　　　　B. +4″;　　　　　　C. +5″;　　　　　　D. +7″.

3.用经纬仪测两个角,$\angle A = 10°20.5'$,$\angle B = 81°30.5'$中误差均为 $\pm 0.2'$,问哪个角精度高?(　　).

　　A.第一个角精度高;　　B.第二个角精度高;　　C.两个角的精度相同.

4.观测值 L 和真值 X 的差称为观测值的(　　).

　　A.最或然误差;　　　　B.中误差;　　　　C.相对误差;　　　　D.真误差.

5.一组观测值的中误差 m 和这组观测值的算术平均值的中误差 M 关系为(　　).

A. $M = m$; B. $m = \dfrac{M}{\sqrt{n}}$; C. $M = \dfrac{m}{\sqrt{n}}$; D. $M = \dfrac{m}{\sqrt{n-1}}$.

二、填空题

1. 用钢尺丈量某段距离,往测为 112.314m,返测为 112.329m,则相对误差为_____.

2. 某线段长度为 300m,相对误差为 1/3200,则该线段中误差为_____.

3. 设观测一个角度的中误差为 ±8″,则三角形内角和的中误差应为_____.

三、计算题

1. 设对某线段测量六次,其结果为 312.581m、312.546m、312.551m、312.532m、312.537m、312.499m. 试求算术平均值、观测值中误差、算术平均值中误差及相对误差.

2. 同精度观测一个三角形的两内角 α、β,其中误差:$m_\alpha = m_\beta = \pm 6''$,求三角形的第三角 γ 的中误差 m_γ.

3. 设量得 A、B 两点的水平距离 $D = 206.26$m,其中误差 $m_D = \pm 0.04$m,同时在 A 点上测得竖直角(线段 BA 的倾角)$\alpha = 30°00'$,其中误差 $m_\alpha = \pm 10''$. 试求 A、B 两点的高差 $h = D\tan\alpha$ 及其中误差 m_h.

＊第十二章　土建工程中常用计算方法

第一节　内　插　法

一、内插法基本概念

阐明和提出内插法的最基本原理和公式的人,是我国的数学家刘焯和僧一行.隋朝天文家刘焯在他的杰作《皇极历法》(公元 600 年)中提出了世界上第一个等间距的内插法公式;唐朝僧一行在其《大衍历法》中,最先发明了不等间距的内插法公式.

内插法,根据函数变化的快慢、引数的间距、表的结构和精确度的要求等等,可以有比例内插、变率内插及高次差内插等内插法.比例内插是最简单的内插法.根据自变量的个数又可分为比例单内插、比例双内插、比例三内插.

工程上常用的内插法一般是指数学上的比例单内插,也可称作直线内插.利用等比关系,是用一组已知的函数的自变量的值和与它对应的函数值来求一种求未知函数其他值的近似计算方法,天文学上和农历计算中经常用的是白塞尔内插法.另外还有其他非线性内插法:如二次抛物线法和三次抛物线法.因为是用别的线代替原线,所以存在误差.可以根据计算结果比较误差值,如果误差在可以接受的范围内,才可以用相应的曲线代替.一般查表法用直线内插法计算.

设有函数 $y = f(x)$,根据此函数编制一表.如果自变量(表的引数)的间距足够小且误差在一定范围内,不管函数的性质如何,我们可以假设函数值的变化与自变量的变化成比例,则要求居间引数的函数值,就可以用比例方法计算,这种计算方法称为比例内插法(也叫线性内插).

设如表 12-1 所示,y_0 和 y_1 是对应于 x_0 和 x_1 的函数值.如果在容许的误差范围内,一元函数 $y = f(x)$ 可以看成是线性的,即曲线 ADB 可以用其弦 ACB 近似地代替,设 x 是介于表列数值

x_0 与 x_1 之间的引数,我们来求它的函数值 y,如图 12-1 所示.

表 12-1

引　　　数	函　　　数	表　　　差
x_0	y_0	Δ
x_1	y_1	

有 $\dfrac{CE}{BF} = \dfrac{AE}{AF}$,即 $\dfrac{y - y_0}{y_1 - y_0} = \dfrac{x - x_0}{x_1 - x_0}$.

于是有

$$y = y_0 + \frac{x - x_0}{x_1 - x_0}(y_1 - y_0)$$

令

$$n = \frac{x - x_0}{x_1 - x_0}, \Delta = y_1 - y.$$

则

$$y = y_0 + n\Delta.$$

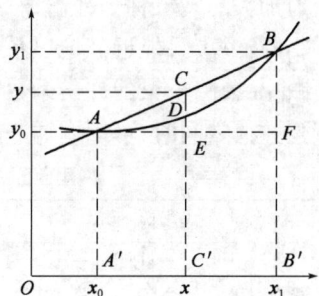

图　12-1

例 12-1　求 621.09 的对数.

解　从对数表抄下表 12-2,取 $x_0 = 6210$,则 $y_0 = 79309$,如表 12-2 所示.

表 12-2

真　　　数	对　　　数	表　　　差
6210	79309	7
6211	79316	

内插因子

$$n = \frac{x - x_0}{x_1 - x_0} = \frac{621.09 - 621.0}{621.1 - 621.0} = \frac{9}{10}.$$

所以

$$y = 0.79309 + \frac{9}{10}\Delta = 0.79309 + \frac{9}{10} \times 0.00007 = 0.79315.$$

即 621.09 的对数为 2.79315.

二、内插法工程应用实例

例 12-2　桥梁工程中,公路—Ⅰ级汽车荷载的集中荷载标准值按以下规定选取:桥梁计算跨径 $\leqslant 5$m 时,集中荷载标准值取 180kN;桥梁计算跨径 $\geqslant 50$m 时,集中荷载标准值取 360kN;桥梁计算跨径在 5~50m 之间时,集中荷载标准值采用直线内插求得.试问:当桥梁计算跨径为 20m 时,按直线内插法计算,集中荷载标准值应取多少?

解　令 A 点坐标为 $(5, 180)$,B 点坐标为 $(50, 360)$,由此可以求出 AB 直线的斜率为

$$t = (360 - 180)/(50 - 5) = 4,$$

则当桥梁计算跨径为20m时,即 AB 直线上有以点 P 的横坐标为20m,纵坐标是所要求的集中荷载标准值

$$y = 180 + 4 \times (20 - 5) = 240\text{kN}.$$

例12-3　以一定速度行驶在桥上的汽车,所产生的应力与变形比大小相等的静载作用要大一些.这是因为汽车以较快的速度加载于桥上而使桥梁发生振动;同时,由于路面不平、车轮不圆和发动机抖动等原因也会使桥梁振动.这种因荷载的动力作用使桥梁发生振动进而造成内力加大的现象称为冲击作用.目前对于冲击作用还不能作出完全符合实际情况的理论分析和实际计算,只能近似地以系数 μ 来考虑冲击作用的影响.冲击系数随跨径或荷载长度的增大而减小,公路桥梁的冲击系数 μ 不大于0.30.表12-3列出了常见结构的冲击系数值,当 l 值在表列数值之间时,可用内插法求得.

钢筋混凝土、预应力混凝土、混凝土、砖石桥涵的冲击系数　　　　表12-3

结 构 种 类	跨径或荷载长度（m）	冲击系数 μ
梁、刚构、拱上构造、柱式墩台、涵洞盖板	$l \leqslant 5$ $l \geqslant 45$	0.30 0.00
拱桥的主拱圈或拱肋	$l \leqslant 20$ $l \geqslant 70$	0.20 0.00

试求当拱桥拱肋跨径为35m时,冲击系数应取多少?

解　令 A 点坐标为 $(20, 0.2)$,B 点坐标为 $(70, 0.0)$,由此可以求出 AB 直线的斜率为

$$t = (0 - 0.2)/(70 - 20) = -0.004,$$

则当拱桥拱肋跨径为35m时,即 AB 直线上有以点 P 的横坐标为35m,纵坐标是所要求的集中荷载标准值

$$y = 0.2 + (-0.004) \times (35 - 20) = 0.14.$$

第二节　图　乘　法

一、图乘法基本概念

图乘法通常用于结构力学计算中,在计算梁、刚架等以弯曲变形为主的构件发生的位移时,通常采用数学积分式 $\sum \int \dfrac{\overline{M} M_P}{EI} \mathrm{d}s$ 计算,式中 M_P 代表荷载弯矩图,$\overline{M}$ 代表单位弯矩图,如图12-2所示.

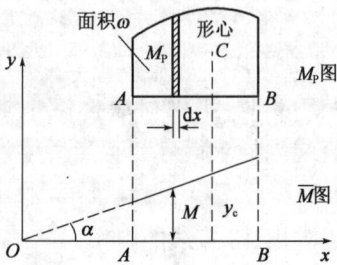

图　12-2

但是该积分式在杆件数量多的情况下,积分运算显得尤为麻烦,图乘法的思想:利用图形静矩的概念将图形积分变为图形相乘,即将积分式化成单位弯矩图和荷载弯矩图相乘,其公式即可化成

$$\Delta = \sum \int \frac{\overline{M} M_P}{EI} \mathrm{d}s = \sum \frac{A y_0}{EI}. \tag{12-1}$$

式中,A 为两个弯矩图中某一图形的面积;y_0 为与该弯矩图的形心位置对应的另一个图形的竖标.这样,就将较为复杂的积分运算问题简化为求图形的面积、形心和标距等几何运算问题.

图乘法计算位移必须注意的几个问题:

(1)两个弯矩图中,至少有一个是直线图形;y_0 必须取自直线图形.

(2)A 与 y_0 若在杆件同侧时,其乘积 Ay_0 取正号;反之,取负号.

(3)图 12-3 列出了几种常见简单图形的面积与形心位置.须注意的是:图中所示抛物线 M 图均为标准抛物线,即 M 图曲线的中点(或端点)为抛物线的顶点,而曲线顶点处的切线均与基线平行,该处剪力为零.

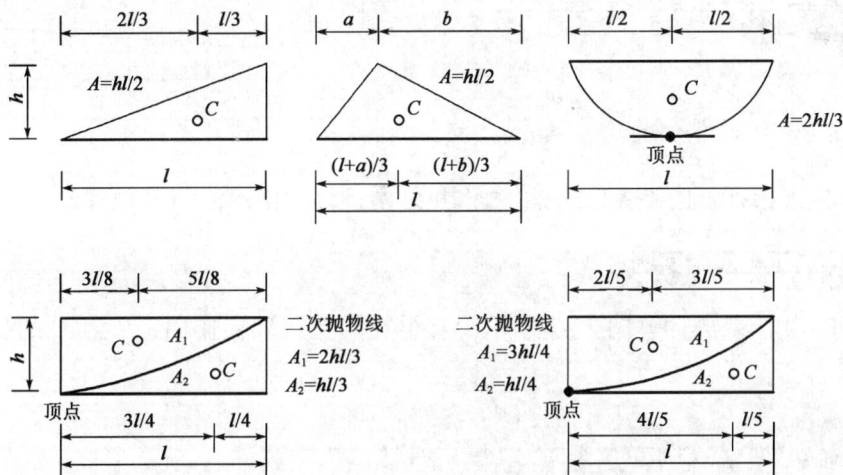

图 12-3

(4)如果两个图形都是直线图形,则 y_0 可取自其中任何一个图形,如图 12-4 所示.

图 12-4 所示两直线图形相乘,先将第一个图形分成两个三角形,分别与第二个图形相乘再叠加,结果为:

$$\sum \frac{Ay_0}{EI} = \frac{1}{EI}(A_1 y_{01} + A_2 y_{02})$$

$$\left.\begin{array}{l} A_1 = \dfrac{1}{2}al, A_2 = \dfrac{1}{2}bl \\[2mm] y_{01} = \dfrac{2}{3}c + \dfrac{1}{3}d, y_{02} = \dfrac{1}{3}c + \dfrac{2}{3}d \end{array}\right\} \quad (12\text{-}2)$$

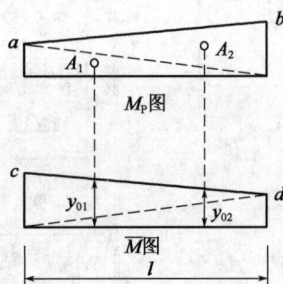

图 12-4

注:竖标在基线同侧时乘积为正值,在异侧时乘积为负值.各种直线形与直线形相乘都可用该式处理.

(5)如果 M_P 图是曲线图形,$\overline{M}$ 图是折线图形,则应分段互乘,最后叠加.

(6)如果图形比较复杂(由不同类型的多个荷载作用绘出),其面积和形心位置不便确定时,则可利用"区段叠加法"的逆运算,将其分解为几个简单的标准图形,并将它们分别与另一个图形图乘,最后叠加.如图 12-5 所示为复杂抛物线乘直线形.

当抛物线的顶点（$Q=0$ 处）不在抛物线的中点或端点时,可将其分成直线形和简单抛物线(图12-5),然后两者分别与另一图形相乘,再把乘得的结果相加.

$$S = \frac{l}{6}(2ac + 2bd + ad + bc) + \frac{2hl}{3} \cdot \frac{(c+d)}{2}. \tag{12-3}$$

(7)如果杆件 EI 分段变化时,可分段图乘,最后叠加(图12-6).

$$\sum \frac{Ay_0}{EI} = \frac{A_1 y_{01}}{EI_1} + \frac{A_2 y_{02}}{EI_2}. \tag{12-4}$$

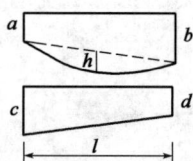

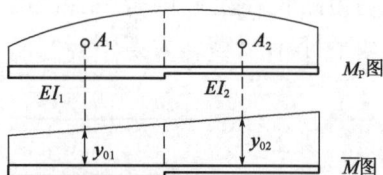

图 12-5　　　　　　　　　　　　图 12-6

(8)如果 EI 沿杆长连续变化或是曲杆和拱结构,则必须用积分计算位移.

二、图乘法工程应用实例

例12-4　用图乘法计算图12-7所示简支梁在均布荷载 q 作用下中点 C 的挠度,$EL=$常数.

解

(1)在简支梁中点 C 加单位竖向力 $P=1$,如图12-7所示.

(2)分别作荷载 q 所产生的弯矩图 M_p 和单位力 $P=1$ 所产生的弯矩图 $\overline{M}$ 图.

(3)计算 Δ_{CV}.

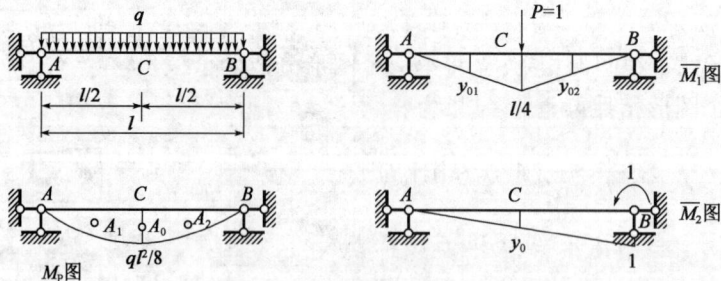

图 12-7

(4)用图乘法公式(12-1).因 M_p 图是曲线,应以 M_p 图作为 A,而 $\overline{M}$ 图是两直线组成,应分两段进行.但因图形对称,可计算一半再乘以2.

$$\Delta_{CV} = \frac{1}{EI}(A_1 y_{01} + A_2 y_{02})$$

$$= \frac{2}{EI}\left(\frac{2}{3} \times \frac{l}{2} \times \frac{ql^2}{8}\right) \times \frac{5}{32}l = \frac{5ql^4}{384EI}(\downarrow).$$

例 12-5 计算图 12-8 所示悬臂梁在 C 点的挠度，$EI =$ 常数.

解

（1）在 B 点加竖向单位力，如图 12-8 所示.

（2）分别作荷载及单位所产生的 M_p 图和 $\overline{M}$ 图.

（3）计算 Δ_{CV}.

作 M_p 图，并按 A_1、A_2、A_3、A_4 四部分划分，如图 12-8 所示.

$$\Delta_{CV} = \frac{1}{EI}(A_1 y_{01} + A_2 y_{02} + A_3 y_{03} - A_4 y_{04})$$

$$= \frac{1}{EI}\left[\left(\frac{1}{2} \times \frac{l}{2} \times \frac{ql^2}{2}\right) \times \frac{l}{3} + \left(\frac{l}{2} \times \frac{ql^2}{2}\right) \times \frac{3}{4}l + \left(\frac{1}{2} \times \frac{l}{2} \times \frac{5ql}{8}\right) \times \frac{5}{6}l - \left(\frac{2}{3} \times \frac{l}{2} \times \frac{ql^2}{32}\right) \times \frac{3}{4}l\right]$$

$$= \frac{45ql^4}{128EI}(\downarrow).$$

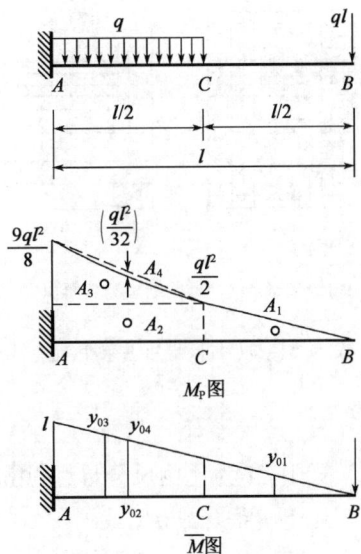

图 12-8

第三节　工程量计算

在工程上，经常需要计算某些不规则图形的面积，常用的工程量测定方法有以下几种.

1. 几何图形法

当欲求面积的边界为直线时，可以把该图形分解为若干个规则的几何图形，例如三角形、梯形或平行四边形等，如图 12-9 所示. 然后，量出这些图形的边长，这样就可以利用几何道式计算出每个图形的面积. 最后，将所有图形的面积之和乘以该地形图比例尺分母的平方，即为所求面积.

2. 坐标计算法

如果图形为任意多边形，并且各顶点的坐标已知，则可以利用坐标计算法精确求算该图形的面积. 如图 12-10 所示，各顶点按照逆时针方向编号，则面积为

$$S = \frac{1}{2}\sum_{i=1}^{n} x_i(y_{i-1} - y_{i+1}). \tag{12-5}$$

上式中，当 $i = 1$ 时，y_{i-1} 用 y_n 代替；当 $i = n$ 时，y_{i+1} 用 y_1 代替.

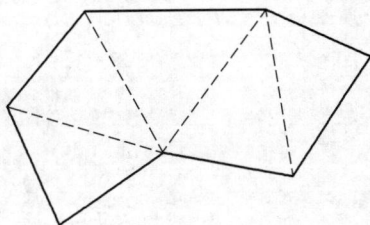

图 12-9　几何图形法测算面积

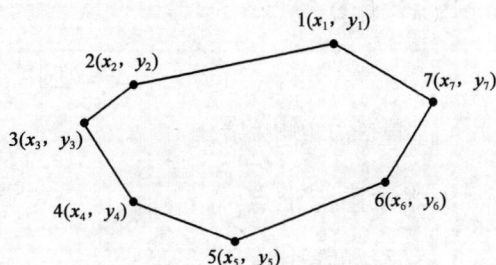

图 12-10　坐标计算法测算面积

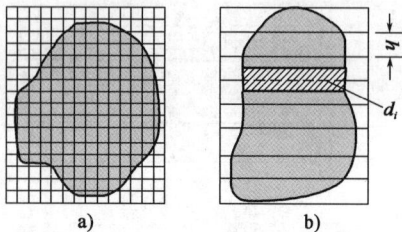

图 12-11 透明纸法测算面积

3. 透明方格法

对于不规则图形，可以采用图解法求算图形面积。通常使用绘有单元图形的透明纸蒙在待测图形上，统计落在待测图形轮廓线以内的单元图形个数来量测面积。

透明方格法通常是在透明纸上绘出边长为 $1mm$ 的小方格，如图 12-11a）所示，每个方格的面积为 $1mm^2$，而所代表的实际面积则由地形图的比例尺决定。量测图上面积时，将透明方格纸固定在图纸上，先数出完整小方格数 n_1，再数出图形边缘不完整的小方格数 n_2。然后，按下式计算整个图形的实际面积

$$S = \left(n_1 + \frac{n_2}{2}\right) \cdot \frac{M^2}{10^6} \quad (m^2). \tag{12-6}$$

式中，M 为比例尺分母，采用时注意单位统一。

4. 透明平行线法

透明方格网法的缺点是数方格困难，为此，可以使用图 12-11b）透明平行线法。被测图形被平行线分割成若干个等高的长条，每个长条的面积可以按照梯形道式计算。例如，图中绘有斜线的面积，其中间位置的虚线为上底加下底的平均值 d_i，可以直接量出，而每个梯形的高均为 h，则其面积为

$$A = h \sum_{i=1}^{n} d_i \cdot M^2. \tag{12-7}$$

式中，M 为比例尺分母，采用时注意单位统一。

本 章 小 结

★主要内容

1. 线性内插法的数学思想，线性内插法在工程上的适用条件，线性内插法的计算。
线性内插法计算公式

$$y = y_0 + \frac{x - x_0}{x_1 - x_0}(y_1 - y_0).$$

2. 图乘法的概念、基本思想，适用条件，计算要点。
图乘法计算公式

$$\Delta = \sum \int \frac{\overline{M} M_P}{EI} ds = \sum \frac{A y_0}{EI}.$$

3. 工程量面积测定方法。

★本章重点难点

1. 图乘法的计算方法。
2. 常用的工程量测定方法。

复习题(十二)

1. 设桥梁主梁为矩形截面,计算其抗扭惯性矩 I_T 的计算,先把截面划分为多个矩形截面,近似采用以下公式

$$I_T = \sum_{i=1}^{m} c_i b_i t_i^3.$$

式中,m 为梁截面划分成单个矩形截面的块数;b_i 和 t_i 为相应第 i 个矩形截面的宽度和厚度;t_i 取矩形截面短边长度;c_i 为第 i 个矩形截面的抗扭刚度系数,根据 t/b 的比值查下表可得. 查表时可用直线内插法.

t/b	1	0.9	0.8	0.7	0.6	0.5	0.4	0.3	0.2	0.1	<0.1
c	0.141	0.155	0.171	0.189	0.209	0.229	0.250	0.270	0.291	0.312	1/3

试计算矩形截面宽 1m,厚 0.55m 时,截面的抗扭刚度系数.

2. 试求图 12-7 所示简支梁跨中截面 C 的挠度 D_{CV} 和 B 端的转角 q_B. 已知 $EI =$ 常数.

3. 试求图 12-8 所示悬臂梁跨中截面 C 的挠度 D_{CV}. 此时 $q = 20kN/m$,$i = 10m$. 已知 $EI =$ 常数.

第十三章　数　学　建　模

学习目标

1. 了解数学建模的发展和基本思想;
2. 掌握数学建模的主要步骤;
3. 会应用微分方程等数学知识建立实际问题的数学模型;
4. 了解数学模型在土建工程中应用实例.

第一节　数学模型概述

近几十年来,随着科学技术的飞速发展和进步,数学的应用越来越广泛.利用计算机来解决数学问题也变得越来越普遍.然而,一个实际问题常常不是自然地以现成的数学形式出现的,要用数学方法解决它,关键的一步是要用数学的语言和符号将研究的对象描述出来,并借助一些数学手段来研究它,整个这个过程称为**数学建模**.它是数学通往其他领域应用之间的桥梁.

一、数学建模的发展

其实,数学应用在现实生活中的例子,可以追溯到公元 3000 多年前的古埃及金字塔.但是,它的大发展还是在 1985 年.美国在 1985 年举办了美国大学生首届数学建模竞赛(Mathematical Competition in Modeling),1988 年后改称为 Mathematical Contest in Modeling,均缩写为 MCM,以后每年举办一次,它吸引了世界上许多国家和地区的大学生参加.自 1989 年以来,我国学生积极参加美国大学生数学建模竞赛,近年来我国参赛队数接近于其总数的三分之一,而且取得了很好的成绩,充分展示出我国大学生的智慧和创造性.

我国的大学生数学建模竞赛是从 1992 年开始的,由中国工业与应用数学学会举办.这一新生事物从一开始就受到广大师生的欢迎和各级教育部门的关心与重视.并从 1994 年起改由教育部高教司和中国工业与应用数学学会联合举办,并成立了全国组委会,用以具体组织竞赛.在教育部的领导下,参赛队数每年以约 30% 的速度递增.越来越多的学生要求参赛,越来越多的教师和教育部门领导认识到这是一项培养具有高素质和创新能力人才的课外活动.

数学建模课程是 20 世纪 80 年代初进入我国大学的.越来越多的大学把数学建模型课程引入专业的教学.它可以让学校走出传统的教学体系,培养学生用数学工具分析解决实际问题的意识和能力.数学建模是数学学习的一种新的方式,它为学生提供了自主学习的空间,有助于学生体验数学在解决实际问题中的价值和作用,体验数学与日常生活和其他学科的联系,体验综合运用知识和方法解决实际问题的过程,增强应用意识;有助于激发同学们学习数学的兴趣,发展学生的创新意识和实践能力.

数学模型的分类很难有统一的标准,可以根据不同的分类原则分成不同的类型,下面介绍常用的几种.

(1)根据数学方法:可分为初等数学模型、几何模型、微分方程模型、图论模型、优化模型、控制模型等.

(2)根据研究的问题:可分为人口模型、交通模型、环境模型、生态模型、资源模型、经济模型等.

(3)根据变量的性质:可分为确定性模型、随机性模型、静态模型、动态模型、离散性模型、连续性模型.

二、数学建模的方法和步骤

建立数学模型一般采用机理分析和统计分析两种方法.机理分析方法是指人们根据客观事物的特征,分析其内部机理,弄清其因果关系,并在适当的简化假设下,利用合理的数学工具得到描述事物特征的数学模型;统计分析方法是指人们一时得不到事物的机理特征,便通过测试得到一串数据,再利用数理统计等知识,对这些数据进行处理,从而得到最终的数学模型.

建立数学模型需要哪些步骤一般如下:

1. 模型准备

首先了解问题的实际背景,明确建模目的,搜集必需的各种信息,尽量弄清对象的特征.

2. 模型假设

根据对象的特征和建模目的,对问题进行必要的、合理的简化,用精确的语言作出假设,是建模至关重要的一步.如果对问题的所有因素一概考虑,无疑是一种有勇气但方法欠佳的行为,所以高超的建模者能充分发挥想象力、洞察力和判断力,善于辨别主次,而且为了使处理方法简单,应尽量使问题线性化、均匀化.

3. 模型建立

根据所做的假设利用适当的数学工具,构成实际问题的数学描述,这里除了需要一些相关学科的专门知识外,还常常需要广阔的应用数学方面的知识开拓思路,除用到微积分、常微分方程、线性代数、概率论与数理统计等基础知识外,还用到诸如运筹与规划、排队论、图论、对策论等方面的知识.建模应遵循一个原则:尽管同一个研究对象可以利用多个学科的数学知识来建模,但应尽量采用简单的数学工具,以便更多的人了解和应用.

4. 模型求解

可以采用解方程、画图形、证明定理、逻辑运算、数值运算等各种传统的和近代的数学方法,特别是计算机技术.一个实际问题的解决往往需要纷繁的计算,许多时候还得将系统运行情况用计算机模拟出来,因此编程和熟悉数学软件包能力就显得十分重要.

5. 模型分析和应用

对模型结果进行数学上的分析,给出定量或定性的结果,如有可能还应该给出数学上的预报、数学上的最优决策与控制方法等.对结果进行误差分析、灵敏度分析及稳定性分析也是模型分析中必不可少的工作.把数学模型的结果回放到实际对象,与实际对象的现象、数据进行比较,验证模型的可靠性以及适用性.如果不合理,需要对模型进行补充修正,甚至需要重建.

6.模型应用

经模型检验证明模型是可靠的或适用的后,模型即可以应用实际问题,用于评价、预测或指导工程实践."横看成岭侧成峰,远近高低各不".能否对模型结果作出细致精当的分析,决定了你的模型能否达到更高的档次.还要记住,不论哪种情况,都需进行误差分析、数据稳定性分析.下面是按照一般情况,提出一个建立模型的大体过程.

第二节　数学建模实例

数学建模就是运用数学思想、方法和知识解决实际问题的过程.本节通过两个实际问题的建模实例,简单介绍建模的大致过程.

一、通信卫星的覆盖面积

一颗地球同步轨道通信卫星的轨道位于地球的赤道平面内,且可近似认为是圆.通信卫星运行的角速率与地球自转的角速率相同,即人们看到它在天空不动.若地球半径为 $R = 6400\text{km}$,试计算卫星距地面的高度 h 及通信卫星的覆盖面积.

设卫星距地面高度 h.卫星所受万有引力为 $G\dfrac{Mm}{(R+h)^2}$,离心力为 $m\omega^2(R+h)$,其中 ω 为运行的角速率,G 为引力常数,M 和 m 为地球和卫星质量.

由

$$G\frac{Mm}{(R+h)^2} = m\omega^2(R+h) \tag{13-1}$$

$$(R+h)^3 = \frac{GM}{\omega^2} = \frac{GM}{R^2}\cdot\frac{R^2}{\omega^2} = g\frac{R^2}{\omega^2}$$

得

$$h = \left(g\cdot\frac{R^2}{\omega^2}\right)^{\frac{1}{3}} - R \tag{13-2}$$

将 $g = 9.8, R = 6400\times10^3, \omega = \dfrac{2\pi}{24\times3600}$ 代入式(13-2)得

$$h = \left[9.8\times\frac{(6400\times10^3)^2\times24^2\times3600^2}{4\pi^2}\right]^{\frac{1}{3}} - 6400\times10^3$$

$$\approx 36000\times10^3(\text{m})$$

$$= 36000(\text{km}).$$

建立坐标系(图13-1),卫星覆盖面积

$$S = \iint\limits_{\Sigma}\mathrm{d}s. \tag{13-3}$$

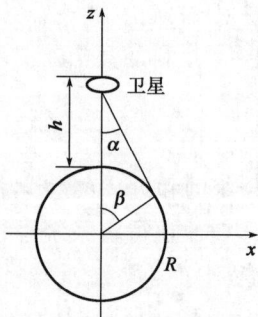
图 13-1

其中，$\sum$ 是上半球面 $x^2 + y^2 + z^2 = R^2 (z \geq 0)$ 上被圆锥角 α 所限定的曲面部分.

$$S = \iint\limits_{D} \sqrt{1 + z_x^2 + z_y^2} \, \mathrm{d}x\mathrm{d}y$$

$$= \iint\limits_{D} \frac{R}{\sqrt{R^2 - x^2 - y^2}} \mathrm{d}x\mathrm{d}y.$$

其中，D 为 xOy 平面上的区域 $x^2 + y^2 \leq R^2 \sin^2\beta$，于是有

$$S = \int_0^{2\pi} \mathrm{d}\theta \int_0^{R\sin\beta} \frac{R}{\sqrt{R^2 - r^2}} r\mathrm{d}r = 2\pi R^2(1 - \cos\beta). \tag{13-4}$$

由于 $\cos\beta = \sin\alpha = \dfrac{R}{R + h}$，代入式(13-4)得

$$S = 4\pi R^2 \frac{h}{2(R + h)}. \tag{13-5}$$

可知因子 $\dfrac{h}{2(R + h)}$ 恰为卫星覆盖面积与地球表面积的比例系数.

将 $R = 6.4 \times 10^6, h = 36 \times 10^6$ 代入式(13-4)、式(13-5)得

$$S = 2.19 \times 10^8 (\mathrm{km}^2)$$

$$\frac{h}{2(R + h)} \approx 0.425.$$

可见，只要在赤道上使用三颗等距离的通信卫星就可以几乎覆盖全部地球表面.

二、地板的振动规律

如图 13-2 所示，地板的中央放一个电动机，质量为 m，电动机开动时，其离心力的竖向分力为 $P\sin\omega t$，求地板的振动规律.

解答过程如下：

1. 模型假设

(1)取横截面，把地板简化为简支梁.

(2)把梁当作弹性体设刚度为 c（即梁中点偏离平衡位置 1 一个单位长度所需的力为 c）.

(3)取静态平衡时梁中点位置为坐标原点 O，作 y 轴铅直向下.

(4)梁的自重略去不计.

图　13-2

2. 建立数学模型

梁上有两个作用力：

(1)弹性恢复力 f，依胡克定律知 $f = -cy$.

(2)电动机离心力，其竖向分力为 $P\sin\omega t$.

所以，根据牛顿第二定律有

$$m\frac{\mathrm{d}^2 y}{\mathrm{d}t^2} = -cy + P\sin\omega t,$$

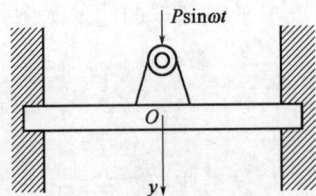

即

$$\frac{d^2y}{dt^2}+\frac{c}{m}y=\frac{P}{m}\sin\omega t. \tag{13-6}$$

记 $\frac{c}{m}=k^2$，$\frac{P}{m}=a$，则式(13-6)变成

$$y''+k^2y=a\sin\omega t. \tag{13-7}$$

式(13-7)就是简支梁受迫振动微分方程，其分解条件为

$$y\big|_{t=0}=0,$$
$$y'\big|_{t=0}=0.$$

本 章 小 结

1. 数学建模的定义.
2. 建模的主要方法：微积分、图论、概率、最优化等.
3. 数学建模的主要步骤：

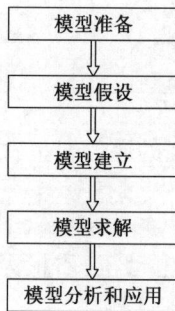

```
模型准备
   ↓
模型假设
   ↓
模型建立
   ↓
模型求解
   ↓
模型分析和应用
```

4. 通过简单的建模实例，学会建模.

复习题(十三)

1. 设铅球初速为 v，出手高度为 h，建立投掷距离与 v,h,α 的关系式，其中 α 为出手角度，并在 v,h 一定的条件下求最佳出手角度.

2. 若流入污水的浓度比湖水浓度高，湖水便会受到污染，而当清水注入时，可使湖水净化.试讨论污水和清水的注入对湖水的影响.

3. 一个雪球半径为 r，融化时的体积变化率正比于雪球的表面积，比例常数为 $k>0$.已知两小时内融化了其体积的四分之一，问其余部分在多少时间内全部融化完？

附　　录

$$P\{X=i\} = \frac{\lambda^i e^{-\lambda}}{i!} \quad (\lambda > 0)$$

i \ λ	0.5	1	2	3	4	5	8	10
0	0.6065	0.3679	0.1353	0.0498	0.0183	0.0067	0.0003	0.0000
1	0.3033	0.3679	0.2707	0.1494	0.0733	0.0337	0.0027	0.0005
2	0.0758	0.1839	0.2707	0.2240	0.1465	0.0842	0.1017	0.0023
3	0.0126	0.0613	0.1804	0.2240	0.1954	0.1404	0.0286	0.0076
4	0.0016	0.0153	0.0902	0.1680	0.1954	0.1755	0.0573	0.0189
5	0.0002	0.0031	0.0361	0.1008	0.1563	0.1755	0.0916	0.0378
6	0.0000	0.0005	0.0120	0.0504	0.1042	0.1462	0.1221	0.0631
7	0.0000	0.0001	0.0034	0.0216	0.0595	0.1044	0.1396	0.0901
8	0.0000	0.0000	0.0009	0.0081	0.0298	0.0653	0.1396	0.1126
9	0.0000	0.0000	0.0002	0.0027	0.0132	0.0363	0.1241	0.1251
10	0.0000	0.0000	0.0000	0.0008	0.0053	0.0181	0.0993	0.1251
11	0.0000	0.0000	0.0000	0.0002	0.0019	0.0082	0.0722	0.1137
12	0.0000	0.0000	0.0000	0.0001	0.0006	0.0034	0.0481	0.0948
13	0.0000	0.0000	0.0000	0.0000	0.0002	0.0013	0.0296	0.0729
14	0.0000	0.0000	0.0000	0.0000	0.0001	0.0005	0.0169	0.0521
15	0.0000	0.0000	0.0000	0.0000	0.0000	0.0002	0.0090	0.0347
16	0.0000	0.0000	0.0000	0.0000	0.0000	0.0000	0.0045	0.0217
17	0.0000	0.0000	0.0000	0.0000	0.0000	0.0000	0.0021	0.0128
18	0.0000	0.0000	0.0000	0.0000	0.0000	0.0000	0.0009	0.0071
19	0.0000	0.0000	0.0000	0.0000	0.0000	0.0000	0.0004	0.0037
20	0.0000	0.0000	0.0000	0.0000	0.0000	0.0000	0.0002	0.0019
21	0.0000	0.0000	0.0000	0.0000	0.0000	0.0000	0.0001	0.0009
22	0.0000	0.0000	0.0000	0.0000	0.0000	0.0000	0.0000	0.0004
23	0.0000	0.0000	0.0000	0.0000	0.0000	0.0000	0.0000	0.0002
24	0.0000	0.0000	0.0000	0.0000	0.0000	0.0000	0.0000	0.0001

标准正态分布函数表　　　　　　　附表二

$$\Phi(x)\int_{-\infty}^{x}\frac{1}{\sqrt{2\pi}}e^{-\frac{t^2}{2}}dt$$

x	0.00	0.01	0.02	0.03	0.04	0.05	0.06	0.07	0.08	0.09
0.0	0.5000	0.5040	0.5080	0.5120	0.5160	0.5199	0.5239	0.5279	0.5319	0.5359
0.1	0.5398	0.5438	0.5478	0.5517	0.5557	0.5596	0.5636	0.5675	0.5714	0.5753
0.2	0.5793	0.5832	0.5871	0.5910	0.5848	0.5987	0.6026	0.6064	0.6103	0.6141
0.3	0.6179	0.6217	0.6255	0.6293	0.6331	0.6368	0.6406	0.6443	0.6480	0.6517
0.4	0.6554	0.6591	0.6628	0.6664	0.6700	0.6736	0.6772	0.6808	0.6844	0.6879
0.5	0.6915	0.6950	0.6985	0.7019	0.7054	0.7088	0.7123	0.7157	0.7190	0.7224
0.6	0.7257	0.7291	0.7324	0.7357	0.7389	0.7422	0.7454	0.7486	0.7517	0.7549
0.7	0.7580	0.7611	0.7642	0.7673	0.7703	0.7734	0.7764	0.7794	0.7823	0.7852
0.8	0.7881	0.7910	0.7939	0.7967	0.7995	0.8023	0.8051	0.8078	0.8106	0.8133
0.9	0.8159	0.8186	0.8212	0.8238	0.8264	0.8289	0.8315	0.8340	0.8365	0.8389
1.0	0.8413	0.8437	0.8461	0.8485	0.8508	0.8531	0.8554	0.8577	0.8599	0.8621
1.1	0.8643	0.8665	0.8686	0.8708	0.8729	0.8749	0.8770	0.8790	0.8810	0.8830
1.2	0.8849	0.8869	0.8888	0.8907	0.8925	0.8944	0.8962	0.8980	0.8997	0.9015
1.3	0.9032	0.9049	0.9066	0.9082	0.9099	0.9115	0.9131	0.9147	0.9162	0.9177
1.4	0.9192	0.9207	0.9222	0.9236	0.9251	0.9265	0.9279	0.9292	0.9306	0.9319
1.5	0.9332	0.9345	0.9357	0.9370	0.9382	0.9394	0.9406	0.9418	0.9429	0.9441
1.6	0.9452	0.9463	0.9474	0.9484	0.9495	0.9505	0.9515	0.9525	0.9535	0.9545
1.7	0.9554	0.9564	0.9573	0.9582	0.9591	0.9599	0.9608	0.9616	0.9625	0.9633
1.8	0.9641	0.9649	0.9656	0.9664	0.9671	0.9678	0.9686	0.9693	0.9700	0.9706
1.9	0.9713	0.9719	0.9726	0.9732	0.9738	0.9744	0.9750	0.9756	0.9761	0.9767
2.0	0.9772	0.9778	0.9783	0.9788	0.9793	0.9798	0.9803	0.9808	0.9812	0.9817
2.1	0.9821	0.9826	0.9830	0.9834	0.9838	0.9842	0.9846	0.9850	0.9854	0.9857
2.2	0.9861	0.9865	0.9868	0.9871	0.9875	0.9878	0.9881	0.9884	0.9887	0.9890
2.3	0.9893	0.9896	0.9898	0.9901	0.9904	0.9906	0.9909	0.9911	0.9913	0.9916
2.4	0.9918	0.9920	0.9922	0.9925	0.9927	0.9929	0.9931	0.9932	0.9934	0.9936
2.5	0.9938	0.9940	0.9941	0.9943	0.9945	0.9946	0.9948	0.9949	0.9951	0.9952
2.6	0.9953	0.9955	0.9956	0.9957	0.9959	0.9950	0.9961	0.9962	0.9963	0.9964
2.7	0.9965	0.9966	0.9967	0.9968	0.9969	0.9970	0.9971	0.9972	0.9973	0.9974
2.8	0.9974	0.9975	0.9976	0.9977	0.9977	0.9978	0.9979	0.9979	0.9980	0.9981
2.9	0.9981	0.9982	0.9982	0.9983	0.9984	0.9984	0.9985	0.9985	0.9986	0.9986
3.0	0.9987	0.9987	0.9987	0.9988	0.9988	0.9989	0.9989	0.9989	0.9990	0.9990
3.2	0.9993	0.9993	0.9994	0.9994	0.9994	0.9994	0.9994	0.9995	0.9995	0.9995
3.4	0.9997	0.9997	0.9997	0.9997	0.9997	0.9997	0.9997	0.9997	0.9998	0.9998
3.6	0.9998	0.9999	0.9999	0.9999	0.9999	0.9999	0.9999	0.9999	0.9999	0.9999
3.8	0.9999	0.9999	0.9999	0.9999	0.9999	0.9999	0.9999	1.0000	1.0000	1.0000

t 分 布 表

$$P\{t(n) > t_\alpha(n)\} = \alpha$$

n \ α	0.20	0.15	0.10	0.05	0.025	0.01	0.005
1	1.376	1.963	3.0777	6.3138	12.7062	31.8207	63.6574
2	1.061	1.386	1.8856	2.9200	4.3027	6.9646	9.9248
3	0.978	1.250	1.6377	2.3534	3.1824	4.5407	5.8409
4	0.941	1.190	1.5332	2.1318	2.7764	3.7469	4.6041
5	0.920	1.156	1.4759	2.0150	2.5706	3.3649	4.0322
6	0.906	1.134	1.4398	1.9432	2.4469	3.1427	3.7074
7	0.896	1.119	1.4149	1.8946	2.3646	2.9980	3.4995
8	0.889	1.108	1.3968	1.8595	2.3060	2.8965	3.3554
9	0.883	1.100	1.3830	1.8331	2.2622	2.8214	3.2498
10	0.879	1.093	1.3722	1.8125	2.2281	2.7638	3.1693
11	0.876	1.088	1.3634	1.7959	2.2010	2.7181	3.1058
12	0.873	1.083	1.3562	1.7823	2.1788	2.6810	3.0545
13	0.870	1.079	1.3502	1.7709	2.1604	2.6503	3.0123
14	0.868	1.076	1.3450	1.7613	2.1448	2.6245	2.9768
15	0.866	1.074	1.3406	1.7531	2.1315	2.6025	2.9467
16	0.865	1.071	1.3368	1.7459	2.1199	2.5835	2.9208
17	0.863	1.069	1.3334	1.7396	2.1098	2.5669	2.8982
18	0.862	1.067	1.3304	1.7341	2.1009	2.5524	2.8784
19	0.861	1.066	1.3277	1.7291	2.0930	2.5395	2.8609
20	0.860	1.064	1.3253	1.7247	2.0860	2.5280	2.8453
21	0.859	1.063	1.3232	1.7207	2.0796	2.5177	2.8314
22	0.858	1.061	1.3212	1.7171	2.0739	2.5083	2.8188
23	0.858	1.060	1.3195	1.7139	2.0687	2.4999	2.8073
24	0.857	1.059	1.3178	1.7109	2.0639	2.4922	2.7969
25	0.856	1.058	1.3163	1.7081	2.0595	2.4851	2.7874
26	0.856	1.058	1.3150	1.7056	2.0555	2.4786	2.7787
27	0.855	1.057	1.3137	1.7033	2.0518	2.4727	2.7707
28	0.855	1.056	1.3125	1.7011	2.0484	2.4671	2.7633
29	0.854	1.055	1.3114	1.6991	2.0452	2.4620	2.7564
30	0.854	1.055	1.3104	1.6973	2.0423	2.4573	2.7500
31	0.8535	1.0541	1.3095	1.6955	2.0395	2.4528	2.7440
32	0.8531	1.0536	1.3086	1.6939	2.0369	2.4487	2.7385
33	0.8527	1.0531	1.3077	1.6924	2.0345	2.4448	2.7333
34	0.8524	1.0526	1.3070	1.6909	2.0322	2.4411	2.7284
35	0.8521	1.0521	1.3062	1.6896	2.0301	2.4377	2.7238
36	0.8518	1.0516	1.3055	1.6883	2.0281	2.4345	2.7195
37	0.8515	1.0512	1.3049	1.6871	2.0262	2.4314	2.7154
38	0.8512	1.0508	1.3042	1.6860	2.0244	2.4286	2.7116
39	0.8510	1.0504	1.3036	1.6849	2.0227	2.4258	2.7079
40	0.8507	1.0501	1.3031	1.6839	2.0211	2.4233	2.7045
41	0.8505	1.0498	1.3025	4.6829	2.0195	2.4208	2.7012
42	0.8503	1.0494	1.3020	1.6820	2.0181	2.4185	2.6981
43	0.8501	1.0491	1.3016	1.6811	2.0167	2.4163	2.6951
44	0.8499	1.0488	1.3011	1.6802	2.0154	2.4141	2.6923
45	0.8497	1.0485	1.3006	1.6794	2.0141	2.4121	2.6896

χ^2 分布上侧分位数表   附表四

m \ α	0.995	0.975	0.95	0.10	0.05	0.025	0.01	0.005
1	0.000	0.001	0.004	2.706	3.841	5.024	6.635	7.879
2	0.010	0.051	0.103	4.605	5.991	7.387	9.210	10.597
3	0.072	0.216	0.352	6.251	7.815	9.348	11.345	12.838
4	0.207	0.484	0.711	7.779	9.488	11.143	13.277	14.860
5	0.412	0.831	1.145	9.236	11.071	12.833	15.086	16.750
6	0.676	1.237	1.635	10.645	12.592	14.449	16.812	18.548
7	0.989	1.690	2.167	12.017	14.067	16.013	18.475	20.278
8	1.344	2.180	2.733	13.362	15.507	17.535	20.090	21.955
9	1.753	2.700	3.325	14.684	16.919	19.023	21.666	23.589
10	2.156	3.247	3.940	15.987	18.307	20.483	23.209	25.188
11	2.603	3.816	4.575	17.275	19.675	21.920	24.725	26.757
12	3.074	4.404	5.226	18.549	21.026	23.337	26.217	28.299
13	3.565	5.009	5.892	19.812	22.362	24.736	27.688	29.819
14	4.075	5.629	6.571	21.064	23.685	26.119	29.141	31.319
15	4.601	6.262	7.261	22.307	24.996	27.488	30.578	32.801
16	5.142	6.908	7.962	23.542	26.296	28.845	32.000	34.267
17	5.697	7.564	8.672	24.769	27.587	30.191	33.409	35.718
18	6.265	8.231	9.390	25.989	28.869	31.526	34.805	37.156
19	6.844	8.907	10.117	27.204	30.144	32.852	36.191	38.582
20	7.434	9.591	10.851	28.412	31.410	34.170	37.566	39.997
21	8.034	10.283	11.591	29.615	32.671	35.479	38.932	41.401
22	8.643	10.982	12.338	30.813	33.924	36.781	40.289	42.796
23	9.260	11.689	13.091	32.007	35.172	38.076	41.638	44.181
24	9.886	12.401	13.848	33.196	36.415	39.364	42.980	45.559
25	10.520	13.120	14.611	34.382	37.652	40.646	44.314	46.928
26	11.160	13.844	15.379	35.563	38.885	41.923	45.642	48.290
27	11.808	14.573	16.151	36.741	40.113	43.194	46.963	49.645
28	12.461	15.308	16.928	37.916	41.337	44.461	48.278	50.993
29	13.121	16.047	17.708	39.087	42.557	45.722	49.588	52.336
30	13.787	16.791	18.493	40.256	43.773	46.979	50.892	53.672
32	15.134	18.291	20.072	42.585	46.194	49.480	53.486	56.328
35	17.192	20.569	22.465	46.059	49.802	53.203	57.342	60.275
38	19.289	22.878	24.884	49.513	53.384	56.896	61.162	64.181
40	20.707	24.433	26.509	51.805	55.758	59.342	63.691	66.766
45	24.311	28.366	30.612	57.505	61.656	65.410	69.957	73.166

F 分布上侧分位数表　　　　　附表五

$P\{F \geqslant \lambda\} = \alpha$（第一自由度为 m_1，第二自由度为 m_2）

第 1 个分表：$\alpha = 0.10$

m_2 \ m_1	1	2	3	4	5	6	7	8	9	10
1	39.86	49.50	53.59	55.83	57.24	58.20	58.91	59.44	59.86	60.19
2	8.53	9.00	9.16	9.24	9.29	9.33	9.35	9.37	9.38	9.39
3	5.54	5.46	5.39	5.34	5.31	5.28	5.27	5.25	5.24	5.23
4	4.54	4.32	4.19	4.11	4.05	4.01	3.98	3.95	3.94	3.92
5	4.06	3.78	3.62	3.52	3.45	3.40	3.37	3.34	3.32	3.30
6	3.78	3.46	3.29	3.18	3.11	3.05	3.01	2.98	2.96	2.94
7	3.59	3.26	3.07	2.96	2.88	2.83	2.78	2.75	2.72	2.70
8	3.46	3.11	2.92	2.81	2.73	2.67	2.62	2.59	2.56	2.54
9	3.36	3.01	2.81	2.69	2.61	2.55	2.51	2.47	2.44	2.42
10	3.29	2.92	2.73	2.61	2.52	2.46	2.41	2.38	2.35	2.32
11	3.23	2.86	2.66	2.54	2.45	2.39	2.34	2.30	2.27	2.25
12	3.18	2.81	2.61	2.48	2.39	2.33	2.28	2.24	2.21	2.19
13	3.14	2.76	2.56	2.43	2.35	2.28	2.23	2.20	2.16	2.14
14	3.10	2.73	2.52	2.39	2.31	2.24	2.19	2.15	2.12	2.10
15	3.07	2.70	2.49	2.36	2.27	2.21	2.16	2.12	2.09	2.06
16	3.05	2.67	2.46	2.33	2.24	2.18	2.13	2.09	2.06	2.03
17	3.03	2.64	2.44	2.31	2.22	2.15	2.10	2.06	2.03	2.00
18	3.01	2.62	2.42	2.29	2.20	2.13	2.08	2.04	2.00	1.98
19	2.99	2.61	2.40	2.27	2.18	2.11	2.06	2.02	1.98	1.96
20	2.97	2.59	2.38	2.25	2.16	2.09	2.04	2.00	1.96	1.94
21	2.96	2.57	2.36	2.23	2.14	2.08	2.02	1.98	1.95	1.92
22	2.95	2.56	2.35	2.22	2.13	2.06	2.01	1.97	1.93	1.90
23	2.94	2.55	2.34	2.21	2.11	2.05	1.99	1.95	1.92	1.89
24	2.93	2.54	2.33	2.19	2.10	2.04	1.98	1.94	1.91	1.88
25	2.92	2.53	2.32	2.18	2.09	2.02	1.97	1.93	1.89	1.87
26	2.91	2.52	2.31	2.17	2.08	2.01	1.96	1.92	1.88	1.86
27	2.90	2.51	2.30	2.17	2.07	2.00	1.95	1.91	1.87	1.85
28	2.89	2.50	2.29	2.16	2.06	2.00	1.94	1.90	1.87	1.84
29	2.89	2.50	2.28	2.15	2.06	1.99	1.93	1.89	1.86	1.83
30	2.88	2.49	2.28	2.14	2.05	1.98	1.93	1.88	1.85	1.82
40	2.84	2.44	2.23	2.09	2.00	1.93	1.87	1.83	1.79	1.76
60	2.79	2.39	2.18	2.04	1.95	1.87	1.82	1.77	1.74	1.71
120	2.75	2.35	2.13	1.99	1.90	1.82	1.77	1.72	1.68	1.65
∞	2.71	2.30	2.08	1.94	1.85	1.77	1.72	1.67	1.63	1.60

续上表

第 1 个分表：$\alpha = 0.10$

m_2 \ m_1	12	15	20	24	30	40	60	120	∞
1	60.71	61.22	61.74	62.00	62.26	62.53	62.79	63.06	63.33
2	9.41	9.42	9.44	9.45	9.46	9.47	9.47	9.48	9.49
3	5.22	5.20	5.18	5.18	5.17	5.16	5.15	5.14	5.13
4	3.90	3.87	3.84	3.83	3.82	3.80	3.79	3.78	3.76
5	3.27	3.24	3.21	3.19	3.17	3.16	3.14	3.12	3.10
6	2.90	2.87	2.84	2.82	2.80	2.78	2.76	2.74	2.72
7	2.67	2.63	2.59	2.58	2.56	2.54	2.51	2.49	2.47
8	2.50	2.46	2.42	2.40	2.38	2.36	2.34	2.32	2.29
9	2.38	2.34	2.30	2.28	2.25	2.23	2.21	2.18	2.16
10	2.28	2.24	2.20	2.18	2.16	2.13	2.11	2.08	2.06
11	2.21	2.17	2.12	2.10	2.08	2.05	2.03	2.00	1.97
12	2.15	2.10	2.06	2.04	2.01	1.99	1.96	1.93	1.90
13	2.10	2.05	2.01	1.98	1.96	1.93	1.90	1.88	1.85
14	2.05	2.01	1.96	1.94	1.91	1.89	1.86	1.83	1.80
15	2.02	1.97	1.92	1.90	1.87	1.85	1.82	1.79	1.76
16	1.99	1.94	1.89	1.87	1.84	1.81	1.78	1.75	1.72
17	1.96	1.91	1.86	1.84	1.81	1.78	1.75	1.72	1.69
18	1.93	1.89	1.84	1.81	1.78	1.75	1.72	1.69	1.66
19	1.91	1.86	1.81	1.79	1.76	1.73	1.70	1.67	1.63
20	1.89	1.84	1.79	1.77	1.74	1.71	1.68	1.64	1.61
21	1.87	1.83	1.78	1.75	1.72	1.69	1.66	1.62	1.59
22	1.86	1.81	1.76	1.73	1.70	1.67	1.64	1.60	1.57
23	1.84	1.80	1.74	1.72	1.69	1.66	1.62	1.59	1.55
24	1.83	1.78	1.73	1.70	1.67	1.64	1.61	1.57	1.53
25	1.82	1.77	1.72	1.69	1.66	1.63	1.59	1.56	1.52
26	1.81	1.76	1.71	1.68	1.65	1.61	1.58	1.54	1.50
27	1.80	1.75	1.70	1.67	1.64	1.60	1.57	1.53	1.49
28	1.79	1.74	1.69	1.66	1.63	1.59	1.56	1.52	1.48
29	1.78	1.73	1.68	1.65	1.62	1.58	1.55	1.51	1.47
30	1.77	1.72	1.67	1.64	1.61	1.57	1.54	1.50	1.46
40	1.71	1.66	1.61	1.57	1.54	1.51	1.47	1.42	1.38
60	1.66	1.60	1.54	1.51	1.48	1.44	1.40	1.35	1.29
120	1.60	1.55	1.48	1.45	1.41	1.37	1.32	1.26	1.19
∞	1.55	1.49	1.42	1.38	1.34	1.30	1.24	1.17	1.00

第2个分表:$\alpha = 0.05$

m_2 \ m_1	1	2	3	4	5	6	7	8	9	10
1	161.4	199.5	215.7	224.6	230.2	234.0	236.8	238.9	240.5	241.9
2	18.51	19.00	19.16	19.25	19.30	19.33	19.35	19.37	19.38	19.40
3	10.13	9.55	9.28	9.12	9.01	8.94	8.89	8.85	8.81	8.79
4	7.71	6.94	6.59	6.39	6.25	6.16	6.09	6.04	6.00	5.96
5	6.61	5.79	5.41	5.19	5.05	4.95	4.88	4.82	4.77	4.74
6	5.99	5.14	4.76	4.53	4.39	4.28	4.21	4.15	4.10	4.06
7	5.59	4.74	4.35	4.12	3.97	3.87	3.79	3.73	3.68	3.64
8	5.32	4.46	4.07	3.84	3.69	3.58	3.50	3.44	3.39	3.35
9	5.12	4.26	3.86	3.63	3.48	3.37	3.29	3.23	3.18	3.14
10	4.96	4.10	3.71	3.48	3.33	3.22	3.14	3.07	3.02	2.98
11	4.84	3.98	3.59	3.36	3.20	3.09	3.01	2.95	2.90	2.85
12	4.75	3.89	3.49	3.26	3.11	3.00	2.91	2.85	2.80	2.75
13	4.67	3.81	3.41	3.18	3.03	2.92	2.83	2.77	2.71	2.67
14	4.60	3.74	3.34	3.11	2.96	2.85	2.76	2.70	2.65	2.60
15	4.54	3.68	3.29	3.06	2.90	2.79	2.71	2.64	2.59	2.54
16	4.49	3.63	3.24	3.01	2.85	2.74	2.66	2.59	2.54	2.49
17	4.45	3.59	3.20	2.96	2.81	2.70	2.61	2.55	2.49	2.45
18	4.41	3.55	3.16	2.93	2.77	2.66	2.58	2.51	2.46	2.41
19	4.38	3.52	3.13	2.90	2.74	2.63	2.54	2.48	2.42	2.38
20	4.35	3.49	3.10	2.87	2.71	2.60	2.51	2.45	2.39	2.35
21	4.32	3.47	3.07	2.84	2.68	2.57	2.49	2.42	2.37	2.32
22	4.30	3.44	3.05	2.82	2.66	2.55	2.46	2.40	2.34	2.30
23	4.28	3.42	3.03	2.80	2.64	2.53	2.44	2.37	2.32	2.27
24	4.26	3.40	3.01	2.78	2.62	2.51	2.42	2.36	2.30	2.25
25	4.24	3.39	2.99	2.76	2.60	2.49	2.40	2.34	2.28	2.24
26	4.23	3.37	2.98	2.74	2.59	2.47	2.39	2.32	2.27	2.22
27	4.21	3.35	2.96	2.73	2.57	2.46	2.37	2.31	2.25	2.20
28	4.20	3.34	2.95	2.71	2.56	2.45	2.36	2.29	2.24	2.19
29	4.18	3.33	2.93	2.70	2.55	2.43	2.35	2.28	2.22	2.18
30	4.17	3.32	2.92	2.69	2.53	2.42	2.33	2.27	2.21	2.16
40	4.08	3.23	2.84	2.61	2.45	2.34	2.25	2.18	2.12	2.08
60	4.06	3.15	2.76	2.53	2.37	2.25	2.17	2.10	2.04	1.99
120	3.92	3.07	2.68	2.45	2.29	2.17	2.09	2.02	1.96	1.91
∞	3.84	3.00	2.60	2.37	2.21	2.10	2.01	1.94	1.88	1.83

续上表

第2个分表：$\alpha=0.05$

m_1 \ m_2	12	15	20	24	30	40	60	120	∞
1	243.9	245.9	248.0	249.1	250.1	251.1	252.2	253.3	254.3
2	19.41	19.43	19.45	19.45	19.46	19.47	19.48	19.49	19.50
3	8.74	8.70	8.66	8.64	8.62	8.59	8.57	8.55	8.53
4	5.91	5.86	5.80	5.77	5.75	5.72	5.69	5.66	5.63
5	4.68	4.62	4.56	4.53	4.50	4.46	4.43	4.40	4.36
6	4.00	3.94	3.87	3.84	3.81	3.77	3.74	3.70	3.67
7	3.57	3.51	3.44	3.41	3.38	3.34	3.30	3.27	3.23
8	3.28	3.22	3.15	3.12	3.08	3.04	3.01	2.97	2.93
9	3.07	3.01	2.94	2.90	2.86	2.83	2.79	2.75	2.71
10	2.91	2.85	2.77	2.74	2.70	2.66	2.62	2.58	2.54
11	2.79	2.72	2.65	2.61	2.57	2.53	2.49	2.45	2.40
12	2.69	2.62	2.54	2.51	2.47	2.43	2.38	2.34	2.30
13	2.60	2.53	2.46	2.42	2.38	2.34	2.30	2.25	2.21
14	2.53	2.46	2.39	2.35	2.31	2.27	2.22	2.18	2.13
15	2.48	2.40	2.33	2.29	2.25	2.20	2.16	2.11	2.07
16	2.42	2.35	2.28	2.24	2.19	2.15	2.11	2.06	2.01
17	2.38	2.31	2.23	2.19	2.15	2.10	2.06	2.01	1.96
18	2.34	2.27	2.19	2.15	2.11	2.06	2.02	1.97	1.92
19	2.31	2.23	2.16	2.11	2.07	2.03	1.98	1.93	1.88
20	2.28	2.20	2.12	2.08	2.04	1.99	1.95	1.90	1.84
21	2.25	2.18	2.10	2.05	2.01	1.96	1.92	1.87	1.81
22	2.23	2.15	2.07	2.03	1.98	1.94	1.89	1.84	1.78
23	2.20	2.13	2.05	2.01	1.96	1.91	1.86	1.81	1.76
24	2.18	2.11	2.03	1.98	1.94	1.89	1.84	1.79	1.73
25	2.16	2.09	2.01	1.93	1.92	1.87	1.82	1.77	1.71
26	2.15	2.07	1.99	1.95	1.90	1.85	1.80	1.75	1.69
27	2.13	2.06	1.97	1.93	1.88	1.84	1.79	1.73	1.67
28	2.12	2.04	1.96	1.91	1.87	1.82	1.77	1.71	1.65
29	2.10	2.03	1.94	1.90	1.85	1.81	1.75	1.70	1.64
30	2.09	2.01	1.93	1.89	1.84	1.79	1.74	1.68	1.62
40	2.00	1.92	1.84	1.79	1.74	1.69	1.64	1.58	1.51
60	1.92	1.84	1.75	1.70	1.65	1.59	1.53	1.47	1.39
120	1.83	1.75	1.66	1.61	1.55	1.50	1.43	1.35	1.25
∞	1.75	1.67	1.57	1.52	1.46	1.39	1.32	1.22	1.00

续上表

第 3 个分表：$\alpha = 0.25$

m_2\m_1	1	2	3	4	5	6	7	8	9	10
1	647.8	799.5	864.2	899.6	921.8	937.1	948.2	956.7	963.3	968.6
2	38.51	39.00	39.17	39.25	39.30	39.33	39.36	39.37	39.39	39.40
3	17.44	16.04	15.44	15.10	14.88	14.73	14.62	14.54	14.47	14.42
4	12.22	10.65	9.98	9.60	9.36	9.20	9.07	8.98	8.90	8.84
5	10.01	8.43	7.76	7.39	7.15	6.98	6.85	6.76	6.68	6.62
6	8.81	7.26	6.60	6.23	5.99	5.82	5.70	5.60	5.52	5.46
7	8.07	6.54	5.89	5.52	5.29	5.12	4.99	4.90	4.82	4.76
8	7.57	6.06	5.42	5.05	4.82	4.65	4.53	4.43	4.36	4.30
9	7.21	5.71	5.03	4.72	4.48	4.32	4.20	4.10	4.03	3.96
10	6.94	5.46	4.83	4.47	4.24	4.07	3.95	3.85	3.78	3.72
11	6.72	5.26	4.63	4.28	4.04	3.88	3.76	3.66	3.59	3.53
12	6.55	5.10	4.42	4.12	3.89	3.73	3.61	3.51	3.44	3.37
13	6.41	4.97	4.35	4.00	3.77	3.60	3.48	3.39	3.31	3.25
14	6.30	4.86	4.24	3.89	3.66	3.50	3.38	3.29	3.21	3.15
15	6.20	4.77	4.15	3.80	3.58	3.41	3.29	3.20	3.12	3.06
16	6.12	4.69	4.08	3.73	3.50	3.34	3.22	3.12	3.05	2.99
17	6.04	4.62	4.01	3.66	3.44	3.28	3.16	3.06	2.98	2.92
18	5.98	4.56	3.95	3.61	3.38	3.22	3.10	3.01	2.93	2.87
19	5.92	4.51	3.90	3.56	3.33	3.17	3.05	2.96	2.88	2.82
20	5.87	4.46	3.86	3.51	3.29	3.13	3.01	2.91	2.84	2.77
21	5.83	4.42	3.82	3.48	3.25	3.09	2.97	2.87	2.80	2.73
22	5.79	4.38	3.78	3.44	3.22	3.05	2.93	2.84	2.76	2.70
23	5.75	4.35	3.75	3.41	3.18	3.02	2.90	2.81	2.73	2.67
24	5.72	4.32	3.72	3.38	3.15	2.99	2.87	2.78	2.70	2.64
25	5.69	4.29	3.69	3.35	3.13	2.97	2.85	2.75	2.68	2.61
26	5.66	4.27	3.67	3.33	3.10	2.94	2.82	2.73	2.65	2.59
27	5.63	4.24	3.65	3.31	3.08	2.92	2.80	2.71	2.63	2.57
28	5.61	4.22	3.63	3.29	3.06	2.90	2.78	2.69	2.61	2.55
29	5.59	4.20	3.61	3.27	3.04	2.88	2.76	2.67	2.59	2.53
30	5.57	4.18	3.59	3.25	3.03	2.87	2.75	2.65	2.57	2.51
40	5.42	4.05	3.46	3.13	2.90	2.74	2.62	2.53	2.45	2.39
60	5.29	3.93	3.34	3.01	2.79	2.63	2.51	2.41	2.33	2.27
120	5.15	3.80	3.23	2.89	2.67	2.52	2.39	2.30	2.22	2.16
∞	5.02	3.69	3.12	2.79	2.57	2.41	2.29	2.19	2.11	2.05

第3个分表：$\alpha = 0.025$

m_2 \ m_1	12	15	20	24	30	40	60	120	∞
1	976.7	984.9	993.1	997.2	1001	1006	1010	1014	1018
2	39.41	39.43	39.45	39.46	39.46	39.47	39.48	39.49	39.50
3	14.34	14.25	14.17	14.12	14.08	14.04	13.99	13.95	13.90
4	8.75	8.66	8.56	8.51	8.46	8.41	8.36	8.31	8.26
5	6.52	6.43	6.33	6.28	6.23	6.18	6.12	6.07	6.02
6	5.37	5.27	5.17	5.12	5.07	5.01	4.96	4.90	4.85
7	4.67	4.57	4.47	4.42	4.36	4.31	4.25	4.20	4.14
8	4.20	4.10	4.00	3.95	3.89	3.84	3.78	3.73	3.67
9	3.87	3.77	3.67	3.61	3.56	3.51	3.45	3.39	3.33
10	3.62	3.52	3.42	3.37	3.31	3.26	3.20	3.14	3.08
11	3.43	3.33	3.23	3.17	3.12	3.06	3.00	2.94	2.88
12	3.28	3.18	3.07	3.02	2.96	2.91	2.85	2.79	2.72
13	3.15	3.05	2.95	2.89	2.84	2.78	2.72	2.66	2.60
14	3.05	2.95	2.84	2.79	2.73	2.67	2.61	2.55	2.49
15	2.96	2.86	2.76	2.70	2.64	2.59	2.52	2.46	2.40
16	2.89	2.79	2.68	2.63	2.57	2.51	2.45	2.38	2.32
17	2.82	2.72	2.62	2.56	2.50	2.44	2.38	2.32	2.25
18	2.77	2.67	2.56	2.50	2.44	2.38	2.32	2.26	2.19
19	2.72	2.62	2.51	2.45	2.39	2.33	2.27	2.20	2.13
20	2.68	2.57	2.46	2.41	2.35	2.29	2.22	2.16	2.09
21	2.64	2.53	2.42	2.37	2.31	2.25	2.18	2.11	2.04
22	2.60	2.50	2.39	2.33	2.27	2.21	2.14	2.08	2.00
23	2.57	2.47	2.36	2.30	2.24	2.18	2.11	2.04	1.97
24	2.54	2.44	2.33	2.27	2.21	2.15	2.08	2.01	1.94
25	2.51	2.41	2.30	2.24	2.18	2.12	2.05	1.98	1.91
26	2.49	2.39	2.28	2.22	2.16	2.09	2.03	1.95	1.88
27	2.47	2.36	2.25	2.19	2.13	2.07	2.00	1.93	1.85
28	2.45	2.34	2.23	2.17	2.11	2.05	1.98	1.91	1.83
29	2.43	2.32	2.21	2.15	2.09	2.03	1.96	1.89	1.81
30	2.41	2.31	2.20	2.14	2.07	2.01	1.94	1.87	1.79
40	2.29	2.18	2.07	2.01	1.94	1.88	1.80	1.72	1.64
50	2.17	2.06	1.94	1.88	1.82	1.74	1.67	1.58	1.48
120	2.05	1.94	1.82	1.76	1.69	1.61	1.53	1.43	1.31
∞	1.94	1.83	1.71	1.64	1.57	1.48	1.39	1.27	1.00

续上表

第4个分表:$\alpha = 0.01$

m_2 \ m_1	1	2	3	4	5	6	7	8	9	10
1	4652	4999	5403	5625	5764	5859	5928	5982	6022	6056
2	98.50	99.00	99.17	99.25	99.30	99.33	99.36	99.37	99.39	99.40
3	34.12	30.82	29.46	28.71	28.24	27.91	27.67	27.49	27.35	27.23
4	21.20	18.00	16.69	15.98	15.53	15.21	14.98	14.80	14.66	14.55
5	16.26	13.27	12.06	11.39	10.97	10.67	10.46	10.29	10.16	10.05
6	13.75	10.92	9.78	9.15	8.75	8.47	8.26	8.10	7.98	7.87
7	12.25	9.55	8.45	7.85	7.45	7.19	6.99	6.84	6.72	6.62
8	11.26	8.65	7.59	7.01	6.63	3.37	6.18	6.03	5.91	5.81
9	10.56	8.02	6.99	6.42	6.06	5.80	5.61	5.47	5.35	5.26
10	10.04	7.56	6.55	5.99	5.64	5.39	5.20	5.06	4.94	4.85
11	9.65	7.21	6.22	5.67	5.32	5.07	4.89	4.74	4.63	4.54
12	9.33	6.93	5.95	5.41	5.06	4.82	4.64	4.50	4.39	4.30
13	9.07	6.70	5.74	5.21	4.86	4.62	4.44	4.30	4.19	4.10
14	8.86	6.51	5.56	5.04	4.69	4.46	4.28	4.14	4.03	3.94
15	8.68	6.36	5.42	4.89	4.56	4.32	4.14	4.00	3.89	3.80
16	8.53	6.23	5.29	4.77	4.44	4.20	4.03	3.89	3.78	3.69
17	8.40	6.11	5.18	4.67	4.34	4.10	3.93	3.79	3.68	3.59
18	8.29	6.01	5.09	4.58	4.25	4.01	3.84	3.71	3.60	3.51
19	8.18	5.93	5.01	4.50	4.17	3.94	3.77	3.63	3.52	3.43
20	8.10	5.85	4.94	4.43	4.10	3.87	3.70	3.56	3.46	3.37
21	8.02	5.78	4.87	4.37	4.04	3.81	3.64	3.51	3.40	3.31
22	7.95	5.72	4.82	4.31	3.99	3.76	3.59	3.45	3.35	3.26
23	7.88	5.66	4.76	4.26	3.94	3.71	3.54	3.41	3.30	3.21
24	7.82	5.61	4.72	4.22	3.90	3.67	3.50	3.36	3.26	3.17
25	7.77	5.57	4.68	4.18	3.85	3.63	3.46	3.32	3.22	3.13
26	7.72	5.52	4.64	4.14	3.82	3.59	3.42	3.29	3.18	3.09
27	7.68	5.49	4.60	4.11	3.78	3.56	3.39	3.26	3.15	3.06
28	7.64	5.45	4.57	4.07	3.75	3.53	3.36	3.23	3.12	3.03
29	7.60	5.42	4.54	4.04	3.73	3.50	3.33	3.20	3.09	3.00
30	7.56	5.39	4.51	4.02	3.70	3.47	3.30	3.17	3.07	2.98
40	7.31	5.18	4.31	3.83	3.51	3.29	3.12	2.99	2.89	2.80
60	7.08	4.98	4.13	3.65	3.34	3.12	2.95	2.82	2.72	2.63
120	6.85	4.79	3.95	3.48	3.17	2.96	2.79	2.66	2.56	2.47
∞	6.63	4.61	3.78	3.32	3.02	2.80	2.64	2.51	2.41	2.32

续上表

第4个分表：$\alpha = 0.01$

m_2 \ m_1	12	15	20	24	30	40	60	120	∞
1	6106	6157	6200	6235	6261	6287	6313	6339	6366
2	99.42	99.43	99.45	99.46	99.47	99.47	99.48	99.49	99.50
3	27.05	26.87	26.69	26.60	26.50	26.41	26.32	26.22	26.13
4	14.37	14.20	14.02	13.93	13.84	13.75	13.65	13.56	13.46
5	9.89	9.72	9.55	9.47	9.38	9.29	9.20	9.11	9.02
6	7.72	7.56	7.40	7.31	7.23	7.14	7.06	6.97	6.88
7	6.47	6.31	6.16	6.07	5.99	5.91	5.82	5.74	5.65
8	5.67	5.52	5.36	5.28	5.20	5.12	5.03	4.95	4.86
9	5.11	4.96	4.81	4.73	4.65	4.57	4.47	4.40	4.31
10	4.71	4.56	4.41	4.33	4.25	4.17	4.08	4.00	3.91
11	4.40	4.25	4.10	4.02	3.94	3.86	3.78	3.69	3.60
12	4.16	4.01	3.86	3.78	3.70	3.62	3.54	3.45	3.36
13	3.96	3.82	3.66	3.59	3.51	3.43	3.34	3.25	3.17
14	3.80	3.66	3.51	3.43	3.35	3.27	3.18	3.09	3.00
15	3.67	3.52	3.37	3.29	3.21	3.13	3.05	2.96	2.87
16	3.55	3.41	3.26	3.18	3.10	3.02	2.93	2.84	2.75
17	3.46	3.31	3.16	3.08	3.00	2.92	2.83	2.75	2.65
18	3.37	3.23	3.08	3.00	2.92	2.84	2.75	2.66	2.57
19	3.30	3.15	3.00	2.92	2.84	2.76	2.67	2.58	2.49
20	3.23	3.09	2.94	2.86	2.78	2.69	2.61	2.52	2.42
21	3.17	3.03	2.88	2.80	2.72	2.64	2.55	2.46	2.36
22	3.12	2.98	2.83	2.75	2.67	2.58	2.50	2.40	2.31
23	3.07	2.93	2.78	2.70	2.62	2.54	2.45	2.35	2.26
24	3.03	2.89	2.74	2.66	2.58	2.49	2.40	2.31	2.21
25	2.99	2.85	2.70	2.62	2.54	2.45	2.36	2.27	2.17
26	2.96	2.81	2.66	2.58	2.50	2.43	2.33	2.23	2.13
27	2.93	2.78	2.63	2.55	2.47	2.38	2.29	2.20	2.10
28	2.90	2.75	2.60	2.52	2.44	2.35	2.26	2.17	2.06
29	2.87	2.73	2.57	2.49	2.41	2.33	2.23	2.14	2.03
30	2.84	2.70	2.55	2.47	2.39	2.30	2.21	2.11	2.01
40	2.66	2.52	2.37	2.29	2.20	2.11	2.02	1.92	1.80
50	2.50	2.35	2.20	2.12	2.03	1.94	1.84	1.73	1.60
120	2.34	2.19	2.03	1.95	1.86	1.76	1.66	1.53	1.38
∞	2.18	2.04	1.88	1.79	1.70	1.59	1.47	1.32	1.00

第5个分表:$\alpha = 0.005$

m_2 \ m_1	1	2	3	4	5	6	7	8	9	10
1	16211	20000	21615	22500	23056	23437	23715	23925	24091	24224
2	198.5	199.0	199.2	199.2	199.3	199.3	199.4	199.4	199.4	199.4
3	55.55	49.80	47.47	46.19	45.39	44.84	44.43	44.13	43.88	43.69
4	31.33	26.28	24.26	23.15	22.46	21.97	21.62	21.35	21.14	20.97
5	22.78	18.31	16.53	15.56	14.94	14.51	14.20	13.96	13.77	13.62
6	18.63	14.54	12.92	12.03	11.46	11.07	10.79	10.57	10.39	10.25
7	16.24	12.40	10.88	10.05	9.52	9.16	8.89	8.68	8.51	8.38
8	14.69	11.04	9.60	8.81	8.30	7.95	7.69	7.50	7.34	7.21
9	13.61	10.11	8.72	7.96	7.47	7.13	6.88	6.69	6.54	6.42
10	12.83	9.43	8.03	7.34	6.87	6.54	6.30	6.12	5.97	5.85
11	12.23	8.91	7.60	6.88	6.42	6.10	5.86	5.68	5.54	5.42
12	11.75	8.51	7.23	6.52	6.07	5.76	5.52	5.35	5.20	5.09
13	11.37	8.19	6.93	6.23	5.79	5.48	5.25	5.08	4.94	4.82
14	11.06	7.92	6.68	6.00	5.56	5.26	5.03	4.86	4.72	4.60
15	10.80	7.70	6.48	5.80	5.37	5.07	4.85	4.67	4.54	4.42
16	10.58	7.51	6.30	5.64	5.21	4.91	4.69	4.52	4.38	4.27
17	10.38	7.35	6.16	5.50	5.07	4.78	4.56	4.39	4.25	4.14
18	10.22	7.21	6.03	5.37	4.96	4.66	4.44	4.28	4.14	4.03
19	10.07	7.08	5.92	5.27	4.85	4.56	4.34	4.18	4.04	3.93
20	9.94	6.99	5.82	5.17	4.76	4.47	4.26	4.09	3.96	3.85
21	9.83	6.89	5.73	5.09	4.68	4.39	4.18	4.01	3.88	3.77
22	9.73	6.81	5.65	5.02	4.61	4.32	4.11	3.94	3.81	3.70
23	9.63	6.73	5.58	4.95	4.54	4.26	4.05	3.88	3.75	3.64
24	9.55	6.66	5.52	4.89	4.49	4.20	3.99	3.83	3.69	3.59
25	9.48	6.60	5.46	4.84	4.43	4.15	3.94	3.78	3.64	3.54
26	9.41	6.54	5.41	4.79	4.38	4.10	3.89	3.73	3.60	3.49
27	9.34	6.49	5.36	4.74	4.34	4.06	3.85	3.69	3.56	3.45
28	9.28	6.44	5.32	4.70	4.30	4.02	3.81	3.65	3.52	3.41
29	9.23	6.40	5.28	4.66	4.26	3.98	3.77	3.61	3.48	3.38
30	9.18	6.35	5.24	4.62	4.23	3.95	3.74	3.58	3.45	3.34
40	8.83	6.07	4.98	4.37	3.99	3.71	3.51	3.35	3.22	3.12
60	8.49	5.79	4.73	4.14	3.76	3.49	3.29	3.13	3.01	2.90
120	8.18	5.54	4.50	3.92	3.55	3.28	3.09	2.93	2.81	2.71
∞	7.88	5.30	4.28	3.72	3.35	3.09	2.90	2.74	2.62	2.52

续上表

第 5 个分表：$\alpha = 0.005$

m_2 \ m_1	12	15	20	24	30	40	60	120	∞
1	24426	24630	24836	24940	25044	25148	25253	25359	25465
2	199.4	199.4	199.4	199.5	199.5	199.5	199.5	199.5	199.5
3	43.39	43.08	42.78	42.62	42.47	42.31	42.15	41.99	41.83
4	20.70	20.44	20.17	20.03	19.89	19.75	19.61	19.47	19.32
5	13.38	13.15	12.90	12.78	12.66	12.53	12.40	12.27	12.14
6	10.03	9.81	9.59	9.47	9.36	9.24	9.12	9.00	8.88
7	8.18	7.97	7.75	7.65	7.53	7.42	7.31	7.19	7.08
8	7.01	6.81	6.61	6.50	6.40	6.29	6.18	6.06	5.95
9	6.23	6.03	5.83	5.73	5.62	5.52	5.41	5.30	5.19
10	5.66	5.47	5.27	5.17	5.07	4.97	4.86	4.75	4.64
11	5.24	5.05	4.86	4.76	4.65	4.55	4.44	4.34	4.23
12	4.91	4.72	4.53	4.43	4.33	4.23	4.12	4.01	3.90
13	4.64	4.46	4.27	4.17	4.07	3.97	3.87	3.76	3.65
14	4.43	4.25	4.06	3.96	3.86	3.76	3.66	3.55	3.44
15	4.25	4.07	3.88	3.79	3.69	3.58	3.48	3.37	3.26
16	4.10	3.92	3.73	3.64	3.54	3.44	3.33	3.22	3.11
17	3.97	3.79	3.61	3.51	3.41	3.31	3.21	3.10	2.98
18	3.86	3.68	3.50	3.40	3.30	3.20	3.10	2.99	2.87
19	3.76	3.59	3.40	3.31	3.21	3.11	3.00	2.89	2.78
20	3.68	3.50	3.32	3.22	3.12	3.02	2.92	2.81	2.69
21	3.60	3.43	3.24	3.15	3.05	2.95	2.84	2.73	2.61
22	3.54	3.36	3.18	3.08	2.98	2.88	2.77	2.66	2.55
23	3.47	3.30	3.12	3.02	2.92	2.82	2.71	2.60	2.48
24	3.42	3.25	3.06	2.97	2.87	2.77	2.66	2.55	2.43
25	3.37	3.20	3.01	2.92	2.82	2.72	2.61	2.50	2.38
26	3.33	3.15	2.97	2.87	2.77	2.67	2.56	2.45	2.33
27	3.28	3.11	2.93	2.83	2.73	2.63	2.52	2.41	2.29
28	3.25	3.07	2.89	2.79	2.69	2.59	2.48	2.37	2.25
29	3.21	3.04	2.86	2.76	2.66	2.56	2.45	2.33	2.21
30	3.18	3.01	2.82	2.73	2.63	2.52	2.42	2.30	2.18
40	2.95	2.78	2.60	2.50	2.40	2.30	2.18	2.06	1.93
60	2.74	2.57	2.39	2.29	2.19	2.08	1.96	1.83	1.69
120	2.54	2.37	2.19	2.09	1.98	1.87	1.75	1.61	1.43
∞	2.36	2.19	2.00	1.90	1.79	1.67	1.53	1.36	1.00

正态分布概率系数表

$$\left(\int_{K_q}^{\infty} \frac{1}{\sqrt{2\pi}} e^{-\frac{x^2}{2}} dx = \beta\right)$$

附表六

K_q	0.00	0.01	0.02	0.03	0.04	0.05	0.06	0.07	0.08	0.09
0.0	0.5000	0.4960	0.4920	0.4880	0.4840	0.4801	0.4761	0.4721	0.4681	0.4641
0.1	0.4602	0.4562	0.4522	0.4483	0.4443	0.4404	0.4364	0.4325	0.4286	0.4247
0.2	0.4207	0.4168	0.4129	0.4090	0.4052	0.4013	0.3974	0.3936	0.3897	0.3859
0.3	0.3821	0.3783	0.3745	0.3707	0.3669	0.3632	0.3594	0.3557	0.3520	0.3483
0.4	0.3446	0.3409	0.3372	0.3336	0.3300	0.3264	0.3228	0.3192	0.3156	0.3121
0.5	0.3085	0.3050	0.3015	0.2981	0.2946	0.2912	0.2877	0.2843	0.2810	0.2776
0.6	0.2743	0.2709	0.2676	0.2643	0.2611	0.2578	0.2546	0.2514	0.2483	0.2451
0.7	0.2420	0.2389	0.2358	0.2327	0.2296	0.2266	0.2236	0.2206	0.2177	0.2148
0.8	0.2119	0.2090	0.2061	0.2033	0.2005	0.1977	0.1949	0.1922	0.1894	0.1867
0.9	0.1841	0.1814	0.1788	0.1762	0.1736	0.1711	0.1685	0.1660	0.1635	0.1611
1.0	0.1587	0.1562	0.1539	0.1515	0.1792	0.1469	0.1446	0.1423	0.1401	0.1379
1.1	0.1357	0.1335	0.1314	0.1292	0.1271	0.1251	0.1250	0.1210	0.1190	0.1170
1.2	0.1151	0.1131	0.1112	0.1093	0.1075	0.1056	0.1038	0.1020	0.1003	0.0985
1.3	0.0968	0.0951	0.0934	0.0918	0.0901	0.0885	0.0869	0.0853	0.0838	0.0823
1.4	0.0808	0.0793	0.0778	0.0764	0.0749	0.0735	0.0721	0.0708	0.0694	0.0681
1.5	0.0668	0.0655	0.0643	0.0630	0.0618	0.0606	0.0594	0.0582	0.0571	0.0559
1.6	0.0548	0.0537	0.0526	0.0516	0.0505	0.0495	0.0485	0.0475	0.0465	0.0455
1.7	0.0446	0.0436	0.0427	0.0418	0.0409	0.0401	0.0392	0.0384	0.0375	0.0367
1.8	0.0359	0.0351	0.0344	0.0336	0.0329	0.0322	0.0314	0.0307	0.0301	0.0294
1.9	0.0287	0.0281	0.0274	0.0268	0.0262	0.0256	0.0250	0.0244	0.0239	0.0233
2.0	0.0228	0.0222	0.0217	0.0212	0.0207	0.0202	0.0197	0.0192	0.0188	0.0183
2.1	0.0179	0.0174	0.0170	0.0166	0.0162	0.0158	0.0154	0.0150	0.0146	0.0143
2.2	0.0139	0.0136	0.0132	0.0129	0.0125	0.0122	0.0119	0.0116	0.0113	0.0110
2.3	0.0107	0.0104	0.0102	0.00990	0.00964	0.00939	0.00914	0.00889	0.00866	0.00842
2.4	0.00820	0.00798	0.00776	0.00755	0.00734	0.00714	0.00695	0.00676	0.00657	0.00639
2.5	0.00621	0.00604	0.00587	0.00570	0.00554	0.00539	0.00523	0.00508	0.00494	0.00480
2.6	0.00466	0.00453	0.00440	0.00427	0.00415	0.00402	0.00391	0.00379	0.00368	0.00357
2.7	0.00347	0.00336	0.00326	0.00317	0.00307	0.00298	0.00289	0.00280	0.00272	0.00264
2.8	0.00256	0.00248	0.00240	0.00233	0.00226	0.00219	0.00212	0.00205	0.00199	0.00193
2.9	0.00187	0.00181	0.00175	0.00169	0.00164	0.00159	0.00154	0.00149	0.00144	0.00139
K_q	0.0	0.1	0.2	0.3	0.4	0.5	0.6	0.7	0.8	0.9
3	0.00135	0.968×10^{-3}	0.687×10^{-3}	0.483×10^{-3}	0.337×10^{-3}	0.233×10^{-3}	0.159×10^{-3}	0.108×10^{-3}	0.723×10^{-3}	0.481×10^{-3}
4	0.317×10^{-4}	0.207×10^{-4}	0.133×10^{-4}	0.854×10^{-5}	0.541×10^{-5}	0.340×10^{-5}	0.211×10^{-5}	0.130×10^{-5}	0.793×10^{-6}	0.479×10^{-6}
5	0.287×10^{-6}	0.170×10^{-6}	0.996×10^{-7}	0.579×10^{-7}	0.333×10^{-7}	0.190×10^{-7}	0.107×10^{-7}	0.599×10^{-8}	0.332×10^{-8}	0.182×10^{-8}
6	0.987×10^{-9}	0.530×10^{-9}	0.282×10^{-9}	0.149×10^{-9}	0.777×10^{-10}	0.402×10^{-10}	0.206×10^{-10}	0.104×10^{-10}	0.523×10^{-11}	0.260×10^{-11}

注：表中数字为 β 值。

t 分布概率系数表

附表七

m	双边置信水平			单边置信水平		
	99%	95%	90%	99%	95%	90%
	$t_{0.995}/\sqrt{n}$	$t_{0.975}/\sqrt{n}$	$t_{0.95}/\sqrt{n}$	$t_{0.99}/\sqrt{n}$	$t_{0.95}/\sqrt{n}$	$t_{0.90}/\sqrt{n}$
2	45.012	8.985	4.465	22.501	4.465	2.176
3	5.730	2.484	1.686	4.201	1.686	1.089
4	2.921	1.591	1.177	2.270	1.177	0.819
5	2.059	1.242	0.953	1.676	0.953	0.686
6	1.646	1.049	0.823	1.374	0.823	0.603
7	1.401	0.925	0.734	1.188	0.734	0.544
8	1.237	0.836	0.670	1.060	0.670	0.500
9	1.118	0.769	0.620	0.966	0.620	0.466
10	1.028	0.715	0.580	0.892	0.580	0.437
11	0.955	0.672	0.546	0.833	0.546	0.414
12	0.897	0.635	0.518	0.785	0.518	0.393
13	0.847	0.604	0.494	0.744	0.494	0.376
14	0.805	0.577	0.473	0.708	0.473	0.361
15	0.769	0.554	0.455	0.678	0.455	0.347
16	0.737	0.533	0.438	0.651	0.438	0.335
17	0.708	0.514	0.423	0.626	0.423	0.324
18	0.683	0.497	0.410	0.605	0.410	0.314
19	0.660	0.482	0.398	0.586	0.398	0.305
20	0.640	0.468	0.387	0.568	0.387	0.297
21	0.621	0.455	0.376	0.552	0.376	0.289
22	0.604	0.443	0.367	0.537	0.367	0.282
23	0.588	0.432	0.358	0.523	0.358	0.275
24	0.573	0.422	0.350	0.510	0.350	0.269
25	0.559	0.413	0.342	0.498	0.342	0.264
26	0.547	0.404	0.335	0.487	0.335	0.258
27	0.535	0.396	0.328	0.477	0.328	0.253
28	0.524	0.388	0.322	0.467	0.322	0.248
29	0.513	0.380	0.316	0.458	0.316	0.244
30	0.503	0.373	0.310	0.449	0.310	0.239
40	0.428	0.320	0.266	0.383	0.266	0.206
50	0.380	0.284	0.237	0.340	0.237	0.184
60	0.344	0.258	0.216	0.308	0.216	0.167
70	0.318	0.238	0.199	0.285	0.199	0.155
80	0.297	0.223	0.186	0.266	0.186	0.145
90	0.278	0.209	0.175	0.249	0.175	0.136
100	0.263	0.198	0.166	0.236	0.166	0.129

相关系数检验表(γ_α) 附表八

$n-2$	α		$n-2$	α		$n-2$	α	
	0.01	0.05		0.01	0.05		0.01	0.05
1	1.000	0.997	15	0.606	0.482	29	0.456	0.355
2	0.990	0.950	16	0.590	0.468	30	0.449	0.349
3	0.959	0.878	17	0.575	0.456	35	0.418	0.325
4	0.917	0.811	18	0.561	0.444	40	0.393	0.304
5	0.874	0.754	19	0.549	0.433	45	0.372	0.288
6	0.834	0.707	20	0.537	0.423	50	0.354	0.273
7	0.798	0.666	21	0.526	0.413	60	0.325	0.250
8	0.765	0.632	22	0.515	0.404	70	0.302	0.232
9	0.735	0.602	23	0.505	0.396	80	0.283	0.217
10	0.708	0.576	24	0.496	0.388	90	0.267	0.205
11	0.684	0.553	25	0.487	0.381	100	0.254	0.195
12	0.661	0.532	26	0.478	0.374	200	0.181	0.138
13	0.641	0.514	27	0.470	0.367	300	0.148	0.113
14	0.623	0.497	28	0.463	0.361	400	0.128	0.098

习题参考答案

第七章

习题7.1

1. (1)2 阶;(2)2 阶;(3)2 阶;(4)1 阶.

2. (1)是;(2)是;(3)是;(4)否;(5)是;(6)是.

3. (2).

4. $(1)y = x^2 + C;(2)y = \ln|x| + C.$

5. $y = \dfrac{5}{2}x^2 + \dfrac{3}{2}.$

习题7.2

1. $(1)x^2 + y^2 = C;(2)y = Ce^{\sin x};(3)y = Ce^{\frac{1}{3}x^3};(4)\cos y = \dfrac{\sqrt{2}}{2}\cos x;$

   $(5)e^y = e^x + C;(6)y(1 - x) = C.$

2. $(1)y = xe^{Cx};(2)y = x\ln|y| + Cx;(3)\arcsin \dfrac{y}{x} = \ln|x| + C;$

   $(4)Cx^2 + 2x^2\ln|y| = y^2;(5)y = xe^{Cx+1};(6)x^2 - y^2 = Cx^{-1}.$

3. $(1)y = \dfrac{C}{e^{x^2}} + 1;(2)y = (x - 2)(x^2 - 4x + C);$

   $(3)y = (x + 1)^2\left[\dfrac{2}{3}(x + 1)^{\frac{3}{2}} + C\right];(4)y = \dfrac{1}{x}(-\cos x + C);$

   $(5)y = \dfrac{1}{2}e^x + Ce^{-x};(6)y = \left(\dfrac{1}{2}x^2 + C\right)e^{-x^2};$

   $(7)x = -\dfrac{2}{3}y - \dfrac{1}{9} + Ce^{6y};(8)y = Cx + \dfrac{1}{3}x^4.$

4. $y = \tan x - 1 + Ce^{-\tan x}, y = \tan x - 1 + e^{-\tan x}.$

5. $y = x + 2x^2.$

习题7.3

1. $(1)y = \dfrac{1}{6}x^3 - \sin x + C_1x + C_2;(2)y = \dfrac{1}{4}e^{2x} + C_1x + C_2;$

   $(3) - (1 - y)^{-1} = C_1x + C_2;(4)y = \dfrac{1}{2}\ln^2 x - C_1\ln|x| + C_2.$

2. $(1)y = C_1e^{-x} + C_2e^{3x};(2)y = (C_1 + C_2x)e^{\frac{1}{2}x};$

   $(3)y = C_1e^x + C_2e^{-x};(4)y = C_1\cos x + C_2\sin x;$

   $(5)y = C_1e^x + C_2xe^x + (x + 2);(6)y = C_1e^{-3x} + C_2e^x + \dfrac{1}{2}xe^x.$

3. （1）$y = \mathrm{e}^{-2x} + 3\mathrm{e}^x$；（2）$y = \dfrac{1}{3}x^3 - x^2 + 2x + \mathrm{e}^{-x}$；

（3）$y = -\left(\dfrac{1}{2}x + 1\right)x\mathrm{e}^{2x}$.

4. $y = (4 + 2t)\mathrm{e}^{-t}$.

5. $y = x^3 + 3x + 1$.

习题7.4

1. $y(t) = \dfrac{1}{10}t + 5$；$D(t) = \dfrac{1}{400}t^2 + \dfrac{1}{4}t + \dfrac{1}{10}$.

2. $y = \dfrac{4}{3}(\mathrm{e}^{\frac{1}{3}t} - 1)$；$s = 4.5\mathrm{e}^{-\frac{1}{3}t}$

3. $R = R_0\mathrm{e}^{-\frac{\ln 2}{5568}t}$

复习题(七)

一、选择题

1. C；2. A；3. C；4. B；5. B；6. B；7. B；8. C；9. C；10. A；11. C；12. B.

二、填空题

1. $y = \mathrm{e}^{\int P(x)\mathrm{d}x}\left[\int Q(x)\mathrm{e}^{\int -P(x)\mathrm{d}x}\mathrm{d}x + C\right]$.

2. $y = C_1\mathrm{e}^{-2x} + C_2\mathrm{e}^{-x}$.

3. $C\mathrm{e}^x$.

4. $y^* = \left(\dfrac{1}{6}x - \dfrac{5}{36}\right)\mathrm{e}^x$.

5. $y = 2(x^2 + 1)$.

6. $y = Cx^2$.

三、计算题

1. $\mathrm{e}^y = \dfrac{1}{2}x^2 + \dfrac{1}{4}x^4 + C$；2. $-\mathrm{e}^{-y} = \dfrac{1}{2}\mathrm{e}^{2x} + C$；3. $y = \dfrac{x}{\ln|x| + C}$；4. $\sin\dfrac{y}{x} = Cx$；

5. $y = C\mathrm{e}^{-x} + x\mathrm{e}^{-x}$；6. $y = C_1\mathrm{e}^{5x} + C_2\mathrm{e}^x$；7. $y = (C_1 + C_2x)\mathrm{e}^{-x}$；8. $y = C_1\mathrm{e}^{2x} + C_2\mathrm{e}^{-2x}$；

9. $y = -\dfrac{1}{3}x^2 - \dfrac{2}{27} + C_1\mathrm{e}^{-3x} + C_2\mathrm{e}^{3x}$；10. $y = -3x - 3 + 3\mathrm{e}^x$；11. $s = 6\mathrm{e}^x\sin 2x$.

第八章

习题8.1

1. （1）1；（2）0；（3）-27；（4）-115.

2. （1）61；（2）210；（3）$-2abc$；（4）0；（5）5.

3. （1）$\begin{cases} x = 3, \\ y = -2; \end{cases}$ （2）$\begin{cases} x = 3, \\ y = -5. \end{cases}$

4. $\begin{cases} x = 3, \\ y = 1, \\ z = 6. \end{cases}$

5. 代数余子式 $A_{21} = (-1)^{2+1} \begin{vmatrix} 3 & 2 \\ 9 & -4 \end{vmatrix} = 30 ; A_{23} = (-1)^{2+3} \begin{vmatrix} -1 & 3 \\ 11 & 9 \end{vmatrix} = 42.$

6. 略.

7. （1）-720；（2）16；（3）abc；（4）5.

8. （1）$a_1 a_2 a_3 a_4 a_5$；（2）240.

9. 略.

10. $x_1 = 1 ; x_2 = 2 ; x_3 = 3.$

11. （1）$\begin{cases} x_1 = 0, \\ x_2 = \dfrac{4}{5}, \\ x_3 = \dfrac{3}{5}, \\ x_4 = -\dfrac{7}{5}; \end{cases}$ （2）$\begin{cases} x_1 = -3, \\ x_2 = 3, \\ x_3 = 5, \\ x_4 = 0; \end{cases}$ （3）$\begin{cases} x_1 = 1, \\ x_2 = 2, \\ x_3 = 0, \\ x_4 = 0. \end{cases}$

习题 8.2

1. $\begin{pmatrix} 2 & 3 \\ 4 & 5 \\ 6 & 7 \end{pmatrix}$.

2. $x = 5, y = -2, u = 4, v = -2.$

3. $A + B = \begin{pmatrix} 12 & 10 & 8 & 6 \\ 4 & 0 & 7 & 2 \\ 2 & 0 & 3 & 5 \end{pmatrix}, 2A + 3B = \begin{pmatrix} 32 & 27 & 22 & 17 \\ 12 & 1 & 16 & 4 \\ 4 & -3 & 8 & 15 \end{pmatrix}.$

4. $(10).$

5. $\begin{pmatrix} 2 & 3 & 1 \\ -2 & -3 & -1 \\ -2 & -3 & -1 \end{pmatrix}.$

6. $AB = \begin{pmatrix} 0 & 0 \\ 0 & 0 \end{pmatrix}, A^2 = \begin{pmatrix} \dfrac{1}{2} & \dfrac{1}{2} \\ \dfrac{1}{2} & \dfrac{1}{2} \end{pmatrix}.$

7. $\begin{pmatrix} 6 & -7 & 8 \\ 20 & -5 & -6 \end{pmatrix}.$

8. $A^n = \begin{pmatrix} 1 & 0 & n \\ 0 & 1 & 0 \\ 0 & 0 & 1 \end{pmatrix}.$

9. $\begin{pmatrix} 0 & 30 & 1 \\ 30 & 0 & 0 \\ 0 & 0 & -1 \end{pmatrix}$.

10. (1) 不存在; (2) $\begin{pmatrix} 1 & 1 & -1 \\ 2 & 5 & -4 \\ -1 & -2 & 2 \end{pmatrix}$; (3) $\begin{pmatrix} 0 & 3 & 5 \\ 2 & 4 & 5 \\ -1 & -1 & -1 \end{pmatrix}$.

11. (1) $\begin{cases} x_1 = 9, \\ x_2 = 6, \\ x_3 = -3; \end{cases}$ (2) $\begin{cases} x_1 = 1, \\ x_2 = 2, \\ x_3 = -1. \end{cases}$

12. (1) $\begin{pmatrix} -9 & -18 \\ -4 & -11 \\ -3 & -1 \end{pmatrix}$; (2) $\frac{1}{4}\begin{pmatrix} 4 & 4 \\ 1 & 0 \end{pmatrix}$.

13. (1) $\begin{pmatrix} 0 & 3 & -1 \\ 2 & -5 & 2 \\ 1 & -3 & 1 \end{pmatrix}$; (2) $\begin{pmatrix} 2 & -1 & 0 & 0 \\ -3 & 2 & 0 & 0 \\ -5 & 7 & -3 & -4 \\ 2 & -2 & \frac{1}{2} & \frac{1}{2} \end{pmatrix}$.

14. (1) 2; (2) 2; (3) 3.

习题 8.3

(1) $\begin{cases} x_1 = 1, \\ x_2 = 0, \\ x_3 = 0; \end{cases}$ (2) 无解; (3) $\begin{cases} x_1 = -2 - 3x_3, \\ x_2 = -2 - x_3, \end{cases}$ (x_3 为自由未知量); (4) $\begin{cases} x_1 = \frac{4}{3}c, \\ x_2 = -3c, \\ x_3 = \frac{4}{3}c, \\ x_4 = c; \end{cases}$

(5) $\begin{cases} x_1 = 0, \\ x_2 = 0, \\ x_3 = 0. \end{cases}$

复习题(八)

一、选择题

1. B; 2. A; 3. D; 4. C; 5. A; 6. D.

二、填空题

1. 44.

2. 0, 1, 2.

3. 0.

4. 1, -2.

5. $\begin{pmatrix} 0 & 21 \\ 4 & 22 \end{pmatrix}$.

6. $3; \begin{pmatrix} 1 & \dfrac{1}{2} & \dfrac{1}{3} \\ 2 & 1 & \dfrac{2}{3} \\ 3 & \dfrac{3}{2} & 1 \end{pmatrix}$.

7. $\begin{pmatrix} \dfrac{1}{2} & 0 & 0 \\ 0 & \dfrac{1}{3} & 0 \\ 0 & 0 & 1 \end{pmatrix}$.

三、计算题

1. 726.

2. $1 - x^2 - y^2 - z^2$.

3. $(-2)(n-2)!$.

4. $\begin{pmatrix} -4 & 3 & 2 \\ -5 & -8 & -9 \end{pmatrix}$.

5. $\begin{pmatrix} -2 & 4 & -1 \\ 0 & 2 & -6 \\ -4 & -4 & 2 \end{pmatrix}$.

6. $(1) \begin{pmatrix} 8 & -1 \\ 7 & -5 \end{pmatrix}; (2) \begin{pmatrix} 7 & -1 & 6 \\ 9 & 1 & 10 \\ 9 & -5 & 4 \end{pmatrix}; (3) \begin{pmatrix} 12 & 12 & 10 \\ -2 & 0 & -4 \end{pmatrix}; (4) 2; (5) \begin{pmatrix} 3 & 2 & 1 \\ -3 & -2 & -1 \\ 3 & 2 & 1 \end{pmatrix}$.

7. 证 $A^2 - B^2 = \begin{pmatrix} 0 & 0 & 6 \\ -3 & 0 & 0 \\ -6 & 0 & 0 \end{pmatrix}; (A+B)(A-B) = \begin{pmatrix} -9 & 0 & 6 \\ -6 & 0 & 0 \\ -6 & 0 & 0 \end{pmatrix}$.

8. $(1) \begin{pmatrix} 12 & 3 & 5 \\ 12 & 4 & -3 \\ 3 & 3 & 4 \end{pmatrix}; (2) A^n = 2^{n-1}A$.

9. $(1) A^{-1} = \begin{pmatrix} 5 & -2 \\ -2 & 1 \end{pmatrix}; (2) A^{-1} = \begin{pmatrix} \cos\theta & \sin\theta \\ -\sin\theta & \cos\theta \end{pmatrix};$

$(3) A^{-1} = \begin{pmatrix} -6 & 4 & -1 \\ 4 & -3 & 1 \\ 1 & -2 & 1 \end{pmatrix}; (4) \begin{pmatrix} 2 & -1 & 0 \\ 9 & -5 & -2 \\ -5 & 3 & 1 \end{pmatrix}$.

10. $\begin{pmatrix} 0 & 17 \\ 14 & 13 \\ -3 & 10 \end{pmatrix}$.

11.

$(1) \begin{cases} x_1 = 5, \\ x_2 = 0, \\ x_3 = 3; \end{cases}$

$(2) \begin{cases} x_1 = -8, \\ x_2 = 3, \\ x_3 = 6, \\ x_4 = 0. \end{cases}$

$(3) \begin{cases} x_1 = \dfrac{3}{17}x_3 - \dfrac{13}{17}x_4, \\ x_2 = \dfrac{19}{17}x_3 - \dfrac{20}{17}x_4, \end{cases}$ $(x_3, x_4$ 为自由未知量$)$;

(4) 无解.

第九章

习题 9.1

1. $(1) \Omega = \{$（正面，正面，正面），（正面，正面，反面），（正面，反面，正面），（反面，正面，正面），（正面，反面，反面），（反面，正面，反面），（反面，反面，正面），（反面，反面，反面）$\}$；
$(2) \Omega = \{5,6,7,\cdots\}$；$(3) \Omega = \{(x,y) \mid 1 \leqslant x \leqslant 10, 1 \leqslant y \leqslant 10, x \neq y\}$.

2. (1) 表示 3 次射击至少有一次没击中靶子；(2) 表示前两次射击都没有击中靶子；(3) 表示恰好连续两次击中靶子.

3. $(1) H \subset G$；$(2) A \subset B$.

4. $(1) A\bar{B}\bar{C}$；$(2) AB\bar{C}$；$(3) ABC$；$(4) A \cup B \cup C$；$(5) \overline{ABC}$；
$(6) \bar{A}B\bar{C} \cup \bar{A}\bar{B}C \cup A\bar{B}\bar{C} \cup \bar{A}\bar{B}\bar{C}$；$(7) \overline{ABC}$；$(8) AB\bar{C} \cup A\bar{B}C \cup \bar{A}BC \cup ABC$.

5. 0.25

6. $\dfrac{1}{120}$.

7. $\dfrac{8}{15}$.

8. $(1) \dfrac{4}{33}$；$(2) \dfrac{10}{33}$.

9. $(1) \dfrac{4}{33}$；$(2) \dfrac{9}{16}$.

10. $(1) \dfrac{12}{35}$；$(2) \dfrac{22}{35}$.

习题 9.2

1. 0.96

2. 35%.

3. 0. 6.

4. 0. 214,0. 375,0. 633.

5. 0. 0083.

6. 0. 5.

7. $\dfrac{3}{7}$.

8. (1)0. 988;(2)0. 829.

9. 0. 92.

10. 0. 35;0. 13.

11. (1)94. 28%;(2)99. 8%.

12. 0. 2.

习题 9.3

1. 0. 6.

2. 0. 42.

3. $n > 10$.

4. 0. 0347.

5. 0. 104.

6. $P(B) = \sum\limits_{k=5}^{9} p_9(k) = 0.9011$.

习题 9.4

1.

ξ	0	1
P	1/3	2/3

2. (1)$k = 0. 3$;(2)0. 7.

3. (1)$P\{X = k\} = C_5^k (0. 1)^k (0. 9)^{5-k} (k = 0,1,2,3,4,5)$;(2)$P\{X \geqslant 2\} \approx 0.0815$.

4. (1)

X	0	1	2
P	7/15	7/15	1/15

(2)

X	0	1	2	3
P	$\left(\dfrac{8}{10}\right)^3$	$C_3^1 \dfrac{2}{10}\left(\dfrac{8}{10}\right)^2$	$C_3^2 \left(\dfrac{2}{10}\right)^2 \dfrac{8}{10}$	$\left(\dfrac{2}{10}\right)^3$

5.

ξ	0	1	2	3
p	0.75	0.20	0.04	0.01

6. $(1)P(\xi=k)=C_3^k(0.8)^k(0.2)^{3-k},(k=0,1,2,3);(2)0.104.$

7. $(1)P(\xi=k)=\dfrac{(0.5)^k}{k!}e^{-0.5}\quad(k=0,1,2,\cdots);(2)0.9098.$

8. $\dfrac{2}{3}e^{-2}.$

习题 9.5

1. (1)是;(2)否;(3)否.

2. $(1)k=1;(2)\dfrac{3}{4};(3)\dfrac{1}{8}.$

3. $(1)a=\dfrac{1}{9};(2)\dfrac{19}{27}.$

4. $(1)-0.5,1;(2)0.0625.$

5. $F(x)=\begin{cases}0,&x<0;\\[4pt]\dfrac{1}{4},&0\leqslant x<1;\\[6pt]\dfrac{3}{4},&1\leqslant x<2;\\[6pt]1,&x\geqslant2.\end{cases}$ $P\{0<\xi\leqslant1\}=\dfrac{1}{4};P\{1<\xi\leqslant2\}=\dfrac{1}{2}.$

6. $(1)F(x)=\begin{cases}0,&x<1;\\[4pt]\dfrac{1}{6},&1\leqslant x<2;\\[6pt]\dfrac{2}{3},&2\leqslant x<3;\\[6pt]1,&x\geqslant3.\end{cases}$ $(2)P\{1<\xi\leqslant2\}=\dfrac{1}{2}.$

7. $F(x)=\begin{cases}0,&x<0;\\x^2,&0\leqslant x<1;\\1,&x\geqslant1.\end{cases}$ $P\{\xi\leqslant0.5\}=0.25.$

8. $(1)f(x)=\begin{cases}\dfrac{1}{8},&0\leqslant x\leqslant8,\\[6pt]0,&其他.\end{cases}$ $(2)0.375.$

9. $0;0.3;0.4;0.5.$

10. $(1)3;(2)2.$

11. $P\{Y=k\}=C_5^k e^{-2k}(1-e^{-2})^{5-k}(k=0,1,2,3,4,5);P\{Y\geqslant1\}=0.5167.$

12. $e^{-0.5}\approx0.6065.$

13. $(1)0.1353;(2)0.3834;(3)0.1384.$

14. $(1)0.5;(2)0.5;(3)0.1587;(4)0.0688;(5)0.7745;(6)0.9973;(7)\approx1.$

15. $(1)0.3594;(2)0.2916;(3)0.5671;(4)0.6892.$

16. $0.9544.$

17. $x=183.98$;当车门的高度为 $184cm$ 时,男子碰头的概率在 1% 以下.

18. 0. 1915.

习题 9. 6

1. (1) $-\dfrac{1}{4}$;(2) $-\dfrac{3}{2}$.

2. (1) $\dfrac{1}{4}$;(2) $\dfrac{3}{4}$;(3) $\dfrac{5}{2}$;(4) $\dfrac{5}{4}$; (5) $\dfrac{11}{16}$;(6) $\dfrac{11}{4}$.

3. (1) 0;(2) 2.

4. 2. 3；0. 61.

5. $\dfrac{4}{3}$, $\dfrac{2}{9}$.

6. $\dfrac{1}{e}$.

7. $\dfrac{1}{6}$, $\dfrac{2}{3}$, $\dfrac{2}{3}$.

8. 20, 0. 3.

9. 800, $(800)^2$, 800.

复习题(九)

一、选择题

1. D;2. C;3. B;4. C; 5. A;6. C;7. D;8. C;9. B;10. D.

二、填空题

1. $AB+\bar{A}\bar{B}$;2. (1) $\dfrac{5}{6}$, 0;(2) $\dfrac{2}{3}$, $\dfrac{1}{6}$;(3) $\dfrac{1}{2}$; $\dfrac{1}{3}$. 3. $\dfrac{1}{9}$. 4. $\dfrac{1}{\pi}$. 5. $\dfrac{1}{e}$.

6. -3; 7. $0,1,2,\cdots,9$;8. 4, $4\mathrm{e}^{-4}$;9. 3, 4.

三、计算题

1. 0. 16.

2. 0. 5432.

3. (1) $\dfrac{60}{77}$;

    (2) $P(\xi=0)=\dfrac{30}{77}, P(\xi=1)=\dfrac{20}{77}, P(\xi=2)=\dfrac{15}{77}, P(\xi=3)=\dfrac{12}{77}$;

    (3) $\dfrac{30}{77}, \dfrac{50}{77}, \dfrac{12}{77}, \dfrac{27}{77}, 1$.

4. (1) $\dfrac{1}{3}$;(2) $-\dfrac{1}{3}$; (3) $\dfrac{1}{18}$; (4) $\dfrac{2}{9}$.

5. (1) $\dfrac{1}{2}$;(2) $\dfrac{1}{2}(1-\mathrm{e}^{-1})$.

6. $P(\xi=1)=\dfrac{3}{5}, P(\xi=2)=\dfrac{2}{5}$.

7. (1) 2;(2) $\dfrac{5}{3}$, 15.

第十章

习题 10.1

1. 10.

2. 10.42；0.102.

3. $\hat{\lambda} = \dfrac{2}{n} \sum\limits_{i=1}^{n} X_i.$

4. $\hat{p} = \dfrac{1}{n} \sum\limits_{i=1}^{n} x_i = \bar{x}.$

5. $\hat{\mu}_1, \hat{\mu}_2$ 是 μ 的无偏估计量，$\hat{\mu}_3$ 不是 μ 的无偏估计量，且 $\hat{\mu}_1$ 比 $\hat{\mu}_2$ 有效.

6. T_1, T_2 是 θ 的无偏估计量，T_3 不是 θ 的无偏估计量. T_1 比 T_2 有效.

7. $\hat{\mu}_1, \hat{\mu}_2, \hat{\mu}_3$ 都是 μ 的无偏估计量，$\hat{\mu}_1$ 最有效.

8. (1234.42, 1283.58).

9. (3085.50, 3165.17).

习题 10.2

1. $\hat{y} = 41.8 + 2.11x.$

2. $\hat{y} = 3.553 + 3.515x$；回归效果是显著的.

3. $\hat{y} = -4.91 + 15.18x$；回归效果是显著的.

习题 10.3

1. $|u_0| = 3.16 > 1.96$，应拒绝原假设 H_0，即认为该六分仪不能正常工作.

2. $t = \dfrac{\bar{x} - \mu_0}{s/\sqrt{n}} = \dfrac{3.50 - 3.25}{0.25/\sqrt{16}} = 4 > 1.753$，落入拒绝域内，故拒绝原假设 H_0，当前大蒜的零售价明显高于以往.

3. $|t| = 2.55 > 2.262$，应拒绝原假设 H_0，即该日生产的产品，其厚度的均值与 0.14mm 有显著差异.

复习题（十）

一、选择题

1. D；2. D；3. A；4. D；5. B；6. B；7. C；8. C；9. A.

二、计算题

1. 56.056，0.47128；2. $\hat{\alpha} = \dfrac{2\bar{X} - 1}{1 - \bar{X}}$，$\hat{\alpha} = -\dfrac{n}{\sum\limits_{i=1}^{n} \ln x_i} - 1$；3. (53.06, 58.94)；

4. (2.69, 2.72)；5. (2.1175, 2.1325)，(0.00018, 0.00061)；

6. $F_{0.975}(9,9) < F = \dfrac{S_1^2}{S_2^2} = 1.25 < F_{0.025}(9,9)$，即认为两种药的疗效无显著差别；

7. $\hat{Y} = 29.37 - 0.3x$，显著；

8. (1) 否定原假设 H_0，(2) 接受原假设 H_0.

复习题(十一)

一、选择题

1. A；

2. C；

3. C；

4. D；

5. C.

二、填空题

1. 1/7488；

2. 9.4mm；

3. ±13.856″.

三、计算题

1. 解：算术平均值 312.541m；

   观测值中误差：±0.0268；

   算术平均值中误差：±0.011(m)；

   结果：312.541±0.011,相对误差：1/28412；

2. ±8.5″；

3. $h = 119.08\text{m} \pm 0.03\text{m}$.

复习题(十二)

1. 0.2395.

2. $\dfrac{5ql^4}{384EI}(\downarrow)$；$\dfrac{ql^3}{24EI}$.

3. $\dfrac{45ql^4}{128EI}(\downarrow)$.

复习题(十三)

略.

参 考 文 献

[1] 同济大学数学系.高等数学(上册)[M].6 版.北京:高等教育出版社,2007.

[2] 詹姆斯·斯图尔特.微积分[M].6 版.张乃岳,编译.北京:中国人民大学出版社,2009.

[3] 李宇峥,秦仁杰.工程质量监理[M].北京:人民交通出版社,2008.

[4] 许能生,吴清海.工程测量[M].北京:科学出版社,2009.

[5] 李天然.高等数学[M].2 版.北京:高等教育出版社,2008.

[6] 李天然.工程数学[M].北京:高等教育出版社,2002.

[7] 住房和城乡建设部执业资格注册中心.全国勘察设计注册工程师公共基础考试用书(数理化基础)[M].北京:机械工业出版社,2010.

[8] 住房和城乡建设部执业资格注册中心.全国勘察设计注册工程师公共基础考试用书(力学基础)[M].北京:机械工业出版社,2010.

[9] 史力.应用数学[M].上海:复旦大学出版社,2003.

[10] 周誓达.概率论与数理统计[M].北京:中国人民大学出版社,2000.

[11] 赵树嫄.线性代数[M].北京:中国人民大学出版社,2005.

[12] 徐荣聪.高等数学(上册)[M].厦门:厦门大学出版社,2005.

[13] 严宗元.高等数学[M].上海:同济大学出版社,2009.

[14] 王金玲.工程测量[M].武汉:武汉大学出版社,2007.

[15] 周志坚,徐宇飞.道路勘测设计[M].北京:科学出版社,2005.

[16] 高杰.桥梁工程[M].北京:科学出版社,2004.

[17] 孔七一.工程力学[M].北京:人民交通出版社,2007.

[18] 吴传生.微积分[M].北京:高等教育出版社,2010.

[19] 龚德恩,范培华.微积分[M].北京:高等教育出版社,2008.

[20] 袁荫棠.概率论与数理统计[M].北京:中国人民大学出版社,2000.

[21] 吴赣昌.微积分[M].5 版.北京:中国人民大学出版社,2017.

[22] 沈养中,董平.材料力学[M].北京:科学出版社,2006.